欢迎来到你的世界

建筑如何塑造我们的情感、认知和幸福

WELCOME TO YOUR WORLD

How the Built Environment Shapes Our Lives

[美] 莎拉·威廉姆斯·戈德哈根 (Sarah Williams Goldhagen) 著
丁丹 张莹冰 译

机械工业出版社
China Machine Press

图书在版编目（CIP）数据

欢迎来到你的世界：建筑如何塑造我们的情感、认知和幸福 /（美）莎拉・威廉姆斯・戈德哈根著；丁丹，张莹冰译．—北京：机械工业出版社，2019.2
书名原文：Welcome to Your World：How the Built Environment Shapes Our Lives

ISBN 978-7-111-61932-1

Ⅰ. 欢…　Ⅱ. ①莎…　②丁…　③张…　Ⅲ. 建筑学－心理学　Ⅳ. B845.63

中国版本图书馆 CIP 数据核字（2019）第 025466 号

本书版权登记号：图字 01-2018-1119

欢迎来到你的世界

建筑如何塑造我们的情感、认知和幸福

出版发行：机械工业出版社（北京市西城区百万庄大街 22 号　邮政编码：100037）

责任编辑：朱婧琬　　责任校对：殷　虹

印　　刷：北京文昌阁彩色印刷有限责任公司　　版　　次：2019 年 4 月第 1 版第 1 次印刷

开　　本：170mm×240mm　1/16　　印　　张：25.5

书　　号：ISBN 978-7-111-61932-1　　定　　价：129.00 元

凡购本书，如有缺页、倒页、脱页，由本社发行部调换

客服热线：（010）68995261　88361066　　投稿热线：（010）88379007

购书热线：（010）68326294　　读者信箱：hzjg@hzbook.com

我栖居于无限可能之中

一座比散文更精致的房屋

窗户不计其数

而门则更胜

艾米莉 · 狄金森

(Emily Dickinson)

欢迎词

为什么在科技高速发展的今天，人们反而更加重视对传统建筑的保护？因为建筑艺术凝聚着人类文明与精神的根基。

人的认知与生存的环境密切相关，各种精神的创造都会在人们赖以生活的建筑中充分体现。穷有穷的活法，富有富的文明，社会的进步正是伴随着这种条件的反射在影响着人的思维方式。

这本书会打开你心灵的窗户，让你看到优美的建筑环境给人类社会带来的变化！让你拥有一个属于自己的世界！

任志强

北京市华远地产股份有限公司原董事长、阿拉善 SEE 生态协会第五任会长

有一位朋友曾开玩笑道：“如果你身处垃圾之中，你也会认为自己是垃圾。”他的话在强调环境的重要性，同时也暗示当今的环境中缺乏设计感。

我曾经纠结过“什么是好的设计”这个问题，但我后来发现，这并非是用专业能解决的问题，还来源于设计的使用者和承受者的认知，也就是所谓的以人为本。

虽然这是一本建筑领域的书籍，集合了心理学、美学、设计、艺术的语言和思想，全书都围绕着建成环境立意和阐述，但我们依然可以读出哲学的味道、人生的意义和世界的未来。

毛大庆｜优客工厂创始人

这本著述非常精彩。亚朵创业时面对的市场已有“既定格局”，而我们必须打破它。大多数时候，当我们接手一幢物业时，所面对的也是“建成环境”，而我们要改造它，让它能够向用户展露微笑。书中阐释了人与环境精妙而影响深远的互动关系，和以人为中心、以体验为导向的设计理念，这与亚朵的主张不谋而合，也为我们带来了很多灵感。

王海军（耶律胤）| 亚朵创始人 &CEO

环境对人的影响是潜移默化而又深刻的。在我们早前针对年轻办公族群做过的一次研究中也得出了同样的结论。《欢迎来到你的世界》这本书又给了我很多新的启发，小到如何打造一个能激发员工工作热情和创造力的工作场所，大到激活城市商业地产的新思路，相信看过这本书的人都必定有所收获。

万柳朔 | 无界空间、inDeco 创始人兼 CEO

在当代，人们越来越重视人居环境，尤其在中国的快速发展中，人们对居住的需求也慢慢开始从数量向质量转变，不只满足于功能性的建造，也追求体验式的生活环境。作为建筑师，我们更有必要深入研究体验式设计对未来生活的影响，以及对作为使用者的人们产生的影响。

本书作者全面客观地论述了建成环境的现状和问题，举例分析相关的实际项目，指出社会各界均有提升的空间，尤其是设计给人带来的无意识感知体验如何隐性地塑造人们的生活这方面。

这本书的研究非常有指导意义，它呼吁大家协同创造更好的建成环境、更好的生活。

青山周平 | B.L.U.E. 建筑设计事务所创始人、主持建筑师

我把这本书作为我们公司设计师的必读书。一般的设计方法书籍的内容，往往源自设计师多年的积累和体悟，最终形成的经验方法。而戈德哈根另辟蹊径，把设计原则建立在了最新的认知心理学成果“具身认知”之上，重新构建了设计的意义，由此引发了我们对设计与自我精神世界、社会关系和客观世界的重新认识。我认为，这种科学与艺术结合的认识，是每个设计师都应该拥有的。

成甲｜文化旅游设计公司“京都风景”联合创始人、《好好学习》作者

这是一本有情怀的著作，作者不仅关注建筑的人造环境，同时在感知的两个层面去研判我们的适宜性，而心灵、身体的反应被置于所有分析的中心位置。

这是一本跨度广泛的著作，从宏观的鸟瞰到街角的细节，俯仰自如，作者以城市、近郊、网格、图式等多维度、多视角调动着读者的感官。

这是一本具有灵性的著作，不单单聚焦于建筑学及人文延展，还涉及自然、神灵、活动和天数的情境体验，触及细腻的精神反馈。

据说，人类的基因与远古时代相比并无太大的改变，但是人类创造的建筑与城市环境已经变得如此丰富和千姿百态，经常会冲撞我们的心神。读一下这本书，思考一下我们的生存环境，也许是有助于回归自我世界的方式之一。

朱晓东｜清华大学建筑设计研究院二所所长

要改善我们的生活品质，可能没有比找到重新阅读和定义身边的生活空间更加重要的事情了。那么，到底什么样的生活环境才是高品质的呢？最好的办法是用自己的身体去感受，环境能够给人的身体带来什么样的惊喜、想象、愉悦、思绪或疑问，决定了环境的品质，那些能让人捕捉到个人情绪的瞬间，定义了空间的意义，我们生存的环境因此对人的生命而言具有独特的价值。

我不希望只有专业人士阅读这本书，我相信所有关心自己身体和心灵，关心自己生活其中的建筑、城市和环境及其联系，以及试图理解这些联系的读者，都能够从这本书中获得阅读的乐趣和更广泛意义的生活乐趣。

李迪华｜北京大学建筑与景观设计学院副教授

正如书名所言，本书通过七个章节循序渐进地展示了建成环境对人的影响、人如何体验建成环境、影响建成环境体验的因素以及设计建成环境的原则和启示等内容。虽然本书内容与建筑学、城市设计、环境心理学、认知神经科学等专业学科息息相关，但相较于专业理论书籍，作者以逻辑清晰、有趣易懂的语句和对建筑案例犀利评论的方式加以表述，使读者的阅读体验更加直观可感，甚有几处让人醍醐灌顶。

近几年，建筑学的实践者与研究者越来越重视环境与人的心理和行为的关系，但与理论的成熟和广泛的应用阶段还有很大距离。在现阶段，本书中文版的出版，不仅能使建筑及城市设计工作者意识到他们的工作对人的身心所产生的重大影响，也为其指引了一条科学的具有开拓性的道路。总的来说，这是一本启发读者思考、引领读者不断探索并授人以渔的引人入胜的书。

徐风｜同济大学建筑城规学院副教授

这是一本关于人们对所生活的建筑环境进行认知、体验以及思考的著作。戈德哈根的研究从人们生活的不同尺度和自身的生理基础等方面探讨了人与自然的密切联系，以及人们对建成环境认知的心理感受，揭示了以人为本的建筑环境对健康生活的重要性。本书信息量巨大，包括了对街道空间、建筑艺术、公园小品等综合景观要素的评价，为我们的设计提供了新的探索方法。

李翅｜北京林业大学园林学院教授

人类的聚集是现代社会的常态，与此同时，人又非常渴望接近自然。在这本图文并茂的书里，你可以借助文字，了解建筑设计如何使人幸福和健康，以及城市的丰富性如何提升人的能力。你也可以直接通过眼睛阅读图片，从而感受历史、自然与美的结合。理解建筑与人的关系，对于我们的生活尤为重要，特别是当越来越多的人生活在密集的城市里的时候。

陆铭

上海交通大学特聘教授、中国发展研究院执行院长、学术畅销书《大国大城》作者

戈德哈根引领读者进入了她有关建筑的精神世界，让我们知晓了建筑不仅是用来居住的，也是一种与环境和谐的艺术，更是一种思想。

作为一名经济学家，我关注的是“产权决定审美”这一命题。由于特有的土地产权制度，中国人大多居住在别人盖好的建筑里，尚无更多的需求去思考建筑对人类精神、身心和情感的影响。也正是因为如此，戈德哈根的这本书对我们格外重要。

李晓｜吉林大学经济学院院长、教育部“长江学者”特聘教授

中国在几十年的现代化过程中，留下了不少不东不西、不古不今、没有任何美感、缺乏最基本设计逻辑的丑陋建筑。现在人们终于缓过神来，开始思考建筑与自然、与人、与社会的关系，这是中国之幸，也是建筑学之幸。

肖知兴｜领教工坊联合创始人

当我们清晨推开窗户，迎面而来的是明媚阳光还是漫天雾霾，往往会直接影响我们这一天的心境。实际上，人类作为社会性动物，不仅会受到他人的影响，也会受到环境的影响；但后一点常常被人们忽略。本书结合了认知神经科学与环境心理学，深入浅出地讲述心灵、身体与建筑艺术、自然环境的交互作用，视角独特，其中蕴含的人文关怀令人称道。

周晓林

北京大学心理与认知科学学院、教育部“长江学者”特聘教授

教育部高等学校心理学教学指导委员会主任委员、中国心理学会理事长

身体不是认知的外在，而是认知本身；人不是处在真空环境中，而是处在自然世界与社会世界中。认知科学日益重视具身认知。那么，我们每天生活的环境对人的认知有何影响？我们该如何利用形式、材料、图案、光线、声音等来构建一个更适合人类体验的世界？当建筑学遇见认知科学，会发生什么？相信你在书中会找到答案。

阳志平｜安人心智集团董事长、微信公众号“心智工具箱”作者

对外在建筑环境的追求，直接反映出人类内心世界的各种渴望和追求，我们该怎样安放自己的心灵。从设计建筑到建造，再到入住其中，是一个自我心灵滋养的过程。美国著名建筑评论家、哈佛大学设计研究生院的戈德哈根教授从一个非常独特的视角阐述了内心无意识的联想重塑了我们对这个世界的认知并创造出能够吸引人的建筑环境，而反过来，有些环境又能让我们流连忘返或痛苦恐惧。看这本书可以让我们从烦乱的现实生活中解离出来，到达一个自由安全的、可以丰富想象的境界。

张海音｜上海市精神卫生中心临床心理科主任

歌德曾说，建筑是凝固的音乐。《欢迎来到你的世界》一书带着我们走遍世界，让这音乐流动了起来。在阅读这本书之前，我们恐怕不会意识到建成环境对于心灵的重要性。正如弗洛伊德用他无可辩驳的分析使我们承认，在意识之下，有着深邃广大的另一个心灵空间影响着我们的存在。

这本书也让我们不得不承认，建成环境对我们心灵的影响之大，远非我们以前所想象。而且随着人类对自身的生命拥有越来越笃定的把握，建筑也会越来越多地从人类身体的保护者演变成心灵的栖居之所，甚而是自我的一种表达方式。戈德哈根女士敏锐地觉察到了这种现状和未来，并为之找到了证据。

訾非｜北京林业大学人文学院心理系教授

当我们的生活越来越被社交媒体主宰时，人对建筑，特别是公共建筑的外在感知——照片拍出来好不好看，有没有在朋友圈炫耀的资本——似乎成了建筑好不好的首要标准。但是，人的内在感知——身在其中是愉悦还是忧伤，是活跃还是沉闷，是思索还是浮躁——往往被忽略了。为什么建筑和城市的使用者放弃了发言权？很多时候是感受失灵，很多时候是无法把这种主观感受和客观环境对应起来。

这本书的作者提供了一个全新的解释体系，借助对建筑学、社会学、认知学、心理学等学科的交叉研究，建立起建成环境与人们心灵和身体的关联。这一体系不仅值得建筑师在设计时借鉴，也值得每个人去重新思考人与建筑的关系。毕竟，我们塑造着建筑，建筑也塑造着我们。

贾冬婷｜《三联生活周刊》资深主笔

戈德哈根说，环境会影响我们的健康，甚至会让我们变得聪明或愚蠢、宁静或消沉、激动或冷漠。我们都愿意为优美、舒心的环境埋单，但现实是，我们在为糟糕的环境而埋单。她的理论或许会引发一轮居民用脚投票。

贝小戎｜《三联生活周刊》主笔

该书的作者一生沉迷于对建筑、景观和城市的研究，对世界范围内著名的建筑做过深入的研究，世界上每一个人都生存在建筑当中，建筑对我们身心的影响至关重要，兢兢业业的设计师们努力让建筑融入自然，融入我们的生活，给予我们温暖和幸福感，细细品味本书，体验到的不仅仅是建筑对我们的影响，更是我们内心深处对建筑以及生活环境的思考。

建筑邦

其实人们对于美的追求，来自底层的心理需求。所以自古以来有美女丑女之别，有俊朗丑陋之别。空间也是如此，美景激活诗情，风光触发画意，本质上都是天性驱使，因而形成颜值经济。

本书所述，就是这些美好空间如何引导并触发人的体验。本书清晰明了、系统化地告诉我们，如何通过好的空间满足人们的需求，并提升使用者的体验，是研究空间心理学少有的书籍。

微信公众号“建筑学院” | ID：arch-college

丘吉尔说：“我们塑造出建筑，然后建筑塑造我们。”前半句好理解，但后半句是什么意思呢？这本书的内容正好解答了这个问题。

借助认知神经学和环境心理学的前沿研究，作者认为建筑环境影响着人们的情绪、记忆、行动甚至身份认同。会议室里“头脑风暴”不够有创意、教室里孩子上课老走神、小区邻里关系疏远等，这些郁闷的事情都可能受糟糕的环境设计影响。

戈德哈根带领读者重新发现那些视而不见的环境细节，深入浅出地分析建筑和人的互动关系。她宣称，空间设计不是一件奢侈品，而是一项基本人权。小到装修一个咖啡馆，大到设计一个街区，都应该照顾到人的感受和行为，给人的幸福加分。

跨学科的信息一般不容易理解，幸好，戈德哈根在书中准备了 100 多张照片，让你一眼就能看懂，还能顺便参加一趟全球建筑之旅。

微信公众号“那一座城” | ID：thecity2015

这本书的主题与每个人息息相关，因为它探讨的是你我此刻身处的环境。这个环境不是自然范畴，而是人力建设的结果：街区、广场、书店、办公楼、公园、商场……它们由人设计并建造，与自然环境相对，被称为“建成环境”。

我们日常生活 90% 以上的时间，都身处建成环境中，感知着周围的一切。然而，这种感知往往是无意识的，我们很少想过，建成环境在无声无息地影响着我们的情绪、社交、思维，甚至健康。从这个意义上讲，我们对自己所处的世界其实是视而不见的。

《欢迎来到你的世界》是一本探讨心灵、身体和建筑环境关系的好书。它将引导你走进你的世界，看看建筑如何影响了你，以及我们应如何构建一个让身心更舒适的环境。

目录

第 3 章　认知的身体基础

我们的心理与我们的身体深深牵绊，我们的心理记录了什么，取决于我们身体的结构，还取决于我们的感觉系统和运动系统的运营模式。比如，手比脚的感知更重要，眼睛和耳朵向大脑提供的信息要远多于皮肤，因此，光线、声音、触觉、气味等是体验主要的感受器。

第 4 章　身体偏爱自然环境

人类在地球上栖息了几十万年，而居住于建成环境不过是近 6000 年的事。基因学表明，我们天生渴望存在自然元素的环境，我们越容易享有绿色植物、自然光线、露天场所，就能越好地解决问题、吸收信息、掌握自己有限的注意力，这一切都会提高心理幸福感。

第 5 章　人嵌入社会世界

同一个人在不同的国家、文化，看着不同的街景，会出现不同的行为和认知。而不同的人在相同的环境下，却有相同的行为、感受、互动方式。换句话说，建筑塑造了人们的所作所为、所思所想，塑造了人们与他人的互动方式。

第 6 章　为人而设计

设计可以遵循一定的指导方针，以避免低级的错误。但人的大脑极其复杂、人类体验又超级丰富，设计同时需要遵循体验导向的审美原则——以人为中心，这样将解放设计师，允许他们探索大量可能的构造 。

第 7 章 领悟：丰富环境，改善人生

建筑一旦完工，可能比设计、筹划、建造它的人活得更久，建成环境的设计一定不能被短期利益或狭隘利益所驱使，也不能因为无知而被不当塑造。我们需要符合人类体验的建成环境，来促进有意识的认知，掌控自己的命运，塑造自己的人生轨迹，并为子孙后代造福。

推荐序一　在建筑中看见自己和世界

书刚看到一半，我就按捺不住要提笔写序，但在落笔时，我犹豫了。我该如何为这本书写序？本书结合建筑学、心理学、美学、艺术、设计等方面的专业领域内容，通过诗歌、散文的联想，非线性、直觉、隐喻思维等修辞手法和表现方式来阐述对“建成环境”这一概念的认知和感受。可以说，这本书不单单是一本关于建筑设计、城市规划的专业书籍，还是一部以建筑为载体，集成多领域声音和思想的散文集。再看本书的名字，“Welcome to Your World”，倒是富有温馨的格调和小清新的顽皮。我想，不如就从遇见这本书写起。

冬天里的一个明媚午后，天很蓝，云很淡，我靠在椅子上看着书，喝着茶，我偶尔得空一次这么悠闲。这时候电脑突然传来邮件来信的声音，我急忙查看，怕是工作上的要务，竟没想到是好朋友传送的一本书。很早之前就听说好朋友正在翻译一本关于建筑的书籍，并希望我来为此书作序，今天终于看到了成品，心中不免激动起来。拿到书后，立马从头翻了几页，开始细细阅读。

阅读的过程中，许多熟悉的人物出现在眼前：威廉・怀特、奥斯卡・纽曼、奥斯卡・尼迈耶、路易斯・康、让・努维尔、阿尔瓦・阿尔托……

这些曾是我读书时敬仰的大师、学习的偶像；许多熟悉的建筑也跳跃在纸面：萨克学院、蛇形画廊、巴西利亚国会大厦的秘书处和众议院、世贸中心、丹佛艺术博物馆……它们既遥远又亲切，既陌生又熟悉，我只好感叹一句："好久不见。"

或许是因为我从商这些年，着眼大格局看世界，建筑也好，设计也罢都成了习惯性应用的元素，信手拈来，不太在意它们从何而来，更未关注未来它们要到哪里去。而这本书让我回归到少年，看到最初的自己，以及自己对建筑和设计本质的执着和追求。曾几何时，我是个文艺细腻的建筑系学生，坚信建筑就是艺术，批判哗众取宠的设计表演；曾几何时，我熬红了双眼，只为精致那一面片墙，让自己的建筑看起来更加美观；曾几何时，我纠结于与甲方的沟通，有时我的设计理念很难说服他们……这些感觉都从心里一点点溢出，我开始怀念起来。

其实，从上学到工作，我一直都没有远离过自己的专业——建筑学。获得了建筑学学士学位之后，我还考取了一级注册建筑师，那时候我想，我的后半生就与建筑结伴而行了，但参加工作以后，我的观念慢慢改变，渐渐从设计师过渡到项目经理人，一直发展到如今的创业者。我喜欢这样的转变，像不安分的设计一样，让生活时刻充满新奇。我与建筑的缘分从来都不浅，很高兴能为此书作序，让我可以恣意一回，回味一番。

回归到本书的内容，我决定从三方面来谈我读后的感受。

第一，关于设计。我与本书的观点高度一致，我很同意作者的说法："好的设计——精心构造的有序系统和模式、容易激活感官的材料和纹理、刻意建构的空间序列……可以打造出对人们产生强大积极影响的和谐场所。城市空间、景观和建筑……即使是中小型的，也会深刻地影响人们的生活。它们塑造我们的认知、情绪、行动，甚至对我们的幸福有巨大影响。它们有助于建构我们的自我感和身份感。”

以前我也纠结过“什么是好的设计”这个问题，但是我后来发现这并非是用专业能解决的问题，还来源于设计的使用者和承受者的认知，也就是所谓的以人为本。我常年跑马拉松，很清楚运动不仅能给参与者带来身心的快乐和愉悦，还能赋予跑者内心无穷的力量，不跑马拉松的人恐怕也知道这个道理。然而，遗憾的是，很少人认识到设计也可以给人带来快乐和力量，大多数人忽视了设计，把设计束之高阁，当成了奢侈品。

早些年我投身地产行业时，就了解到我们在制定公共政策、市场计划的过程中，很少给予设计应有的重视。因为我们漠视设计，所以我们的生活正在变得贫乏和不安，以至于我们无法定位自己。有一位朋友曾开玩笑道：“如果你身处于垃圾之中，你也会认为自己是垃圾。”他的话在强调环境的重要性，同时也暗示当今的环境中缺乏设计感。再用我认识的一位建筑师的说法来解释：“我们常常觉得不舒服，可能我们的环境设计得不合理，没有了人情味！”现在全世界都在进行大规模建设运动，我们必须正视设计：改造世界，设计非常重要！

第二，关于体验。现在没有人敢轻视这个词——体验。如果你没有给周围的人一种很好的体验感，那么你不会受到好的待遇和欢迎；

如果你不给客户很好的体验享受，那么就无法卖出自己的产品、宣传自己的品牌。本书作者运用心理学的内容阐述了体验的重要意义，还通过许多例子来表明设计和体验的关系。如，北京水立方让人不禁想到水上的泡沫；伦敦水上运动中心的连绵曲线让人感受到了水的流动；在努维尔的蛇形画廊临时展馆可以体验到强烈的烦躁感；在里伯斯金的博物馆也立即能体会到微妙的恐惧感……这些设计多多少少传达了身处这些地方的体验。为什么可以传达出这些感受？因为设计让空间场景化，让体验感更加细腻丰富化。

说到场景化，我联想到自己创办的优客工场，我曾和入驻的创业团队聊天，了解他们在这里的感受。很多人都告诉我，在这里办公可以体会到各个公司的氛围，大家交互感受，互相勉励，更有激情。我想这就是创业者和创业公司应该有的体验吧。

第三，关于改变。先来读一读书中的这段话："我们沿着一条土路走到卧在山坡的小村庄，进入教堂。它以微妙的方式记录着我们的存在。我们踏出的每一步都告诉我们，我们的身体在这个空间里的最新位置。游客可能永远意识不到这样的细节。但是我们自己沉重的脚步声在四周的寂静里一再向我们保证，我们在那里，而不是别的什么地方；让我们意识到，我们正在通过我们的存在改变这个地方。"

我读完这段话后就随手把它记了下来。虽然这是一段简单的游记式文字，可是对我的触动却很大。尤其是最后一句"我们正在通过我们的存在改变这个地方。"但是，我们很少意识到自己作为个人这样的存在，自己是这么重要，自己正在改变这个世界。这又回归到我们每一个人自身上来，我们为什么必须要做一些事情，因为我们必须要用一些事情意识到自己的存在，以及存在的意义和价值，这些能改变自己，也能改变周围的一些东西，甚至改变这个世界。

虽然是一本建筑领域的书籍，集合了心理学、美学、设计、艺术的语言和思想，全书都围绕着建成环境立意和阐述，但我们依然可以读出哲学的味道、人生的意义、自己的生命和未来的世界。

毛大庆
优客工场创始人

推荐序二　阅读身边的环境

2018 年 6 月不小心当了一把“网红”，我在一席的演讲“与人为敌的人居环境”播出后引起很大的关注。因为这个演讲，机械工业出版社的编辑联系我，请我审读戈德哈根的《欢迎来到你的世界》。收到样书后，可谓爱不释手，过去数月繁忙奔波的教学与旅行生活中，书稿陪伴着我去了法国，走了半个中国。公众对我一席演讲的诸多问题中，“你是如何做到这么多年一直关注身边环境”的这个问题（显得特别有意思）提得最多。带着这个问题，我分享并推荐《欢迎来到你的世界》一书。

我们生活的城市总是弥散着对文化的一厢情愿和想象的宏大叙事。身体器官感受的真实环境却千篇一律，充满不舒适和各种被人忽视的危险，即使这样，仍然被铺天盖地的媒体渲染为“美好”的生活环境，花费了大量公共资源建成的城市的品质很少受到质疑。

要改善我们的生活品质，可能没有比找到重新阅读和定义身边的生活空间更加重要的事情了。顺着这样的思路，读戈德哈根《欢迎来到你的世界》一书强化了我很多认识。

人观察到的每个瞬间包含很多含义。这本是一个常识，可是这个常识却被各种我们从小就学的、被灌输的观念所隔离。因为有这样的隔离或者说经验，所以人们不仅不用常识思考，还让本来应该帮助我们理解生活环境、空间和设计的知识派不上用场，甚至这些对人的自我感觉有害，让人自我陶醉于既脱离知识又脱离感觉的观念中不能自拔，真实环境和人的真实生活状态不再重要。

身体感受到环境的瞬间定义了我们生存的环境品质。一个必须讨论或回答的问题是，到底什么样的生活环境才是高品质的？对个人而言，回答这个问题，无须到书本上去寻找灵感，最好的办法是用自己的身体去感受。环境能够给个人身体带来什么样的惊喜、想象、愉悦、思绪或疑问决定了环境的品质，那些能够让人捕捉到个人情绪的瞬间定义了空间的意义，我们生存的环境因此对人的生命而言具有独特的价值。

每个人的身心状态影响着他对环境的定义。为什么很少会听到人们对我们生活的环境说“不”呢？无论我们对不舒适的忍耐力有多强，对充满不安和危险的人居环境无视程度有多严重，事不关己就无足轻重的态度有多普遍，一个不容否认的事实是：人们很少真正地喜欢自己熟悉的生活环境。不喜欢却接受了并不美好的环境，又如何有动力去改变这样的环境呢？

常识感和同理心是阅读身边环境的钥匙。为了理解和创造更加美好的生活环境，有两重障碍亟待突破：一是如何突破常识感匮乏造成的身体感官与知识的隔离；二是如何获得改变的动力。戈德哈根在书中提供了“直接反应”和“隐喻图式”两种理解环境的方式，个人理解后，认为应该可以将二者归结为一种叫“常识感”的东西。常识感的缺乏不应该成为屏蔽身体和环境之间联系的理由，常识更应该是连接心灵和环境的纽带。心灵和环境有了联系，就会自然而然产生另一种东西——同理心。所谓同理心，就是推己及人，换位思考。我们可以通过从关爱自己向关爱他人的方向出发，重新定义环境，无论美好与否，都将会成为改变，也就是获得设计创造的动力。

阅读戈德哈根的《欢迎来到你的世界》，时不时让我眼睛一亮，有种想要自言自语的体验，作者总会猛地说出我（相信会有很多和我一样的读者）想说的话。作者总能够把观点前后关联地写出来，讲述出一个完整的故事。这是阅读这本书能够带给人的启示之一，因此我希望不仅有专业人士阅读这本书。所有关心自己身体和心灵，关心自己生活其中的建筑、城市和环境及其联系，以及试图理解这些联系的读者，相信都能够从书中获得阅读的乐趣和更广泛意义的生活乐趣。

出于对设计改善生活的职业信念，我还是更加希望把这本书推荐给热爱设计和试图改善我们的生活环境的人。戈德哈根在分析为什么即使是优秀设计师都“不能够保证成功”时说：“设计师不够了解人类对环境的体验，也就提不出具有说服力的证据来论证好的设计，以及论证好的设计对人类健康和幸福的强大影响。”这本书可以看成解读这样一个职业难题的药剂，我更希望把它看成“药引子”，药方则掌握在每个读者的手里，这才符合作者努力论述的“体验”的内涵。

我想提前给读者打个预防针，这本书并不“好读”，虽然这一点儿都没有妨碍我喜欢这本书，反复阅读它。难读的原因是，带着整体论的东方文化思维看这本书，它的内容多少有些离散。离散，意味着不能够像读小说一样一口气读完并记住令人津津乐道的情节。在反复理解了这本书后，我真心发现了离散的某种“好处”，它真实地符合人的体验特性，让读者有机会在阅读中不断验证自己的感受，这是很多专业性著作阅读中不会有的体验。推荐一种可能会帮助排除这种“离散感”的建议：阅读这本书时一定先仔细看看目录，中间有了困惑还可以随时回到目录帮助整理自己的想法。

李迪华
北京大学建筑与景观设计学院
2019 年 1 月 2 日于燕园备斋

前　言

本书有个大胆的承诺。作为一个陌生人，我，欢迎你来到你每天生活的世界。我有信心，随着阅读，你会对你的世界有新的认识和想法。你的世界会变得不同。你会重新了解你在你的世界所扮演的角色。你会意识到，你的世界对你和你的孩子，甚至对每一个人的影响，都深刻得超乎你原有的想象。

这些认知都来自我的经历。

我十几岁的时候，在还没有智能手机和GPS的情况下，有幸陪伴父母去意大利旅行。其中一天的行程中，我们驾驶着租来的汽车开了很长一段时间，车里的氛围焦灼而紧张，因为我的父亲把车驶离了佛罗伦萨市郊的高速公路，而我的母亲又失去了方向感，我们都迷路了。虽然有地图，但是我的母亲可能把方向搞错了，在地图上怎么都找不到我们经过的那些街道。大家压力都很大，我的父母开始争吵，他们和汽车一样，都发飙了，我也非常生气。“向左转！”“不对，是直走！”“看这儿！”“不，那儿，看那个标志牌，它可不是那样标的……”就这么一直吵，一直吵。

我坚持让母亲把地图给我。拿到地图后，我很快就确定好了我们的位置，让他们俩别吵了，我当时说话的语气显然是十几岁小姑娘那种很臭的语气。我专心地指路，几乎没出什么差错，终于带大家到了酒店，登记入住的时候大家都很沉默。入住以后我很想一个人走出去静一下，就立刻走了出去。

我走出了酒店，走到哪儿算哪儿。在高中的人文课上，老师曾经讲过佛罗伦萨在意大利文艺复兴中的伟大作用，可我那时却一点儿都想不起来。我所在的城市，似乎只是意大利的一座平凡小城，不比我们到过的其他许多城市更迷人或更逊色。我走的路好像很乱，可能仅仅是因为我的思绪也很乱吧。

我走过拥挤的街道，走向一个广场。广场上到处都是鸣着笛的汽车，在建筑和游人之间穿行。这时，一栋特别的八边形建筑物出现在我面前，它有个很深的地基，低于街面，就像正在缓缓钻回地下，建筑主体又高高耸立起来。白色大理石、灰绿色塞茵那石交错镶嵌而成的外墙，清晰地标刻出它的高度。这栋八边形建筑物（我后来才了解到是洗礼堂）的后面，是座宏伟的教堂，赞美着上帝的光辉荣耀，也歌颂着凡人的心灵手巧。更让人惊喜的是教堂右侧的建筑！那是一栋嫩粉色、白色、绿色相间的多层花边蛋糕状建筑：乔托钟楼（Giotto's bell tower）。

我虽怦然心动，但又全身心感受到了宁静。短短几分钟，下午那种心烦意乱的状态就离我远去了。怎么会有这样的美？是谁创造的？为什么会使用绿色和粉红色？在一个陌生城市的广场，偶遇的三栋楼是怎么彻底改变了我的心情、我的一天，甚至我以后的人生（虽然我当时还没预见到这一点）？

那天过后，将近 40 年中的大部分时间，我都致力于写建筑、景观和城市方面的内容。最初作为记者，后来则成为研究现代主义及其实践者的教授兼历史学家。其中一个研究对象是美国建筑师路易斯 · 康（Louis I. Kahn），我曾写过一本关于他的书。在哈佛大学设计研究生院教书的 10 年里，我醉心于现代、当代建筑。对当代建筑实践和思想的沉迷，让我越发不满于学术出版物的形式单一和受众有限。在这种想法的驱使下，我开始给通俗出版物撰稿，包括一些散文和评论。其中作为《新共和》（*New Republic*）建筑评论家写作了 8 年，还给美国国内外多家学术出版物和通俗出版物撰过稿。

这些都能说明，我的很大一部分职业生活和个人生活，都在致力于回答我在那难忘的一天提出的问题。我游历四方，去探索和拍摄建筑、景观、城市；我还深入阅读，去研究各种建成环境的分析和思考方式。在艺术史本科到博士的学习过程中，我学会了欣赏视觉语言和艺术传统的持久力量，学会了去思考这些传统是怎么在设计师的个人感性和社会文化的表达创新这两者的互相影响中形成的。但是，我很快从进一步的对艺术史的学习中感受到，单单依靠艺术史，并不足以应对我给自己设定的目标：理解真正的美学体验。于是，我开始借鉴科技史、社会理论、美学，甚至语言学和文学理论。

在研究设计师的过程中，我自始至终都把重点放在他们的作品本身，去分析他们的风格和艺术眼光，从而挖掘作品背后的思想。我了解了潜藏在 18 世纪新古典主义底下的法国启蒙思想，了解了从安德烈亚 · 帕拉第奥（Andrea Palladio）到弗朗切斯科 · 博罗米尼（Francesco

Borromini）再到安妮·格里斯沃尔德·蒂恩（Anne Griswold Tyng）几何导向设计的背后推动力——新柏拉图主义和有机普遍主义，了解了19世纪后期的结构理性主义学说——这方面最强大的理论是维莱奥-勒-迪克（E. E. Viollet-le-Duc）提出的，他的理论还影响了一些早期现代主义者。我还分析了功能主义的各种解释，从路德维希·密斯·凡·德·罗（Ludwig Mies van der Rohe）的“通用空间、全面空间”，到理查德·诺依特拉（Richard Neutra）的“生理现实主义”，再到克里斯托弗·亚历山大（Christopher Alexander）融合了社会学和怀旧情怀的“模式语言”。我从所有这些实践者、专著和学科的思想出发，搭建起一个不断演变的综合框架，希望能够阐明建筑师、城市规划师、景观设计师实际上如何设计以及为何这样设计，阐明人们如何体验建筑师设计的建筑、城市和场所。

我对这些进行了广泛的了解，但是我并不满足，仍然在寻找以下问题的答案：建成环境对我们的所思、所感、所为有什么影响，有多大影响？我试图解释的东西，好像只有那些创造力很强的作家才捕捉到了几分。在每章开头的题词，我引用了一些诗和散文，这些诗和散文中的联想、直觉、隐喻和非线性思维，体现出人们体验建成环境时的本质特征。我最初想要解决的问题却依旧基本没有得到答案。

七八年前，我开始零零散散地阅读社会理论、认知语言学、心理学各分支，以及认知神经科学等领域的文章。这些文章重新诠释了人们实际上如何去知觉、思考和体验环境（包括建成环境）。读得越多，我越清楚地看到，在许多学科（包括一些自然科学学科）研究工作的交叉处，出现了一个新兴的范式。它的叫法多种多样，例如“具身”认知、“扎根”认知、“情境”认知。这个范式认为，人们的思考内容和思考方式与生理体验之间有着强烈的联系。这个范式指出，人类的大多数思维，甚至远远多于我们以前所知道的那些，既不是逻辑的，也不是线性的，而是联想出来且无意识的。这个新兴的范式为以下课题提供了建模和分析的基础：我们如何在物理世界里活着，即我们的身体如何立于天地间；我们又如何活在社会中，即我们与他人互动形成的世界；我们又有怎么样的内部世界，即我们不断靠自己想象、重塑出来的世界。在这些不同世界中的生活体验，共同形成了我们的认知、决定和行动。

这个新兴而又有科学依据的具身认知范式，为我在本书中介绍的那些分析提供了基础。而那些分析，也为我耗时耗神的问题做出了解答。房间、建筑、城市广场乃至任何建成环境，以什么方式、在什么情形下影响着我们？一个有什么特色的地方会吸引我们靠近，或让我们想要逃离；给我们留下深刻印象，或让我们过目即忘；令我们感动流泪，或让我们无动于衷？

虽然早在佛罗伦萨之行期间，我就埋下了想要把这些感想写下来的想法，但是如果没有我所学到的自然科学和心理学领域的有关于人类认知方面的知识，我也无法完成这本书。后来我才知道，我并不是全凭误打误撞去了主教座堂广场（Piazza del Duomo），而是我碰巧走过的那条街道的设计，无论是人行道的宽度还是弯曲的弧度（正好能让人瞥见这个白色高大的建筑），都在诱导我沿着那条路走下去。我在佛罗伦萨主教座堂广场体验到的情绪也并非我所独有。抓住我和他人注意力的，是广场分明的边界、广场中央的建筑规模、错落有致的体块感、充满活力色彩丰富的建筑细部。这些要素和人类在身体与心理上追求刺激的本能结合起来，让我久久移不开目光。

乔托钟楼、圣母百花圣殿、洗礼堂，这么多年依然鲜活地屹立在我的脑海中，让我每次写自传时都会提及，这是完全可以被解释的，这是人类长期记忆的性质和机制共同作用产生的结果。

你只要想一想，听到最喜欢的音乐时如何改变了你的心情，看一幅绝佳画作时如何让你进入另一个世界，一件形状奇特的家具如何让你联想到人静卧时的姿态，看一场舞蹈表演如何让你想到自己的身体韵律。好的雕塑能够引人想象到傲然耸立、蜿蜒蛇行或漂流浮动的画面，好的电影能够让人产生强烈共鸣。这些艺术每一样都对我们产生了强大而真切的影响，但每一样都只能在我们积极地投入其中时才会这么深刻地影响我们。而且通常只会在某天某段很短的时间内对我们产生这么强大而真切的影响，在大部分时候并没有这样的影响。

但值得重视的是，我们与建成环境的关系不同于我们与其他任何艺术之间的关系。建成环境会一直影响我们，而不是仅仅在我们选择主动去关注它的时候才会有这样的影响。并且，建成环境塑造着我们的生活和选择，塑造方式结合了所述的其他艺术方式。建成环境影响着我们的心情和情绪，以及我们身体在空间里和在活动中的感受。除此之外，建成环境深刻塑造了我们基于日常生活构建出来的故事。

具象认知和情境认知这个新范例，揭示了建成环境及其设计的影响远远大于任何人的认知，甚至包括建筑师曾以为的那样。本书揭示的东西会对人们如何思考，设计师如何构建今日和未来的建成环境，有深刻的影响。本书会如实地展示我们打造出来的世界，清楚地说明我们可以用什么方式去改造世界，使它不再那么毫无灵魂、刻板麻木，使它更能增强人类身心、社区和政体的活力。

为什么我会这么有信心地欢迎你来到你自己的世界？因为在本书的写作过程中，我运用了大量有关建成环境的专业知识，从全新的角度来看建筑、景观和城市——当然，我指的不仅仅是在佛罗伦萨那难忘的一天，而是以后的每一天。

现在，我要与你分享我的发现。

引言
下一次环境革命

……没有哪个世界，实际面貌会如设定的那么好。

但是，这个世界，无论会不会衰朽，

都仍然要去建造。

因为我们从窗户往外看到的……

总是在那儿。

——**威斯坦·休·奥登**（W. H. Auden），

Thanksgiving for a Habitat.I. Prologue: The Birth of Architecture

看看你的周围，从窗户往外，你看到了什么？在房间里，你又看到了什么？你的答案会跟你自己一样那么独特。无论大城市还是小城市，近郊还是远郊，或者世界上某个成长中的大都市带（megalopolis），比如纽约、首尔或圣保罗，你从窗户往外看到的可能且很可能是建成环境（built environment）。

在现代社会以前，人类的居所大体上由自然世界主导，现代社会则不再如此。世界范围内，在发达国家和发展中国家，人们大部分时间都在建成建筑和景观（constructed landscape）里面或在周围环境里度过。你在医院或者家中的卧室出生，可能会在养老院、自家卧室或医院去世。你在小屋或公寓安家。你穿过街道、桥梁、地下通道，去办公室、实验室、厂房或商店上班。你会在学校、社区中心、游乐场和公园养育和教育孩子，同时建立和维持社会关系。在这些建造出来供人休闲娱乐的场所，你散步、打球或跑步，看电影、看比赛、看展览，在商场购物娱乐，在咖啡馆休闲放松。

越来越多的人，其90%或更多的时间都栖息在由人构思和建造的环境里，而且现代社会与以前的时代不同，这些建成环境通常不是由居住者自己建造的。接近40亿人都生活在建筑最密集处，也就是我们称之为城区的地方。我们在现代社会栖息和使用的场所，不仅仅是简单地施工、建造出来的，而且是设计出来的，也就是建成的外观和功能都是决定好的。有人决定纳入这些或者那些元素，有人选择把这些元素植入一个构造（composition）里。不仅每个建筑、城市广场、公园、游乐场，甚至每条人行道都定好了比例，而且每扇窗户都定好了大小、位置，因为有人决定好了人行道的尺寸和位置，决定好了窗户能适应什么天气，对所有构造的外观、气质、功能做了决定。所有建成的环境都有人决定，不管决定者是否考虑周全了。

很多人觉得建成环境仿佛是永恒的。[1] 但统计数据表明，建成环境在不断翻新、重建、扩建。数据触目惊心，但是只有正视这些数据，我们才能看清楚未来将面临什么情况。展望未来几十年，到2050年，单单美国就预计会再增加6800万人，增幅21%，达到近4亿人。这就需要在城市及其周边地区新建大量建筑、景观、基础设施和城区（见图0-1）。如果纽约的城区建成环境增加20%，那么就可以多住500万人。扩建洛杉矶的城区，可以多住400万人；扩建华盛顿特区的城区，可以多住200万人；扩建奥斯汀的城区，可以在今天200万人的基础上再多住40万人。设想一下美国所有城市，看看这些城市各自总共需要为新增人口新建多少住宅、办公场所、商业设施、公园、广场。

图0-1
美国建筑工地

单单是住宅一项就达到大约 10 亿平方英尺①。加上不断变化的经济形势，会让人们涌向一些城市而逃离一些城市，淘汰一类建筑而催生另一类建筑，这意味着美国需要更多数量、更多类型的建筑和景观，远远多于我们祖祖辈辈所建造的。到 2030 年，美国人栖息的建筑将有一半是 2006 年或之后建成的：你遇到的每三栋甚至两栋建筑，就有一栋是新建筑。[2]

未来几十年，美国境外也会有大规模的建设运动，规模大到美国即将出现的建设需求可以忽略不计。放眼全球，目前世界人口有一半以上居住在城区。[3] 接下来的这两代人的时间，亚洲、非洲和拉丁美洲城市的发展速度将会非常快（见图 0-2），到 2050 年，地球上每三个人中就会有两个人生活在城区。那意味着地球上需要新增大量用来居住、工作、上学的建筑，以及大量用来出行的基础设施和用来休闲的景观，去满足这增加的 24 亿人。

还有更加惊人的数据。

今天，全球有 428 个人口规模为 100 万 ~ 500 万的城市。接下来的 15 年，将增加到大约 550 个城市。目前有 44 个人口规模为 500 万 ~ 1000 万的城市，15 年内将增加到 63 个。人口超过 1000 万的特大城市、大都市带的数目，预计将从今天的 29 个增加到 41 个，增幅超过 40%。[4] 城市人口将会以前所未有的惊人速度增长，尤其是综合型城区、大都市、超大城市将处在人口增长的前沿。

① 1平方英尺≈0.0929平方米。

图0-2
中国建筑工地

人口向大都会（metropolitan）地区的迁移过程中，相伴而来的建设活动在发展中国家开展得如火如荼，尤其是在印度和中国。到2050年，预计中国的城市居民将增加3亿，达到10亿多人。假设中国每年建设一座全新的城市来安置新增人口，就需要连续35年每年都建设一座纽约那样规模的城市。由于对这种增长已经有所预期，中国已经在一片片荒地上完成了非常巨大的新城建设量（见图0-3、图0-4）。为了安置2030年前预计会迁入城区的大量农村居民，中国最终将有125个人口超过100万的城市，16个人口为100万～500

图0-3
中国鄂尔多斯市的
工地：从前

图0-4
中国鄂尔多斯市

万的大都会，7 个人口超过 2000 万的特大城市。[5] 这将需要建设大约 500 万栋建筑，总建筑面积 4 万亿平方米。未来 20 年，中国将继续扩建基础设施，包括住房、道路、桥梁、机场、发电厂、水净化和配送系统，建设规模和速度会让人类历史上的一切大建设相形见绌，建设量相当于整个美国的现有城市基础设施。中国的快速发展看似独一无二，实际上却并非如此。这一时期，印度的城市人口预计会以更快的速度增长，数量翻一番，增加 4 亿人。亚洲其他地区以及拉丁美洲各个国家都正以惊人的速度发展并经历城市化，虽然以贫民窟和不良建筑的形式为主。这股全球建设热潮会持续数十年，除非经济崩溃。

整个世界仿佛一个巨大的建筑工地，甚至可以说就是一个建筑工地。人们基于目前的在建环境做的决定，包括建什么、怎么建、在哪里建，将在未来几代人的时间内，影响几十亿人的生活。如果你认为这一切有点儿难以置信，下次步行或开车外出时看看周围环境，想想以下事实意味着什么：美国人目前称为家的地方中，近 80% 在 60 年前并不存在。[6] 再问问自己，如果你看到的建筑、街道、公园中 80% 都进行了更新，并且变得更美观、布局更合理，那么你的生活会是什么样，或者你的双亲、兄弟、孩子的生活会发生什么改变？如果所有片区（neighborhood）都充满活力、让人向往，又会是什么情况呢？如果所有片区都有便捷、可靠、实惠、舒适的公共交通工具呢？如果每个人的居所，不论是小住宅还是公寓，都能看到或者方便步行到设计和养护得都很好的公园呢？如果每个房间、办公室、教室都有个大窗户，可以开启、可以让自然光倾泻进来呢？你和你亲人的生活会有所不同——如果你置身于一个高楼林立的地方，你住在其中一栋高楼的一间毫无特色又阴暗、狭窄的鸽子笼里，那么你的生活同样会有所不同。

我们看到的大部分景象都是人为建成的，但其实没有经过真正的设计。即使是经过设计，也是初步的设计。美国的新建工程，无论是桥梁、城市公园、住宅小区还是教学楼，85% 是由建筑公司携手房地产开发商等私人客户实施的。这些建筑商，许多完全绕过设计师（参与建成环境设计的专业人员的统称，包括建筑师、景观建筑师、室内建筑师、城市设计师、城市规划师、土木工程师等），或者只是聘用设计师审批图纸——由极有可能连设计方面的基本训练都没有接受过的人绘制而成的图纸。

目前，美国和世界上其他大部分国家和地区有很多人认为没有必要花钱聘请训练有素的专业设计人员。诚然，的确有腰缠万贯的富翁和财力雄厚的公司斥资请设计师来提高建筑的美观度或者自己的美誉度，也有渴望彰显文化担当的公共或者私人机构聘请受过相关训练、具备相关知识的专业人员来设计摩天大楼之类的复杂结构物。但这不是常态。

除了资金因素，还有建成环境项目的委托和评判标准的因素，这两个标准是：安全第一、功能第二。安全第一是指建筑方面的法律法规和监管部门强制执行“两个确保”标准，即确保桥梁、建筑、公园、市容能承受重力和风力，能经受气候变迁和时间摧残，确保它们的组件，比如楼梯和电气系统，不摇晃、不绊人。功能第二是指人们期望项目能够有效且高效地满足机构或个人的日常需求，这通常意味着尽可能节约资源，包括空间、时间和金钱。

人们认为安全和功能是硬标准，其他标准，比如美学、构造、用户体验，还有设计，人们老是以不好把握或没什么用处作为理由，置之不理。

很少有人去问,更没有人系统集中地问,项目的设计对人类有何影响。人们认为,设计打造的是高大上的东西,这种东西称为“architecture”（建筑）；“architecture”肯定不同于“building”（房子），就像华盛顿国家大教堂（Washington National Cathedral）肯定不同于各地的社区教堂一样。

区分 architecture 与 building，或者更简单地区分设计与功用，是毫无道理的。我们日益了解到，所有建成环境的设计都会深刻地影响人们，深刻到我们不能仅仅重视安全和功能。各类设计元素都会影响人们的体验，不仅是人们对环境的体验，也包括人们对自己的体验。一个好的设计，包括精心构造的有序系统和模式、容易激活感官的材料和纹理、刻意建构的空间序列等，可以打造出一个对人产生巨大积极影响的和谐场所。城市空间、景观和建筑，即使只是中小型的，也会深刻地影响人们的生活。它们塑造我们的认知、情绪和行动，甚至对我们的幸福有巨大影响。它们有助于建构我们的自我感和身份感。

众所周知，积极情绪可以延长寿命、提高生活质量。然而极少有人认识到，设计对人类幸福和社会安康的影响是多么广泛。我们在制订公共政策和市场计划的过程中，很少给予设计应有的重视；我们在不断建造和改造世界的过程中，很少考虑设计。鉴于全球正在进行大规模的建设运动来塑造世界，是时候去面对这个令人不安的事实了：由于漠视建成环境，我们的生活正在变得极度贫乏。而且，好几代人的生活都有可能因此变得极度贫乏。

“环境”这个词会让大多数人想到自然，而“环境革命”会让大多数人想到人口过剩和污染，特别是碳排放造成的污染，碳排放量的增加意味着增加了温室气体的排放，从而导致我们现在要面临地球气温升高这一问题。但是“环境”一词实质上只需要被理解成我们所处的地方、情形或状况，或者我们周围存在的物体。环境可能是生态的、社会的，也有可能是虚拟的或建构的。环境元素可能是草和树、肉和血、文字和图像、颜料和字节，也可能是砖块、沥青和钢铁。我们绝大多数人都生活在由砖块、石材、加工或者未加工过的木材、玻璃、钢铁、石膏板塑造和主导的环境里，花点笔墨来说明我们需要怎么样来改造我们的建成世界（constructed world）是有意义的。

因为我们栖息和建造的环境会影响到我们和家人的健康，会让我们和家人变得聪明或愚蠢、宁静或消沉、激动或冷漠，而且这些影响很大程度上要归因于设计，所以设计得好、建构得当的环境会对我们的健康、认知能力和社会关系有所助益。这种环境能让我们每个人深深地体会到：我们不仅仅是因为一些现实因素比如劳动和资产情况而被重视，我们作为人的感性体验也很重要。所以，如何设置建筑、景观和城市空间，不能被当成是个人品位问题去对待。

本书可被看作一种行动的号召，恳请我们所有人尽最大努力把以下问题纳入政策议程，并就其制定切实可行的措施：通过改进建成环境来促进人类安康。本书号召我们所有人去制订、资助、实施研究计划，以拓宽我们的认知：我们目前在建筑、景观、城市里的生活状态，我们未来又能有什么样的生活状态。本书敦促私人和公共部门的决策者去承诺追求好的设计，还敦促设计师投入资源和精力学习其他领域已经获得的有关人类体验机制的知识。

我像一个站在广场上的信使，大声播报着最新消息。请注意，建成环境的主要决定因素是利益，包括但不只是市场上各路人士的利益，但他们做的许多决定未必符合社会和地球的最佳利益。根据我们在过去 20 年的经验，人们并不是理性行动者，至少大部分时间不是。人们思考、体验建成环境的方式，与我们已知的对人类认知、行为和体验方面的知识是一致的。而且大多数人生活的地方，在很多方面或者仅仅一些方面，是不符合我们的需要的，不管是就我们的个人内在体验而言，还是就我们作为各种社会成员的这个属性而言。

在第 1 章中，我们会评估当代建成环境的实际状况，观察它是如何照顾到，但在大多数情况下并没有照顾到人类想法、感受和行为的。在第 2 章中，我希望去解释人们是如何通过考察普通的城市景观和城市地标等，去体验建成环境的。而建成世界往往对我们的想法和个人生活、社会生活有着强大的塑造作用。接下来的第 3 ～ 5 章，我们会考察多种多样的建筑、景观、城市环境，来挖掘不同情况对建成环境体验的具体影响，包括决定、塑造和转变作用。例如我们在身体里（第 3 章）；我们在自然世界里（第 4 章）；我们在社会世界里（第 5 章）。在第 6 章中，我们会总结前述内容，来提出一些以人为中心设计建成环境的基本原则。最后一章，我们会在更大背景下讨论前述发现的启示作用，确立建成环境设计在促进人类幸福中的绝对中心地位，无论是现在还是将来。

我们想为后代塑造什么样的世界和社会？这个问题今天依然像 1942 年那样紧迫。那一年，在德国摧毁了伦敦议会大厦（Houses of Parliament）的下议院（见图 0-5）后，温斯顿 · 丘吉尔（Winston Churchill）敦促英国国会议员投票，支持按原样重建下议院，即原

图0-5
闪电战过后伦敦议会大厦的下议院

有的长方形体量，加上排成面对面的两列长凳，象征着英国的两大独立政党。丘吉尔坚持认为这种排列方式所代表的两党制，构成了英国议会民主制的支柱。在强调设计对日常体验的塑造作用时，丘吉尔宣称："我们塑造出建筑，然后建筑塑造我们。"[7]

丘吉尔的这句宣言并没有引起人们的重视。建成环境本身依然很少被人讨论。媒体报道了建成环境的某些方面，但主要是在"明星建筑"、旅游胜地、家居装饰的背景下报道的。与此同时，认知神经科学和知觉领域的惊人突破，却正在精确地解释为什么与建成环境的关系对我们的体验如此重要，并描述了这种重要性体现在哪里。

当然，之前已经有人在书籍或文章中考虑了建成环境设计如何明显又微妙地塑造人们社交的类型和特点。[8] 简·雅各布斯（Jane Jacobs）的《美国大城市的死与生》（*The Death and Life of Great American Cities*，1961 年出版），广泛抨击了第二次世界大战后初期美国城市规划中的清除贫民窟和开发政策，暗示即使是善意的干预，也可能严重破坏人们的生活。雅各布斯认为，至于城市和城市场所的形态，必须根据城市居民实际上如何过社会生活和个人生活的经验知识做决定。雅各布斯的这一观点借鉴自城市规划师威廉·怀特（William H. Whyte）。怀特花了几十年时间研究公共场所的人，考察吸引或排斥路人的设计元素。雅各布斯的书出版十年后，奥斯卡·纽曼（Oscar Newman）在《防御空间》（*Defensible Space*）中证实了雅各布斯的看法，犯罪发生率和雅各布斯批评过的住宅是能够联系到一起的。纽曼确认了阻止居民对栖息地进行探索并产生情感联系，进而会让居民很难对社区产生强烈责任感的设计元素有哪些，比如同质化、重复化、视线阻挡等。最近在雅各布斯、怀特、纽曼的基础上，著名的丹麦城市规划师扬·盖尔（Jan Gehl）进一步指出了让城市环境充满活力的设计元素，比如“柔性”边缘、步行通达性，以及底层空间有活力、有变化等。

雅各布斯、怀特、纽曼、盖尔的工作表明，设计会深刻影响人们的社会生活。[9] 对比之下，建成环境如何塑造和影响人们的个人体验，大部分分析还停留在理论和哲学思辨阶段，这反映在加斯东·巴什拉（Gaston Bachelard）的《空间诗学》（*The Poetics of Space*）

和爱德华·凯西（Edward Casey）的《回归地方》（*Getting Back into Place*）等书和文章中。凯文·林奇（Kevin Lynch）的实证研究《城市意象》（*The Image of the City*）可以说是一个著名的例外，但那是50多年前完成的了，发表于1960年。林奇访谈了城市居民，借鉴了格式塔心理学原理，建构了一个直观框架，说明城市居民如何理解城市，以及在城市中如何确定自己的位置。他发现，人们是依靠非常具体的设计元素在复杂环境中探路，并形成对城市布局的内部认知地图的。其中的设计元素集合了地标［埃菲尔铁塔（Eiffel Tower）］；边缘，必须由可见边界明确界定（巴黎的林荫大道的外沿）；清晰的路径，通向汇聚点或者节点，如购物广场、露天广场、主要交叉路口等（见图0-6）。

所有这些关于个体如何体验建成环境的研究，只有凯文·林奇的理论大体上得到了证实：地标、边缘、路径、节点确实是我们大脑进行空间导航和形成认知地图所使用的关键工具。最近，认知神经科学家爱德华·莫索尔（Edvard Moser）、梅－布雷特·莫索尔（May-Britt Moser）、约翰·奥基夫（John O'Keefe）重新诠释并进一步确认了林奇提出的路径和节点。[10] 由于他们的发现，他们一

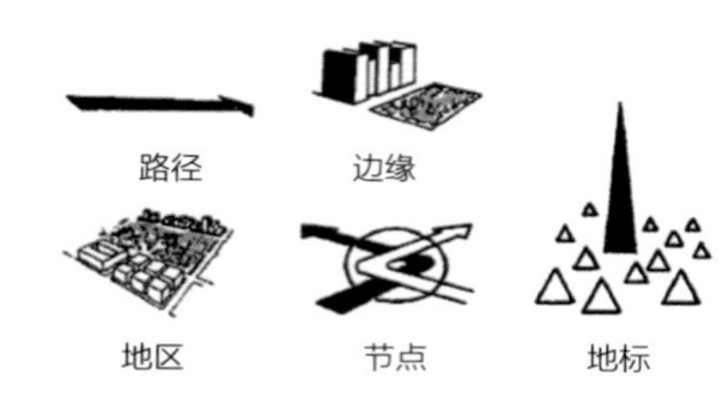

图0-6
路径、边缘、节点、地标：找路的要点，出自凯文·林奇的《城市意象》

同获得了诺贝尔生理学或医学奖，在这一发现中，他们确定了具体的位置识别和建筑识别细胞。这些细胞与集成系统中的网络细胞一起工作。我们大脑内部的 GPS 能为我们定位方向。“我们如何知道自己位于哪里？我们如何找到从一个位置到另一位置的路？我们如何存储这些信息，以便能够原路折回？”这类问题，我们现在知道了答案。

林奇的工作凸显了一个需要，即我们需要进一步了解人类如何体验建成环境，以及建成环境如何影响人类。[11] 这个研究在学术界还在继续推进，但并不是主流，而且很难到达客户，也就是这些建筑的投资者和使用者那里，甚至很难到达设计师的眼中、耳中、脑中。城市设计师、建筑设计师、室内设计师与学术界和医疗保健行业研究人员之间的各种研究计划和合作越来越关注这些问题，虽然目前规模还很小，但不断发展的建筑神经科学学会（Academy of Neuroscience for Architecture，ANFA）越来越支持相关人士探讨这些问题。

要研究建成环境如何塑造我们的内部世界和外部世界（用大白话说就是，我们如何体验建成环境），必须首先阐明我们所说的“体验”是什么意思。体验不同于 “仅仅存在”这个无自我意识的事实；体验的特色在于统一性，这个统一性渗透于体验的各个成分特征中，并赋予它们以意义。统一性是人类心智的产物，而我们通过心智过滤并解释遇到的一切。[12]

过去 20 年，自然科学和社会科学形成了大量有关心智发展的知识，但其中大部分并不是聚焦在建筑或建成环境本身。综合理解这些知识，就会发现我们的建成环境无法满足人们的需求，除非我们把已经和正在获得的有关人类体验的知识整合到设计和构造中去。这一点对谁都是适用的，从住在家里的家人到在游乐场玩耍的学童，再到在办公室或工厂里辛苦工作的员工。

这些源源不断的有关人类知觉和思维的知识综合起来表明，人类是普遍融入了环境的。无论我们是无意识地看到线条如何在墙上排布，还是无意识地记住天花板的高度或形状，抑或是无意识地对房间光线的质量和强度做出反应；无论我们是凭直觉预测物体在重力作用下的表现，还是下意识地在心理上模拟触摸石板地面时的冰凉感受——我们的情绪状况、社交活动甚至身体健康都或多或少受我们栖息地的影响。这一快速增长的知识体系可以溯源到20世纪60年代，当时心理学开始把研究焦点转向“认知”。当时有很多科学家认为，人们的思维过程，也就是认知，可以用科学方法进行研究，人类思维作为人类体验的一个维度，是与人类行为一样重要的。之后，认知革命持续加速，尤其是在20世纪90年代。那时，一些成像技术和计算技术的出现，让科学家得以研究运行中的人类大脑。

“认知如何直接或间接影响建成环境体验，建成环境体验如何直接或间接促成认知”，我们现在对这两个问题的认识远远多于几十年前。几百年来，关于如何造就好的建筑、景观、城市设计，形成了很多我们误以为科学的观念。现在我们知道，这些传统观念，即使有一些是正确的，大部分也是毫无道理的。我们有关人类记忆结构、学习、情绪与认知关系的认识，彻底转变了。我们不仅了解了空间导航的机制——这一点要多亏凯文·林奇和他的接替者，而且正发现那些机制在其他一些认知过程中起着重要作用，而这些认知过程对我们的日常生活来说至关重要。我们知道，我们的知觉和行动决定并不是完全相继发生的，而是偏向互相交织地发生。最重要的是，我们知道，我们大部分的认知本质上是无意识和彼此联想的。

我们需要一个新的概念框架来了解我们如何思考和体验建成世界，因为人类大脑从根本上讲不是心理学家、哲学家、设计师以前认为的那样。在我小时候，心理学家持有一个基本信念：在人生早期过了一个关键阶段后，大脑的生理机能就基本上定型了。不再有新神经元生成，不再有新连接建立，已经建立的连接也不会消失。2000年左右，一系列有关伦敦出租车司机的研究表明，司机完成刻意练习后（这些练习要求他们记住城市地形，用凯文·林奇的话说，就是建立城市地形认知地图），其大脑，特别是海马体出现了明显的变化。这些研究以及其他一些研究揭示，即使是发育完毕的成人，大脑也是动态的，会随着环境体验不断变化，其中的环境包括人文环境、社会环境、物理环境、建筑、景观、城市。[13] 我们的大脑具有神经可塑性，这一事实对我们了解人类认知有着巨大的启示作用：它表明，随着我们不断学习，我们的大脑一直在改变形状、重新布线。与几个世纪以来的假设相反的是，我们现在知道，我们各个方面的生活、心理在不断变化，以及我们在物理环境中的体验一直在塑造我们各个方面的生活、心理。

我们知道得越多，就越能思考、审视、评估已经和将要建造的东西与提升我们幸福感所需要的东西之间的匹配度。我们知道得越多，就越清楚地看到，我们必须重新审视那些有关城市、建筑、景观乃至建成环境与人的关系的常识。我们应该心怀乐观、充满希望、活力满满地投入这一重新审视中。我研究和写作有关建成环境的内容几十年，知道建成环境可以造得更好，远远更好。在每个投资层面，我们所有人都可以做很多事情来改善建筑、景观、城市。而且事实证明，不好的建筑所耗费的资源往往与好的建筑一样多，景观和市容也是一样。

所以你可以试想一下自己所在房间的形状，天花板的高度、形状和颜色，墙的纹理和施工，地板表面的软硬度，环顾房间四周看到的东西，从窗户往外看到的东西（如果你能看到的话），空气质量和温度，所听到声音的品质，家具选择及其摆放，照明类型和等级，通往附近房间和场所的通道的配置，以及相对于你所在之处的位置。所有这些都会影响你。它们会影响到你的幸福和健康，而且有些影响你可能意识到了，有些影响你甚至从未想过。它们影响你与同处一室的其他人的互动，甚至是你对这些人的判断。它们可以影响你的自我感知，无论你是否属于那个空间，你的自我感知都会被影响到。

这些因素为什么这么重要？因为它们可以被改变。你周围的一切，从你目前所在房间的形状，到你家的日照时间，到你居住的小住宅或公寓的特点，再到通往你的小住宅或公寓的人行道或道路的宽度和模式，之所以是现在的样子，是因为有人做了选择。无论是有意还是无意地构造，建成环境是构造出来的，这意味着它完全可以构造成另一个样子。很多建成环境是可以改造的，未来几十年新建多少建成环境，就有多少建成环境是可以改造的。我们面前有个前所

图0-7
“高150英尺①的天花板，一定有某种东西让你变得不一样”，路易斯·康评卡拉卡拉浴场（重建）

① 1英尺≈0.3048米。

未有的机会，让我们把世界重塑得更美好。

美国建筑师路易斯·康（20 世纪末最受推崇的建筑，有些就是他建造的），终生都在提出理论和事实，去证明建成环境设计对人们生活的巨大影响。谈到传奇般的罗马卡拉卡拉浴场（Baths of Caracalla）的圣洁的品质，康曾经说："如果你去看卡拉卡拉浴场……我们都知道，天花板高 150 英尺①，我们可以洗澡；天花板高 8 英尺，我们同样可以洗澡。"[14] 但是，他坚持认为，"150 英尺高的天花板，一定有某种东西让你变得不一样"（见图 0-7）。尽管康本人并不知道背后的原因，但他凭直觉表达的这一观点确实是正确的。最近有项研究揭示，坐在天花板更高的房间，人们的思维更具创造性，对抽象概念有更好的反应。因为觉得不受限制，人就容易创造性地去思考。

我一直认为建筑学是一门最重要的艺术，每个人都值得享受它的好处。建筑、景观、市容不仅影响项目出资人和委托人的生活，而且影响无数的用户和路人，哪怕这个建筑物仅仅是作为投资用途的。此外，大多数建筑、景观、城区都比人活得更久，甚至比随后几代用户活得更久，更久……

当然有些人，特别是设计专业从业者，知道设计很重要，但是很难提出理由和事实来证明为何设计很重要，特别是对人们的生活而言。我认识这样一个人，她经营着一个规模很小但很成功的非营利组织，这个组织倡导好的建筑。她曾经告诉我，每当出现一次影响设计界的危机，比如新奥尔良堤坝垮塌，地标建筑预计将要被拆除，一个可恶的地产开发项目获得许可，她就会与理事会成员围桌而坐，哀叹建成环境的状态。这些成员都是志同道合的专业人员，都热衷于设计。她曾经抱怨说，我们都在对彼此说，设计很重要，但是没人说得清为什么。

以前，或许没人说得清。现在，我们可以了。

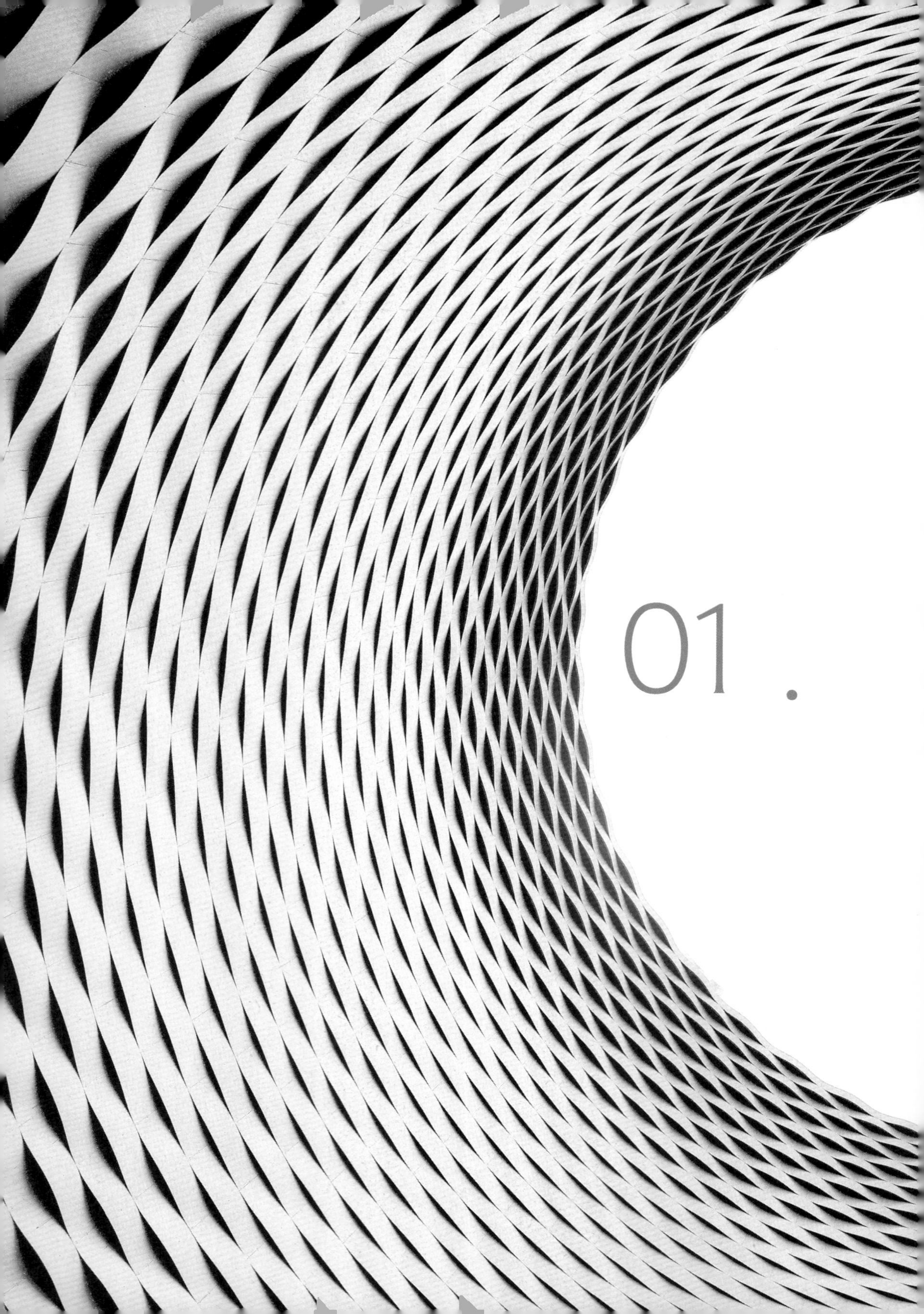

01 .

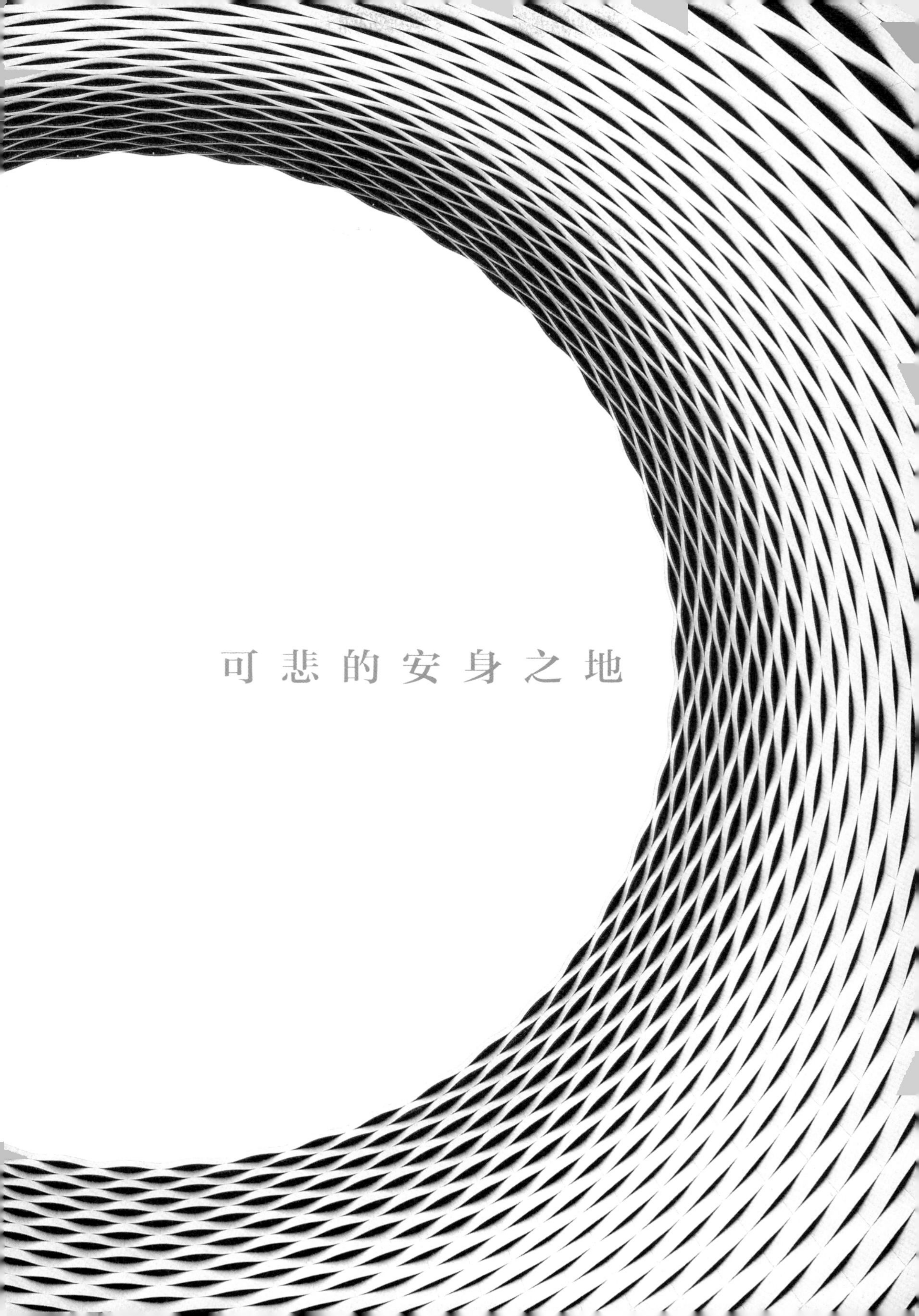

可 悲 的 安 身 之 地

第1章
可悲的安身之地

起初是无聊，渐渐变为绝望。

你想摆脱它，它却愈发沉重。

广场虽寂静，却有一些东西。

——马克·斯特兰德（Mark Strand），

（*Two de Chiricos.2. The Disquieting Muses*）

周围产品或设计元素的危害，虽没有被人意识到，但并不意味着就是无害的。

——理查德·诺依特拉，《生存设计》

（*Survival Through Design*）

我早年写了一些建筑评论文章，有一篇发表在《美国瞭望》（*The American Prospect*）上，其提要不是我写的，而是由我的编辑完成的。[1]他送去校样时，很明显认为我的标题过于生硬："无聊的建筑"（Boring Buildings）——带着怒斥语气。副标题："为何美国建筑如此之糟"（Why Is American Architecture So Bad?）——几乎可以听出我的哀怨语气。自那篇文章发表起的15年来，我国乃至世界的政治、社会、经济格局都发生了很大变化。"9・11"事件之后，世界进入了一个危险系数越来越高、自我意识日益增强的时代。互联网和数字技术改变了我们的沟通方式、购物方式、隐私权性质，甚至我们的自我感；也大大提高了经济一体化的速度，使经济、社会、文化全球化成为现实。即使如此，时过20年，那个标题控诉的现象依然存在，而且不仅存在于美国。

四种可悲之地

我们生活的地方，赤贫者处处可见，有四种不同的建成环境作为例证。除南极洲外，每个大陆都有数百万人栖息在窝棚（shack）中。这些人的生存状态似乎说明，如果建成环境没有经历称得上设计的过程，那么栖息者的生活品质就会低得可怜。但是，看看开发商建造的独户小楼（上亿人称之为家的居所），就会发现资源匮乏只是原因之一。然后看看纽约市一所高中的设计，就会明白不够重视建成环境也是个重要原因。最后看看“普利兹克奖”（Pritzker Prize）获得者建筑师让·努维尔（Jean Nouvel）在伦敦设计的一座艺术馆，就会明白，即使有充裕的资源、良好的意图、足够的重视，事情也有可能会出错。这四个例子表明，建成环境的贫乏是非常普遍的现象，暗示这一现象背后的复杂原因。贫民窟本身可能暗示，没钱必然赤贫；但结合其他三个例子表明，钱并不是关键所在。

贫民窟真正缺乏的是资源。2010年的海地大地震，150万人失去家园。许多人的生活受到影响，他们住在临时营地、应急避难所。这场巨大灾难留下了几千张令人心碎的照片。其中一张描述的是，在太子港轨道街，紧贴街道中线密密麻麻排着一长条棚屋（shanty），每个棚屋顶上都搭着防水布，只有一个房间，房间地板很脏，住着整整一家人。棚屋旁边，轿车和卡车轰隆隆地驶过（见图1-1）。没有电，没有管道，没有隐私，没有安静，没有清新的空气，没有干净的饮用水。只有这些想要保持风度和尊严的不幸之人，但他们所在的建成环境满足不了他们的这个愿望。

尽管图1-1刻画的是一场巨大灾难之后挣扎求生的人，但也反映了世界上很多人的日常生活状况。通常就是排成一长条、旁边有汽车驶过、顶上搭着防水布（而不是常见的金属波纹板、废塑料、茅草，或者腐烂的胶合板或硬纸板）的房屋，海地的这些窝棚与以下这些地方很像：巴西的favelas、突尼斯等讲法语的国家的bidonvilles、南非的township、牙买加和巴基斯坦的shantytown、智利的

图1-1
2010年大地震过后，海地太子港轨道街的生活

campamentos，以及世界各地的贫民窟。这些住所的名字、建材、破烂程度以及其中住户的绝望程度，因经济、文化、气候、大陆的不同而有所不同，但这些住所的基本格局是一样的。一两代人甚至三代人，连同他们的全部家当，挤在一两个对身体有害的房间，而那些房间连基本的电力、卫生设施都没有。

南亚总人口的30%，包括印度最大的两个城市孟买和德里50% ~ 60% 的居民，住在贫民窟；至于孟买达拉维贫民窟的人口密度，只能粗略地估计一下，每平方英里[①]为 38 万 ~ 130 万人，这个

① 1平方英里≈2.59平方千米。

数字是曼哈顿的 5 ~ 9 倍。[2] 60% 的撒哈拉以南的非洲人栖息在贫民窟（见图 1-2）。世界上最大的贫民窟在墨西哥城市郊，住了 400 万人。从全球来看，地球上 1/7 的人口，大致 10 亿人，也就是 1/3 的城市居民把贫民窟称为家。联合国人居署房屋及贫民窟改善处（The Housing and Slum Upgrading Branch of UN-Habitat）预测，到 2030 年，住在贫民窟的人数会翻不止一番，因为贫民窟是“世界上增长最快的栖息地”。

在太子港或孟买或拉各斯的漏雨窝棚长大的孩子，可能受到物理环境或周围环境的什么影响？[3] 与住在更宽敞的房子里的孩子相比，住在杂乱而拥挤的房子里的孩子整体发展明显缓慢。这些孩子往往学习成绩较差，在学校和家里的问题行为均较多。住在挤满了人又不隔音，也就是没有隐私可言的房子里的孩子，精神病和心理疾病发病率较高。我们知道，居家环境人口密度与儿童居家环境控制感呈负相关，而较低的控制感会导致较低的安全感、自主感、力量感、效能感，进而可能导致较弱的上进心。

这不过是破屋陋室对人们生活最为明显的破坏。过度拥挤、没有隐私、环境噪声，会削弱儿童管理情绪的能力和有效应对生活挑战的能力。因此，住在贫民窟的孩子不仅机会更少，而且利用机会的能力更低。自出生起就住在类似轨道街那种环境的孩子，长大成人后即使遇到意外之财，也有可能会奋力挣扎，且比之童年时期不曾遭受建成环境贫困之苦的人挣扎得更厉害。而在艰难困苦条件下长大的经历，可能会导致终生能力受损。

图1-2
非洲贫民窟

不仅这种没有经过任何设计、明显贫困的地方会妨碍人们的幸福，有些富裕的中产和上中产阶级住宅小区也会妨碍人们的幸福。看看在位置、价位、客户群、设计等方面存在很大差异的两个新住宅小区。一个是莱克伍德－斯普林斯，位于伊利诺伊州普拉诺镇，距芝加哥西边大约一小时车程处的郊区。莱克伍德－斯普林斯是个规模相对较小的中产阶级住宅小区，里面的房子建造在像纸一样平坦的土地上。在风格上，这些房子用了两种基本模式的风貌去重新诠释美国中西部传统农舍：建得很低的一层或两层排屋沿着断头路和微微弯曲的街道交错排列（见图 1-3）。另一个是独栋别墅小区（见图 1-4），位于马萨诸塞州尼德姆镇。这个小区的房子更大，房子与房子之间的风貌存在较大差异，但在风格上统一坚守房产经纪历史主义（Realtor Historicism）——姑且这么称呼吧。

普拉诺 20 万美元一栋的排屋与尼德姆 100 万美元一栋的别墅，尽管有着不一样的大小和价格，但是有着许多共同的基本特征和问题。每套房子容纳一户核心家庭。尽管现今社会人口明显老龄化、家庭结构日益多元化，但是普拉诺小区和尼德姆小区均没有设置适合无独立生活能力的高龄父母或残疾人的居所。每个小区内部，每个地块差不多大小（尼德姆的总体上更大些），房子坐落在地块正中央，前后各有一个庭院。居民穿过车库进入房子，但遗憾的是，因为“前”大门正对着街道，所以“前”庭院基本上无法用。房子布局不当，同时周边便民服务点稀缺，导致居民没有什么机会进行自发的社会交往。

其实，普拉诺小区和尼德姆小区的房子都是由现成材料搭建的，施工技术简单，无需什么技术工人。同时材料价格低，既不结实也不环保；木材的砍伐毫不考虑对环境的可持续性；铺设的 PVC 管道向地面和饮用水释放着挥发性有机化合物；房间与房间之间的石膏墙，

左，图1-3
近郊由开发商建造的中产阶级房

右，图1-4
近郊由开发商建造的高端房

隔音、隔热效果也很差。房间排布和每层平面标准化得很粗糙，比如窗户和房间的位置选得很差，毫不考虑房子边界建造的位置，也毫不考虑盛行风向和日照轨迹。例如，有些房子的客厅可能阴暗无比，而有些房子的客厅可能亮得刺眼；有些房间可能太冷，有些房间可能太热（虽然高效恒温器和人造光掩盖了这些设计缺陷）。

你可能认为，这些住宅小区仅仅是为中产和上中产阶级服务的，有不尽如人意之处也很正常。如此说来，为更富有的人服务的住宅、学校、景观肯定更好吧？诚然，有些确实更好，有些则不然。就以我给儿子找学校的经历为例吧。几年前，我家准备搬到纽约市，于是考察了曼哈顿和布鲁克林的几所私立学校，希望为我们即将上高中的孩子找到一所适合其身心发展的学校。大多数家庭乐于把孩子送到上曼哈顿的一所从学前班到12年级一贯制的学校。这所学校位于一条林荫大道旁边，里面有一栋栋紧挨着的建筑；学校入口是个土褐色与红棕色相间的理查森罗马式砖石结构的构筑物，带有大大的顶棚，刻有深深的花纹。但是学校高中部所在的一栋大约40年楼龄的较新教学楼，看起来跟近郊常见的那种高中文凭制造厂没什么两样。这栋教学楼的许多教室位于地下，就是个没有窗户的矩形洞穴，它由煤渣空心砖砌成，铺满工业级地毯，盖满标配版白色吸声瓦，摆着金属桌椅。而9年级、10年级、11年级的教室，由一条铺着油毡的窄窄的内部走廊连接起来，声音在墙上反复反射，就像很多球在拥挤的游乐场上弹来弹去一样。

更糟糕的是，青少年面临的主要挑战之一是学习如何在日益复杂的社会世界寻找出路，但是整个教学楼只有一个较大的空间，明确有利于学生们去成功应对这一挑战。那是学生们的非正式聚会地，学生们称之为“沼泽地”（Swamp）。这个昵称描述的大概不是那里的外观，而是学生们在那里的体验。窄窄的走廊上孤零零地摆着几个破旧的沙发，这些沙发可能也是事后想起来才添加的，就像几块冷冰冰的厚苔泽，提供着有限且无趣的社交机会：选择去不去成为一个无组织群体的一员。在这片“沼泽地”上，这群十几岁的孩子们像蜻蜓、蟋蟀、蝗虫一样嗡嗡作响，闹哄哄地在一起。

事实上，研究成果清楚地表明，设计是高效学习环境的核心所在。最近一个研究调查了英国34所学校751名学生的学习进展，确定了显著影响学习进展的6个教室设计参数，即颜色、选择、复杂性、灵活性、光照、连接性，发现建成环境因素对学生学习进展的影响

图1-5
有助于学生学习的学校环境：华盛顿特区，西德威尔友好学校（Sidwell Friends Middle School，Kieran Timberlake建筑事务所）

竟然平均达到了25%。在设计得最差的教室上课的学生与在设计得最好的教室上课的学生之间的学习进展之间的差距，相当于一个典型学生在整整一个学年取得的学习进展。[4]配备直接顶部照明（direct overhead lighting）、油毡地板、塑料或金属椅子的教室与配备窗帘、工作照明（task lighting）、软垫家具的"软"教室（这一切能给学生家一般温馨安全、舒适放松、全然接纳的感觉）相比，学生在前面那种教室中参与度差、学习被动。[5]光，尤其是自然光，可以提高儿童的学习成绩——教室有很好的照明时，尤其是很好的自然光照明时，学生旷课较少、问题行为较少、考试分数更高（见图1-5）。就像我们考察的高中那样，没有窗户的教室会加重儿童的问题行为和攻击倾向，而日光照明充足、自然通风流畅的教室，可以促进和

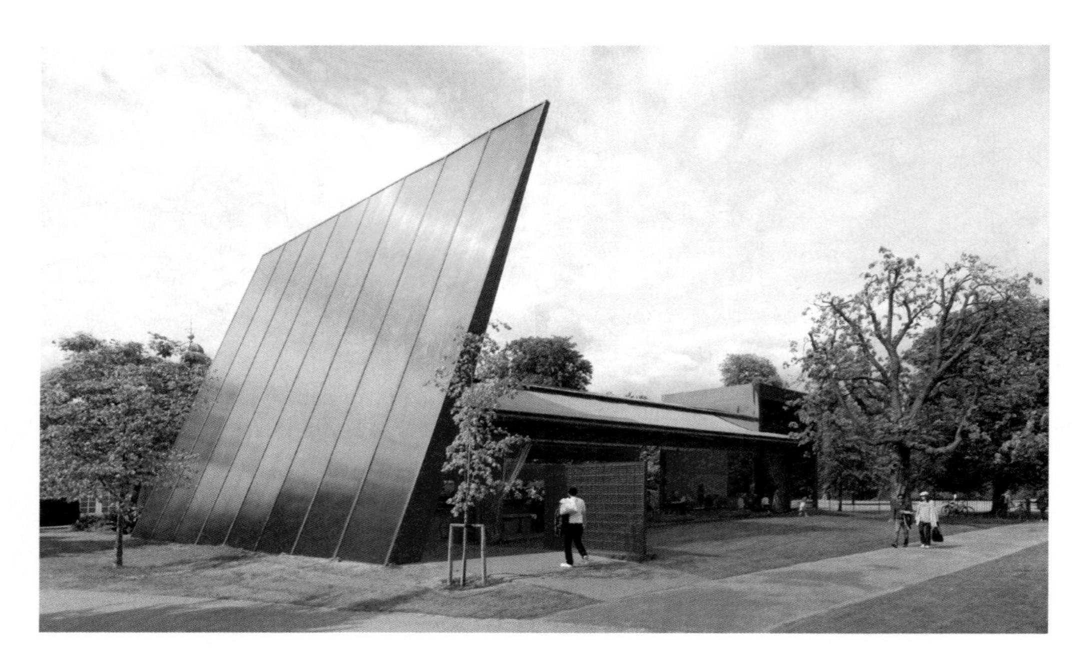

图1-6
英国伦敦，蛇形画廊2010年临时展馆，现已拆除
（让·努维尔）

谐氛围、有利于培养良好的学习习惯。[6] 就像家里的噪声不利于孩子的幸福一样，我们那天听到的噪声同样不利于学生的学习，因为噪声让人觉得对周围环境缺乏控制力。[7] 而且甚至会增大学生的压力，进一步抑制他们的学习动力。

既然这么多轻易就可查到的研究都表明，学习环境的设计可以妨碍也可以促进教学目标的达成，那么为什么这所学校，为什么这个国家的这么多所学校还要为高中生建造这种低档的教学楼？为什么这些学校今天继续使用这些教学楼？我们那天考察的那所高中既不是营利机构，也不是虽然目光高远但资金短缺的非营利机构。学校校董会没有重视学生的学习环境（能够支持并帮助学生步入大学、走向社会的环境）的打造，与其说是不够关心或资源不足，不如说是缺乏意识。

从街景到景观，都反映出一个宏大又太过常见的现实：即使在资源丰富的国家、城市、学校，人们也生活在构思有误、设计得差、执行得糟糕的地方。几十亿人深受其苦，他们往往还不知道自己的很多社交、认知、情绪问题可能直接源自所在的建成环境。

摒弃设计不是必需品而是奢侈品的理念吧！建成环境影响我们的身体健康和心理健康，影响我们的认知能力，影响我们形成并维护社区的方式。建成环境影响我们生活的方方面面，而且因为生活的各个方面是相互联系的，所以建成环境对我们生活各个方面的影响是相互强化的。铺着沥青的城市让我们很少有机会去亲近自然，无论我们看向哪里——基础设施、城区、近郊聚居点、景观、市容、单个建筑，看到的其实多是无聊的建筑、平庸的场所和沧桑的景观。

令人堪忧的基础设施

在任何国家，基础设施都是经济增长发动机的气缸。但是，在发展中国家和许多富裕国家甚至美国本土，基础设施设计和维护状况都很堪忧，这表明我们的社会连那些对经济增长至关重要的建成环境的组成部分，也那么不重视。我们跨过的桥梁表皮剥落，我们路过的管道锈迹斑斑，但我们也只是偶尔关注一下它们。美国土木工程协会(American Society of Civil Engineers, ASCE)的数据表明: 2013年的美国，一个接一个基础设施系统皆因能力不足、状况堪忧而令人失望。ASCE 用每个学童都知道的评估方法，给我们最基本的基础设施系统打分。它们的“成绩单”羞于示人：公共交通系统，D +；道路，D；公园和公共休闲设施，C +。[13] 几十年的忽视，其代价是，从 2013 年算起，未来 7 年需要 3.6 万亿美元才能让我们的基础设施升级达到最低标准。尽管日本和大部分西欧国家的基础设施状况较好，但是非洲、拉丁美洲、部分亚洲国家的基础设施依然很差，甚至近似于没有。特别是印度，这个国家的有些地区，私人不得不自掏腰包聘请承包商来修建道路、卫生系统，甚至桥梁，这样建造出来的基础设施不仅不成系统，也不对外提供服务。非洲和拉丁美洲大部分地区根本没有配置水、卫生、交通、IT 等基础设施；而且最近有报告指出，在拉丁美洲地区，政府对这些系统的投资好像还在继续减少。[14]

发达地区、亚洲快速发展地区、拉丁美洲和非洲日益城市化地区，它们之间的城市特点，彼此之间存在很大差异。连所述各地区内部也存在很大差异：就像华盛顿特区不同于纽约市一样，北京迥异于上海，更别提孟买、拉各斯、洛杉矶、圣保罗之间的差异了。但是不管有什么差异，全球许多城市都存在着草率创建的贫乏城市空间。这些城市缺少或假装提供的“绿色”空间，它们的建筑和景观的材料及施工质量，它们的建筑与所在场地的关系，从个体到整体来说，都不但没有促进，反而妨碍了城市居民的安康（见图 1-9）。

人类渴望也需要去户外亲近自然，如果不能则会觉得不舒服，但是却很少有人能意识到这个需求有多么根本。接触自然，几乎立即就能产生有益效果。[15] 观看自然景观20秒，就足以使过高的心率降下来。观看自然景观仅仅 3 ~ 5 分钟，就足以使过高的血压降下来。大自然有这样的治愈作用：与窗户面朝砖墙的房间相比，住在透过窗户能看到落叶树木的房间，胆囊手术后患者的恢复速度快很多，出院时间早几乎一整天。而且在住院期间，以多长时间要求一次止痛药来衡量，他们的痛感较少。

图1-9
错误的设计可能成为杀人的凶器：2007年，美国明尼阿波利斯市，I-35W大桥（I-35W bridge）在高峰时段坍塌，造成13人死亡、145人受伤

人们一贯偏好可以亲近自然的城市环境自然也不出奇，绿色空间充足的城市一直在宜居城市的榜单中名列前茅。某个大型研究，让人们按宜居决定因素的关键性给片区特征排序："亲近自然"总是排在第一或第二。[16] 仅仅因为能从住宅窗户看到青草和其他绿色植物这一点，居民就有可能对片区感到满意。[17] 尽管如此，世界许多大城市只有不到 10% 的绿色空间，比如波哥大，4%；布宜诺斯艾利斯，8.9%；伊斯坦布尔，1.5%；洛杉矶，6.7%；孟买，2.5%；巴黎，9.4%；首尔，2.3%；上海，2.6%；东京，3.4%。[18] 说到如何把自然纳入城市，政治会成为决定因素——伦敦、斯德哥尔摩、悉尼等有 35% 或以上绿色空间的城市，许多在那种政府采取强硬手段管理公共资源且致力于为民众造福的国家。

从公共卫生和人类健康的角度来看，在世界许多城市和近郊，露天的场所不仅少得可怜，而且施工质量差、材料档次低。每次自然灾害过后，都可以看出一个城市有多少豆腐渣工程。近郊和城市的装饰都采用低档实木木材，以及粗制滥造、释放有毒物质的复合木材。设计得土里土气的竖框线脚与廉价塑料胡乱地拼接在一起的景象随处可见，而且大部分城市环境都由这种东西制作而成。廉价施工打造的建筑，经不起考验。廉价建筑遍布的城市，让生活变得廉价。

即使我们对人类生理和心理需求了解得够多，知道了建筑和城市必须不仅应该考虑我们吃饭睡觉等基本生理需求，而且必须有利于我们建立社会联系以及形成社区归属感；即使我们知道人更容易在“具有地方特色”的地方建立社会联系、形成社区归属感，而只有建筑与所在场地相融相谐，地方才会“具有地方特色”；我们也经常不注意人类社会交往的这些特征。不重视建筑与所在场地的关系，这是相当令人惋惜的，我们的工作空间经常忽视了人们的隐私需求。又例如建筑材料，承重砖在多雨地区性能良好，在干旱地区就不太好用。但是很多建筑的设计根本就没有考虑气候因素。承包商往往不就地取材，反而采用跨洲批量运输过来的材料。当地施工做法，要么被忽视，要么被摒弃。许多地方之所以不注意当地气候、文化、材料、施工做法，也有不同的原因，主要是因为时间紧任务重；在另外一些地方，比如撒哈拉以南的非洲城市，是因为规划、监管不够周密。

缺乏想象力或是不走心的城市设计对我们的伤害，有些是隐形的。站在任何大城市的街角，闭上眼睛，听。刹车刺啦声、货物哐当声、发动机突突声，以及消防车、救护车、警车的鸣笛声穿透你的耳朵。任何一天，在美国任何一个城市，比如芝加哥、达拉斯、迈阿密、

左，图1-10 纽约市地铁站台噪声水平对人有害

右，图1-11 发展中国家的压力、噪声、拥挤：孟加拉国达卡

纽约、费城、凤凰城、旧金山等，繁忙街道的环境噪声水平都显著超过正常谈话的 55 ~ 60 分贝，这个数值是美国环境保护局（US Environmental Protection Agency）和世界卫生组织（World Health Organization，WHO）等公共卫生部门眼中的安全噪声水平上限。[19] 纽约市地铁站台的噪声水平常常接近 110 分贝，相当于在 3 英尺远的地方听到电锯声（见图 1-10）。尽管大部分公共卫生部门认为城市噪声水平绝对不该超过飞机起飞时的噪声 140 分贝（这是对成人而言，对儿童而言是 120 分贝），但是很多城市都超过了。在这方面，欧盟地区也好不了多少：40% 的欧盟居民，虽然他们总体生活水平是世界上最高的，但也在忍受着大到危害其健康和幸福的噪声。[20] 而在噪声防治法规较少且执行较差的发展中国家，情况显然糟得多（见图 1-11）。

听力受损只是噪声过大的最明显害处。WHO 概述了噪声对人类健康的其他害处。正如我们看到的那样，噪声会削弱人们对环境的控制感。[21] 住宅小区的噪声水平若高于 30 ~ 35 分贝，就会扰乱人们睡眠期间的生理节律（即使人在此期间并没醒来），进而会引发各种各样的身体和情绪问题。[22] 身处连续噪声高于 55 分贝的环境，人们的呼吸节律会改变；环境噪声水平达到或超过 65 分贝，人们的心血管系统就会受到有害影响；环境噪声水平超过 80 分贝（差不多相当于高速公路上不断驶过重型卡车的声音），攻击行为、心理疾病发生率就会增加。[23]

在机场附近学校上学的儿童，普遍存在认知能力受损的表现，其中的认知能力指对学习有关键促进作用的认知能力，比如集中注意力、保持注意力、充满动力及关注细节。[24] 以上所述的认知能力如果受损，阅读理解能力就会变弱，进而考试成绩就会变差。事实上，偶然经过的火车也会削弱儿童的学习能力。某个研究比较了高架铁路旁边一所城市学校中两组学生的学习成绩，其中一组学生的教室面对铁路，另一组学生的教室位于大厅对面，而且相对安静。结果表明，前一组学生在各种任务上的成绩普遍差于后一组。

城市与近郊：一样的单调

有种说法，近郊的区域是更安静、更田园的天堂，住在近郊可以远离城市生活的弊病和痛苦：这就是人们搬到近郊的原因。但是许多近郊的设计也会以不同方式使人们的生活变得贫乏。像普拉诺小区或尼德姆小区一样，许多近郊景观不会促使人们对它们产生有意义的感觉。原因是在好几代人的时间里，大多数近郊小区曾经或者以后都是由国家和地区的大开发商建造的：1949 年，美国建造的房子当中有近 70% 是由占美国仅仅 10% 的建筑商建造的。与 50 年前相比，今天的住宅建筑行业整合程度更高。[25] D. R.Horton、NVR、PulteGroup 等公司几乎不关注当地的气候、场地的地形、材料的产地。场地规划、建筑设计、景观筹划以营利为导向，所以注定在设计上因循守旧，且保证最大的可重复性，在施工上追求简便、速度。[26] 并且日复一日，年复一年。

同时，过时的土地使用条例和建筑法规加剧了这些问题。[27] 许多自治市保留的分区规范是为过去的时代制定的，而这些分区规范与 21 世纪的社区导向、重视可持续性、以高密度多用途小区为主等城市设计最佳实例相冲突。如果分区规范不鼓励高密度，而且要求住宅区与工作区、轻工业甚至零售店隔开，那么即使是最开明的开发商，也不得不克服额外的障碍，才能造出充满活力的近郊社区。过时的建筑法规不鼓励健康实验，也不鼓励广泛采用经过改良的材料，以及更新更优的施工方法。开发商一次又一次地放弃创新，因为守旧更容易。

希望获得更健康的生活方式，更紧密地与自然联系的人搬到了近郊，却发现自己遇到了从没料到的问题。近郊生活依然离不开汽车：送孩子上学，你开车；买生活用品，你开车；上班，你开车；打零工，你还得开车。典型的近郊片区的道路设计时速为每小时 30 ～ 40 英里①，转弯半径也按照汽车的转弯半径设计。这样的设计方便开车，

① 1英里≈1.609千米。

但并不方便步行和骑自行车。在这样的片区生活，人们只能依然久坐不动、依赖汽车，而这种生活方式导致美国和越来越多的发达国家不得不面临原本可以避免的公共卫生危机。[28] 正如公共卫生领域的权威人士理查德·杰克逊（Richard J. Jackson）直言不讳的发言，“在车上度过的时间越多，就越有可能变胖”，而这甚至还没考虑令人萎靡、耗时耗力的通勤（见图 1-12）。美国成人有将近 40% 肥胖，有整整 70% 超重（危害心血管健康，减弱一般肌肉能力，大大增加罹患 2 型糖尿病的可能性），而原因之一就是依赖汽车、久坐不动的生活方式。[29]

左，图1-12
高速公路通勤

右，图1-13
“大同小异的惨白色小盒子”：拉斯维加斯近郊俯视图

同时，近郊会以隐私为名去制造社会隔离，提高社会同质性和种族同质性，而同质性高就容易排外。[30] 有大量数据证明，因为没有机会与有着不同背景、观念、情怀的人交往，所以近郊居民往往享受不到在多元公共领域能够享受到的那种人性化、社会化体验。他们也享受不到在更密切、更宽松的人际网络中建立联系，从而能够享受到的那种良好心理、社会价值——这也有大量证据证明。[31] 这种剥夺明显存在于全美国的近郊，从纽约州的长岛和韦斯特切斯特县以及新泽西州的北部，到佛罗里达州的戴德县和其他县，到达拉斯和凤凰城的大片新区，再到加利福尼亚州洛杉矶和湾区大都市带的奥兰治县和其他许多县。

人们搬到近郊，众所周知其中一个原因是，希望在自然世界中有一块属于自己的天地。然而事与愿违的是，住在近郊小区，实际上人们更不可能拥有在优美自然环境中才会有的各种体验。心理学家一再表明，自然构造的景观让人有活力、给人以抚慰，但近郊被驯服的自然看起来像流水线上生产出来的“软景观”（softscapes）：千篇一律的灌木丛和青草地，更容易令人萎靡而非振奋。[32] 唐娜·塔特（Donna Tartt）的作品《金翅雀》（*The Goldfinch*）中，主角西奥滑稽地讲述了他意外来到拉斯维加斯郊区，看到了令他目瞪口呆的景象：“我抬起头，看到沿公路商业区后方一大片好像无穷无尽、排成网格状、用拉毛粉饰法粉饰的小房子。一眼望去都是大同小异的惨白色小盒子——一排一排的，像公墓的墓碑，其中有些涂了节日的粉彩（薄荷绿、牧场粉、沙漠乳蓝……）我玩了一个游戏，试图找出这些房子的不同之处：这里有个拱形门口，那里有个游泳池或有棵棕榈树。”（见图 1-13）[33] 后来西奥总结道：“这里没有地标，也没法说清自己要去往哪里或哪个方向。”这些饼干模型状的房子里面，极度单调乏味。[34] 厨房橱柜和地板所用的仿木，丝毫没有人们渴望的那种视觉、纹理和嗅觉复杂性。这些特征，是近郊住宅区，

以及许多城市住宅区的典型特征，让人们享受不到原本可以享受到的丰富好处，从而令近郊像城区一样不利于人们的幸福，虽然人们原本以为住在近郊可以避免城区存在的这一问题。

图1-14
大部分近郊小区几乎不存在景观设计

城市和近郊的设计，一贯不太考虑景观问题（见图 1-14）。建筑外面的公共空间，也就是这些完全或大部分由人工培植或天然野生的花草树木组成的户外区域，往往是事后想起来才去添加的，就像不值得被关注或设计似的。在城市，我们可能会看到一个雕塑或几个可怜的长椅；而在近郊，我们看到的是千篇一律的草坪，偶尔点缀着孤零零的灌木丛。

波士顿大型中央干道 / 隧道工程（Central Artery/Tunnel Project），它众所周知的名称是大开挖（Big Dig）。[35] 这个项目的景观设计表现出普遍会遇到的公众冷漠和政府无能的问题。大开挖的过程中，拆除了穿过波士顿市中心的 93 号州际公路的高架部分，将高速公路铺设在地下，恢复了一块狭长的土地，这个做法可以把这个城市的撕裂伤口缝合起来。在 1990 ～ 2007 年施工期间，它是美国规模最大、造价最高的市政项目，最终造价超过 240 亿美元，堪称美国历史上造价最高的一段路。在完工后的几年内，波士顿市和马萨诸塞州又花了 1 亿美元为该项目偿还债务，而大开挖创建的整个地表景观的总投入还不到这个数。几乎所有参与该项目的人，都有意或无意地将城市、建筑、景观设计当成事后想起才做的事情。几年过去了，才有人想出要在那里做些什么景观。结果在近 10 年后，罗斯·菲茨杰拉德·肯尼迪绿道（Rose Fitzgerald Kennedy Greenway）被一个又一个十字路口打断，种植多过设计（见图 1-15）。到了这个地步，它的正式名称与其说是一种简介，不如说是一种自嘲。《波士顿环球报》（*Boston Globe*）报道说，开放 6 年后，“20 英亩①的绿道还有 1/3 没有完工，一些公园缺乏基本的设施和标志，用石板瓦圈出来建博物馆和文化机构的地块依然是光秃秃的”；我本人最近去那儿看了一次，也没有发现多大变化。[36]

决策者：房地产开发商与建筑师

无论走到哪里，你几乎都可以看见无聊的建筑和令人失望的地方。那么，建成环境到底由谁做主？决策者是谁，他们获得了什么信息而受到了影响？过去几代人的时间，做出了哪些决定？什么样的体

① 1英亩≈4046平方米。

Solid coverage.
That's another curse off the list.
Sprint
POST CLUB
STAY THIRSTY
DO NOT ENTER

制约束着今天的决策者？他们可以采取什么样的行动，对我们、我们后代的生活产生消极或积极的影响？

对建成环境设计产生影响的各个群体中，最大的是建筑公司、产品制造商和房地产开发商。这些都是逐利的商人。总的来说，建筑行业是美国效率最低、浪费最大的行业之一。不同于其他大多数行业的公司，大多数建筑公司的研发投入不大，很不愿意创新。此外，建筑公司以及建筑材料、固定装置、装饰材料制造商高度重视的因素，例如成本和运输储存便利性，往往与项目最终用户的需求关系不大甚至毫无关系。[37] 建筑公司和建材制造商对设计的态度，就像盈利丰厚的家具行业巨头宜家（IKEA）对设计的态度：要求设计师的产品不仅便于消费者组装，而且便于储存在大仓库中，每个产品的组件都能打包平放。

无论做的是住宅项目、商业项目还是混合用途项目，房地产开发商受到的制约不只来自劳动力成本、分区规范、建筑法规。开发商建什么、怎么建，取决于经济状况及其增长前景、融资情况、市政法规、可以获得的劳动力的质量、可以买到的建材的性质。开发商的项目运作周期由客户需求的紧迫程度决定，与促进优质设计和精心施工没有丝毫内在联系。一些开发商，像纽约市的 Jonathan Rose 公司，可能有着宏伟的目标（如开发贫困地区，建设可持续、设计良好、经济适用的住房），但事实依然是，房地产开发是生意。如果没有开明的监管和要求，房地产开发项目只有在盈利前提下，才会考虑去持续造福大众。

图1-15
种植多过设计：波士顿的罗斯·菲茨杰拉德·肯尼迪绿道

接下来的几章，我们将讨论许多建筑类型，包括从工厂到商场再到办公楼等，既能盈利又有创新的好设计实例。但是，目前的房地产开发体系大多不鼓励优质产品和实验。几乎任何项目都需要几个月到几年的时间筹集资金、获得许可、进行施工。为了给新项目筹集资金，开发商必须向投资者（通常是银行）支付利息，因此面临很大压力，不得不尽早完工。这一切构成了持续而强大的驱力，去推动开发商: 采用既有的场地规划和现成的建筑设计; 依靠随处可买的、熟悉的、现成的材料；以最常规的方式使用这些材料；将就地采用标准，甚至实际上往往是不合标准的施工做法。

设计师呢？他们当然必须比开发商更关注人们的体验需求。毕竟，大多数设计学院不仅教育学生服务客户，而且训练学生守护公共空间（public realm），努力提高城市或场所的整体活力。然而现实仍然是，设计师大多为客户（包括开发商）工作，制约客户的市场力量也在制约设计师。这些市场体系和限制，以及受市场体系限制的人所做的决定，共同造就了建成环境。不仅小型住宅和商业项目是这样，甚至连最受瞩目的项目也是这样。例如，想想世贸中心一号楼（One World Trade Center），它坐落于纽约市下曼哈顿神圣的归零地（Ground Zero），由 Skidmore，Owings & Merrill 建筑事务所设计。[38] 这个事务所设计了世界上最具创新性的一些摩天大楼，包括哈利法塔（Burj Khalifa Tower）和卡延塔（Cayan Tower），这两个大楼都在迪拜。世贸中心一号楼的许多客户，包括纽约和新泽西港务局（Port Authority of New York and New Jersey）、开发商拉里·希尔弗斯坦（Larry Silverstein）和达思特公司（Durst Organization），不断削减建筑师的设计，直到世贸中心一号楼开放之时。那时的世贸中心一号楼，已经从一个高高耸立、鼓舞人心的纪念碑降格成三个分开的部分——基座、直筒、尖顶，看起来就像学龄前儿童随意搭在一起的积木（见图 1-16）。玻璃表皮像直筒一样扎进基座的笨重沙坑中，基座稀稀朗朗地贴着一层玻璃散热片，

图 1-16
建筑师提交的世贸中心一号楼方案（左边，Skidmore，Owings & Merrill 建筑事务所），基座更轻盈，直筒有角度，这两处都没按设计执行

就像一座穿着亮片紧身衣的监狱。更糟糕的是，在最后时刻，达思特公司剥掉了建筑师原本设计的尖顶外面那层优雅外壳，因为老板觉得太费钱了。

世贸中心一号楼像伦敦蛇形画廊2010年临时展馆一样，它们表明，即使聘请才华横溢、训练有素的专业人员也不能保证成功。虽然有时这要归咎于无知客户传递过来的市场压力。不过另一同样常见的原因是，设计师不够了解人类对环境的体验，也就提不出具有说服力的证据来论证好的设计，以及论证好的设计对人类健康和幸福的强大影响。设计师不够了解人类环境体验，根本原因部分在于过时的建筑学教育。[39] 除了很少的几个例外，几乎没有什么设计学院能传授有关人类如何体验建成环境的知识，更别说在这方面提要求了。设计学院的课程表，就算有，也很少出现社会学、环境与生态心理学、人类知觉与认知课程。美国国家认证委员会并未将这些课程列为设计学院必须开设的基础专业训练课程。学生要学习许多深奥的基础设计逻辑课程，包括复几何学、结构体系、制造和施工过程、参数化设计等。这些课程都很重要，但要发挥作用必须结合另一课程：有关用户实际上如何感知和理解项目并在里面生活的知识。建成环境对人类认知和社会发展的影响，学生可以说是几乎一无所知。

对比之下，设计工作室往往是学生直接学习如何构思和实现项目的地方，它们的运行方式，往往鼓励学生互相竞争去争取得到教授的青睐。于是学生倾向于选用夸张的、类似、吸睛的形态，去做出最具视觉冲击力的设计，而且这样的形态和设计往往能够获奖。奇异的形态和建筑表达形式会强化新秀设计师们的印象，即项目是脱离环境和城市背景的单个离散物体，设计项目的时候不需要考虑人们实际上会如何体验、使用项目。[40] 这样的动态演变过程非常不利于设计大规模的项目，正如规划师杰夫·斯派克（Jeff Speck）解释的那样："建筑学院教导学生，遇到整个街区尺度（block-scale）那样大规模的项目，你不仅有权利而且有义务使它看起来是统一的。但是，相比一段 600 英尺的路上全是一样的东西，一段 25 英尺的路上是各不相同的东西，一般会更迷人。"[41] 这个因为把建筑视作孤立离散物体来设计而导致不会设计大规模项目的问题，可能因为学生们普遍依赖计算机辅助设计而进一步加剧。能让学生学会把人类身体尺寸和知觉能力考虑到设计当中的手工绘图，现在已经基本上被淘汰了。

进入实践后，学生往往会把在学校学到的那套为了吸引眼球而做一些夸张设计的做法永久延续下去。承接项目时，无论是艺术博物馆还是污水处理厂，建筑师、景观设计师或城市设计师都面临着各种各样令人难以想象的任务，而不同任务一般需要不同的技能。他们必须积累很多学识才能抓住项目的本质，倾听并解释客户陈述的需求，结合预算等限制来检验这些需求是否能现实。他们必须能够综合分析场地及其地形，必须了解当地的分区规范、建筑法规、施工做法、建筑材料。最重要的是，他们必须想出一个整体解决方案，然后一步一步地、一砖一瓦地阐明工人要如何按他们的设计施工，最后把他们的设计变成世界上的一个具体物体。实际上，设计任何会有永久性影响的建成环境，都是劳神费力、繁杂琐碎，甚至令人却步的任务。

设计师手头的任务，说到底是创建三维物理对象或物理背景；由于设计工作的性质和设计过程的要求，设计师学会了把重点放在如何构造形态之上。但是设计过程中采用的尺寸往往比最终产品的尺寸小很多。因此设计师容易忽视用户体验：设计的场所在城市里或场地上建成后要如何运行；随着时间的推移，在不同的季节，会给用户什么感受，又要如何为用户服务；用户在里面走动时，会注意哪些细枝末节，会对声音、材料、纹理、施工细节等不太明显的细微特征产生哪些无意识反应等。

烦琐的设计过程让专业人员倾向于优先考虑项目的整体构造和画面效果，但其实这些因素与项目对人们生活的作用关系甚小。现阶段让问题更加复杂的是，专业人员严重依赖二维影像（照片、数字模拟）来兜售自己的服务。他们自行出版摄影集，建立精美的网站，以宣传自己的作品。一位备受尊敬的当代建筑师向我描述他的设计过程时，半开玩笑地坦白说，他总是牢记项目在照片中的样子："一切都有关吸金镜头（money shot）。这就是我们的设计目的。"为什么会如此？因为大多数潜在的公共和私人客户，以及评审委员会成员和同事对这些项目做出决定时，照片是唯一会看到且有可能记住的东西。

那么照片可以提供有关建筑或空间的什么信息？实际上提供不了多少信息。照片看起来很真实，但会让许多构造和体验特征失真。[42] 大家都知道，照片会让颜色失真，以至于一栋混凝土建筑，你期望是闪亮的白色，结果却是沉闷的灰色。照片无法捕捉一个地方的气质：它听起来或闻起来怎么样，或者它的材料摸起来怎么样。吸金镜头只有视觉感染力，仅仅描绘了一天之中光线最好的那刻。但建筑和景观的存在是三维的，我们对建筑和景观的体验是四维的；建筑和景观的样子，以及我们对建筑和景观的感受，黎明之时不同于黄昏之时，阴雨天不同于艳阳天。有一次，我深切体会到了照片会让建成环境体验（特别是尺度）失真到什么程度（见图 1-17）。我的一个熟人生于委内瑞拉，她去巴西利亚看了卢西奥·科斯塔（Lúcio Costa）和奥斯卡·尼迈耶（Oscar Niemeyer）设计的著名国会大厦——晚期现代主义建筑在全世界范围最具代表性的一座丰碑。她回来后跟我说，那些建筑实际比照片上小了一半。她还高声说："它们比我在加拉加斯的健身俱乐部大不了多少！"

即使不是大多数，也可以说当代项目刊登张贴的许多照片是在设计师的授意下做的，一些信息被抹去了，甚至可以说实际上抹去了任何有可能妨碍他们招揽客户的信息。扎哈·哈迪德（Zaha Hadid）设计的巨大的、眩白的东大门设计广场（Dongdaemun Design Plaza），坐落在一个绿色景观公园，很有视觉冲击力，像一头正在一起一伏呼吸的巨鲸搁浅在首尔市中心一个下沉的露天广场上。看到实物后才发现，东大门设计广场的混凝土开裂，连接处错位，景观方案极其没有创意，曾经的绿色变成了现在的棕褐色。类似情况在另一广为人知的项目中也发生了，由约书亚·普林斯 - 拉默斯（Joshua Prince-Ramus）和雷姆·库哈斯（Rem Koolhaas）的 Office for Metropolitan Architecture 建筑事务所设计的西雅图中央图书馆（Seattle Central Library），从照片上看不出它的自我陶醉式的赫尔墨斯神智主义（Self-absorbed Hermeticism），也看不出它根本没有连至街道空间，没有接合城市的更大公共空间。[43] 照片隐藏了一些杂乱的细节，还掩盖了一个严重缺陷：图书馆缺少安静、舒适的阅读空间。位于 10 楼的主阅览室让许多希望能在漫长的一天工作后清净一下的 40 岁以上读者大感失望，因为最近的洗手间也要往下走 3 层楼。类似的例子还有很多，每一个都能说明建成环境的照片以及照片背后的摄影师，怎样在制造逼真错觉的同时，有意无意地

图1-17
照片失真和美化：巴西巴西利亚，国会大厦的秘书处和众议院（奥斯卡·尼迈耶）

让照片失真以达到想要的目的。

掀起一场环境认知的革命

认知革命完全重新思考人类体验后，所揭示的许多东西都说明了我们应该重新思考自己的设计知识。我们不仅应该运用视觉，还应该运用其他许多感官能力，包括听觉、嗅觉，特别是触觉，通过这些感官能力像演奏交响乐一样去协作，对环境做出反应。我们本能地受到环境深刻的影响，这种本能性和深刻性远远超过我们可能意识到的那样，因为包括环境认知的大多数认知都发生在意识之外。认知革命先锋揭示，也许大多只是不经意地揭示，建成环境是以上所述感官乐团演奏交响乐的乐器。聆听贝多芬第五交响曲时，我们会情不自禁地想象自己挥动指挥棒。同样，在环境中摸索和栖息时，我们有意识思考的内容和方式，与我们无意识的模拟和认知，以及我们感受的内容和方式，不可避免地密切相关。最令人惊讶的是，情绪、想象中的身体动作，特别是对情绪、想象动作的记忆，会嵌入我们对建成环境的体验，在我们身份感的形成中起重大作用。[44]

大多数人向来很少思考建成环境，更不用说系统地思考建成环境了。建筑、市容、景观在媒体、公共领域中只占了微乎其微的一角。你最喜欢的报纸或网站刊登发布了多少有关建成环境的实质性文章？其中又有多少包含实际的分析，而不只是简单描述？

由于种种原因，大多数人大多数时候都会忽视市容、建筑、景观。有两个明显原因，一个是建筑、街道、广场、公园很少影响到我们有意识的体验。它们的改变就算有，也很慢，而人类是动物：从神经学角度讲，我们的大脑天生倾向于忽视一切静止的、不变的、不具威胁性的、似乎无处不在的东西。

我们大多数时候忽视建成环境的另一个原因在于，在建成环境的产生过程中，我们没有明显的利害关系或影响力。[45] 我们对待建成环境的方式，与我们在日常生活当中处理其他很多事情的方式是一样的：生病了，找医生；车坏了，去汽修店。我们大多数人隐性或者显性地放弃了对建成环境的控制权，把有关建成环境的决定托付给了公认的专家：市议会议员、房地产开发商、建筑商、承包商、产品制造商、设计师等。我们大多数人认为自己无力改变建成环境。正是这一无力感导致了一个矛盾的情况：房地产开发商配置新项目，依据的是他们认为消费者想要什么，而他们评估这点的方式主要是考察以前的消费者购买了什么。但是涉及建成环境时，消费者几乎会不加思索地趋向常规设计。所以，开发商继续建造他们以为人们想要的东西。没人退后一步去思考，什么东西也许能更好地为人们服务，人们可能喜欢什么或者实际上需要什么。

消费者偏爱熟悉的常规设计，即使常规设计很不好用——事实也通常如此，正如我们看到的那样。[46] 这要归因于一个常见的心理动力学过程：对一个人施加一个刺激越多次，这个人就越习惯这个刺激，最终不仅在有其他刺激可选时也会偏爱这个刺激，而且会把这个刺激视为规范的，即使这个刺激让这个人不怎么舒服。就这样，人们可能甚至确实把提供很差服务，乃至造成隐蔽伤害的低劣环境评为毫无争议的客观上也很好。

虽然我们已经陷入建成环境因循守旧、自我延续的循环，但必须打破这种循环。认知革命揭示出：贫乏的市容、建筑、景观会使人们的生活变得贫乏。我们真的想要根据守旧倾向、营利取向、过时的分区规范和建筑法规、道路和平板卡车宽度等标准来决定我们的城市和机构的外观、功能、气质吗？我们不该结合一切有关人们实际需求的知识，重新思考各种设计，包括如何将其标准化吗？

随着认知革命的进行，我们必须认识到：美学体验，包括我们对建成环境的美学体验，在快乐之外，还涉及大量更多的东西，多到必须彻底地摒弃那种区分 architecture（建筑）和 building（房子）的传统做法。[47] 从我们的角度来看，也就是从人类如何体验建成环境、建成环境如何影响人类幸福的角度来看，这样的区分不可思议、贻害颇深。我们越了解人们实际上如何体验生活环境，就越明白设计得好的建成环境不会落在这头是高端艺术那头是乡土建筑的连续区间内，而是落在另一迥异的连续区间的某处：区间内的这头是关键需求，那头是基本人权。

02 .

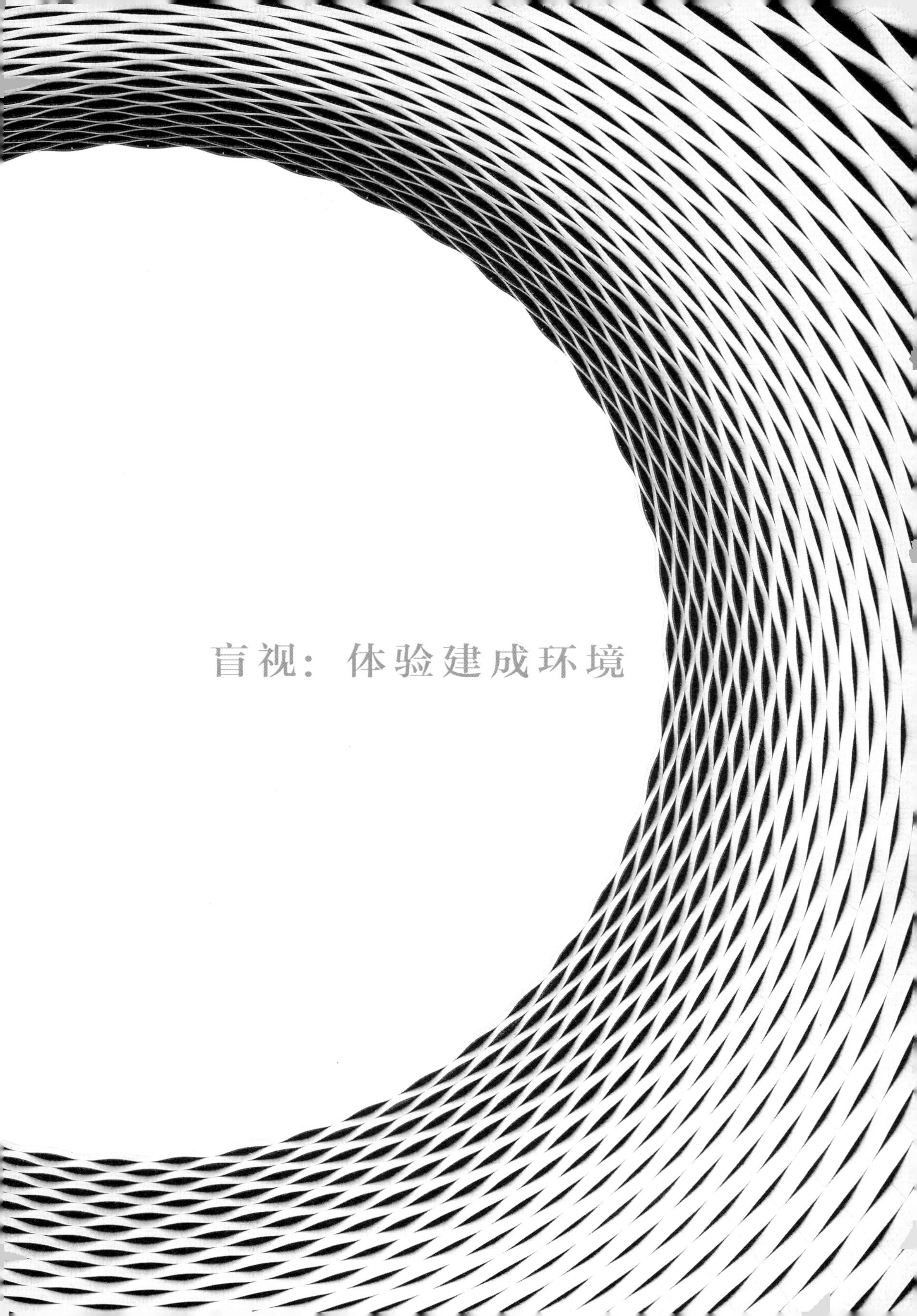
盲视：体验建成环境

第2章
盲视：体验建成环境

理性主义者，戴着方帽，
思考，在方形的房间，
看看地板，
看看天花板。
它们将自己局限于
直角三角形。
如果它们尝试菱形、
圆锥形、波浪线、椭圆形——
甚至月牙形，
理性主义者会戴阔边帽。

——华莱士 · 史蒂文斯（Wallace Stevens），
Six Significant Landscapes

有些东西，
我们生活在它们中间，
看着它们，
就是认识我们自己。

——乔治 · 奥本（George Oppen），
Of Being Numerous

有个隐喻基本上能恰当地概括建成环境在我们的体验和内部世界中的复杂作用，这个隐喻就是盲视。盲视（blindsight）指丧失有意识视觉：得这种病的人会说自己看不见，并且是完全、始终看不见。但这并不是真的。当你让坐在房间的盲视患者判断光源在哪里，他很有可能指向正确的位置。你问他房间里某个物体的位置，他的回答正确率会远远超过纯粹猜对的概率。神经学这样解释盲视：视觉皮层某些部分的病变让盲视患者意识不到自己看得见，但大脑其他部位（顶叶皮层、上丘、丘脑）继续以有意义的方式存储相关信息。

想要了解人们如何体验建成环境，可以参考下面这个盲视患者的情况。[1] 她得的是盲视的变种——左半脑忽视症，也就是坚持说自己右侧视野看不见任何东西。研究人员向她展示一幢房子的两张照片，这两张照片的左半部分是相同的，但其中一张照片的右半部分放在了她“看不见”的那侧，那侧画面描绘的是房子被大火吞没的样子。这时候问她看到了什么，她坚持说两张照片是一样的；但让她选择其中一幢房子作为自己的家，她却会一直选择完好的、没着火的房子，尽管她从来解释不了为什么会这样选择。

说到如何去感知建成环境，我们每个人甚至专业人员，或多或少都有些盲视：大多不注意大脑如何加工关于我们栖息之地的信息，几乎完全不知道我们如何将这些信息整合到体验里，基本上不了解这些信息如何为我们的动作指明方向，如何影响我们的认知、情绪和选择。但我们与盲视者还是有区别：从神经学角度讲，盲视患者不管怎么诱导，也不会意识到自己大脑存储的视觉信息；而我们一般人却要幸运得多，可以通过学习来认识我们是如何感知建成环境的。

我们与建成环境的关系，说起来会是个很长的故事：内容丰富多层，而且由于日夜节律的变化和记忆的作用，情节随着时间推移跌宕起伏。体验建成环境这件事，不仅涉及最初如何加工大量感觉信息去形成理解，而且涉及随后如何储存它们以形成记忆。无论在咖啡馆与偶遇的朋友谈话，还是在办公室午餐时间谈下一笔生意，或是在其他地方做其他事情，我们的思考和体验内容与所在地方的特性似乎完全没有关系。但是当我们回忆起所做的事情，总能提取某些有关事情发生背景的信息。所以我们需要了解一些有关复杂认知架构的基本知识（即关于人们最初如何加工感觉信息，随后又是如何记住、回忆它们的基本知识），还需要了解更多的基本知识。这些知识揭示了建成环境充分渗透到人类体验中，而且这种体验显然占据了人类体验核心位置。

认知新范式：我们如何体验建成环境

许多学科研究成果的结合，衍生出一个新的认知范式。其中认知神经科学和认知神经心理学这两个自然学科的贡献最大。这两个学科都是最近诞生的，是在我们能够以前所未有的洞察力和精确度去研究人类大脑及其功能的新兴技术大量涌现之后才诞生的。做出贡献的其他学科包括环境心理学、社会心理学、生态心理学、人工智能、行为经济学、认知语言学和神经美学。

这一仍在不断演进的认知范式已经开始从根本上改变大家对人类体验的认识，其中的体验指对所看、所听、所闻、所尝、所摸、所想、所感、所做形成的统一印象。体验的基础是感官知觉和内心想法，两者共同决定我们如何理解因存在于世界而进入大脑的信息。外部世界或内部世界发生的“任何事情”总有一定的发生背景，那就是我们的身体，以及所在的时间和所处的空间。

这个新认知范式指出，环境不仅为我们的思考内容，也为我们的思考方式提供结构和框架，而且是非常普遍的。事实证明，我们对建成世界的反应方式，与盲视人群惊人地相似。看看下面这些例子。当一个人坐在 5 立方英尺①的箱子里面，与坐在这个箱子外面的时候对比，解决同一问题的方式，前者不如后者具有创造性（见图 2-1）。[2] 或者这个例子：如果你的伴侣正在解一个空间、语言或数学问题，那么打开他桌子上的工作照明灯比打开他房间里的顶灯能更好地帮到他——灯光亮，思维明。[3] 还有这个例子：如果房地产中介想要更快地卖出房子，那么最好领客户看曲面式而非直线式的客厅，因为往往人们看到曲面会想“靠近”，一般人都更喜欢曲面。[4]

谁会想到，坐在大箱子里面或是坐在“外面”会抑制思考还是促进

① 1立方英尺 ≈ 0.028立方米。

图2-1
在箱子里面思考

思考？或者想到工作照明灯比顶灯更能激发创造力？大量的研究证实，认知是一切体验的核心所在。人同时生活在外部世界和内部世界中，所以体验中包含心理维度：对事件的认知（以及情绪）构成了我们对生活的体验。

于是，我们找到了一种有用的方式来重构我们的话题："体验"好像说不清摸不准，但"认知"不是。认知，是一种活动，它需要通过许多过程来理解、诠释、组织来自外部世界（包括社会世界）和内部世界的信息来为己所用。关于这个方面我们以前了解甚少，讨论起来也主要靠直觉、猜想、预感。现在终于了解变多，并形成了知识。

为了更好地探索认知的本质及其在建成环境体验里的作用，我们必须首先认识到以下三点：第一，我们拥有的身体基本上塑造了并深刻影响着我们的心理；第二，事实上，我们的身体是由我们的生活环境及过去的环境塑造出来的，这也表明许多认知活动的发生无法用语言描述，而且超出了我们的意识；第三，以上两点表明，我们对个人体验的掌控力远小于我们的固有认知，环境对我们体验的影响力却大于我们的固有认识。

这个人类认知新范式从重构认知和身体之间的关系着手，指出认知不是在与肉身的紧密联系中出现的，虽然这个观点已经存在了几个世纪；也不是从脱离肉体的心理中出现的——这是“身心”二元论的核心观点。相反，认知是心理、身体、环境三方协作的结果。[5] 人类依托身体而存在的事实本身就说明，身体栖息的物理环境极大影响着认知。身体也不仅仅是被动接收环境信息的容器，心理并非按部就班地加工身体接收的信息。事实是，心理、身体、环境三者在不断地感应、互动，相伴而来的信息加工发生在多个层面，不管我们有没有意识到。

这一切认知都很新颖。西方世界有关人类思维和体验的共识，源自勒内・笛卡儿（René Descartes）17 世纪首次提出的一个思想：有意识心理至少在一定程度上独立于肉身。笛卡儿身心二元论的基本结构如下所述。首先，我们通过视觉、触觉、味觉等感觉系统接收环境刺激。感觉到刺激后，我们形成知觉，开始加工所得信息：检索我们存有熟悉的可识别模式的内部数据库，在情绪上做出反应，形成初步判断。我们用这种方法初步诠释了最初的刺激。而到了认知的最高阶段，我们才会有意识地运用逻辑、推理、抽象方法来评估这个刺激对我们生活的重要性，从而就是否及如何行动做决定。这个很快就会退出历史舞台，但仍然占主导地位的人类认知模型，在西方文化和西方人心里扎根很深，甚至比笛卡儿的其他思想更深。实际上，这个认知模型充当了某种民间认知模型，以前误导了，且会继续误导很多人，包括普通大众、公共政策制定者，以及环境、城市和建筑设计师。

相比之下，新兴的心理－身体－环境范式立足于一个或多或少算是显而易见的事实：大脑装在身体里，大脑－心理－身体处于地球、空间、社会世界中。[6] 大脑和身体共同促成了心理，而心理的存在和活动模式取决于大脑和身体的架构。认知发生在肉身里，而肉身生活在地球上、空间里。不仅如此，具身（embodiment）塑造认知，而且塑造方式有时非常惊人，例如相比坐在箱子里面，坐在箱子外面时，人的思维更具创造性。

这个新范式中的认知，可能是有语言的，也可能是前语言（pre-linguistic）的，可能发生在无意识到有意识区间内的任何一处。要想了解认知的复杂性、多层性、通常的潜藏性，我们需要关注自己一闪即逝的想法和知觉，而这些正是我们或多或少先天倾向于忽视的。想要了解建成环境里的人类认知，我们除了要关注这些，还要额外关注周围环境。

想象一下，在公园行走。你独自走着，还一心想着即将召开的会议。然后再想象一下，在同一时间、同一地点，沿着同一路线，你与朋友一起散步，悠闲地分享各自的见闻。接着想象一下，你独自一人处于放松状态，看看盛开的杜鹃花，逛逛公园，吸吸新鲜空气，听听小鸟歌唱或小孩吵闹。最后比较一下上述三种体验。无论你关注的是什么，有关建成环境的想法和知觉都伴随着你。它们一闪即逝，也容易淹没于其他更持久、更鲜明的认知中，这些认知通常是关于我们自己和我们生活的：同事正在支持我们不喜欢的政治候选人，我们喜欢球队的输赢情况，我们闻到的花香，我们听到的孩子吵闹声。

那些更容易听见且更鲜明的认知，通常是我们头脑里的自言自语。语言是我们向自己表达内心想法的手段和媒介，也是我们与人进行社会交往的手段。语言在我们的生活中发挥着如此重要的作用，以至许多语言哲学家和思维哲学家误以为基于语言的内心独白就是全部认知。我们觉察到的认知（包括我们脑中不断进行的独白）确实以语言为框架。但是我们现在知道，很大一部分认知是非语言的，有时甚至在我们想出怎样用语言去描述前，这些认知过程就已经发生了。

非语言认知包括感知的印象，比如感觉到双脚冰冷、房间有风吹过、地毯带有织纹，以及瞬时知觉，比如知觉到几何图形、虚实交错。非语言认知还包括一系列情绪和感受，比如倚靠微微弯曲的墙面所带来的舒适感。非语言认知还包括已有体验之间的相互联系，我们称其为图式（shema），它是通过我们身体成长和生活的体验，在心理上建构出来的。我们有时说脑中灵光一闪，这实际上就是一个图式，也就是把房间突然亮起的视觉体验与心中豁然开朗的抽象体验联系起来。

现在，包括现代语言学家在内的各派认知科学家坚持认为，人们为了理解无数瞬时感官体验而进行的思考，之后会被用于理解更复杂或更抽象的概念。这些行为不仅许多是非语言的，而且是前语言的。[7] 随着我们从嗷嗷待哺的婴儿成长为或多或少能自己做主的大人，在成功应对日常生活当中遇到的一个又一个挑战后，我们会越来越擅长掌控自己的身体，从而越来越有能力生存在这个世界上。在这个过程中，我们建起了一个巨大的心理图式库。用懂认知的哲学家马克·约翰逊（Mark Johnson）的话来说，其中的心理图式是“有机体 – 环境互动”模式。

有了这个心理图式库，我们不用有意识地去努力，就能迅速摸索、诠释、理解物理环境及其所含物体。非语言认知，包括图式，至少最初是发生在我们意识之外的，它们潜藏在我们脑中不断进行的独白之下。[8] 在丹佛艺术博物馆（Denver Art Museum）由丹尼尔·里伯斯金（Daniel Libeskind）扩建的那部分建筑里面，站在大幅度倾斜的墙壁旁边（见图 2-2），你立即就有一种介于不安与恐惧之间的生理反应。这之后就是无意识认知——远离那堵墙！无意识在这里的意思并不是“不可用语言表达”，而是“没有用语言思考或说出”。每个普通人都有无意识的认知；但当我们运用相关知识并集中注意力，就可以把无意识认知带到意识层面；进入意识层面以后，我们就可以用语言表达了。

认知革命揭示的最令人惊讶的事情之一是，无意识认知在生活当中极为普遍，甚至占主导地位：有些人估计，多达 90% 的认知是无意识的！[9] 这意味着我们大多数人，都大大高估了对自己想法的自主程度和对

图 2-2
丹佛艺术博物馆（丹尼尔·里伯斯金）

自己行动的控制能力。我们的意识层面诱导我们去相信：当我们感受、知觉、思考某样东西时，就算不是全然刻意，我们也是有意识才这样去做的。这种被夸大的自我控制感似乎是人类实现繁荣昌盛的重要工具，假设我们的全部认知，或者仅仅大部分都是有意识的，那么不用提复杂任务，简单任务就会累死我们。有限的有意识认知资源是专门留给重要任务的。结果就是，用丹尼尔·卡尼曼（Daniel Kahneman）的话来说，我们依然“盲视我们的盲视”。[10] 我们的无意识认知，包括有关建成环境的无意识认知，尽管始终在语言领域之外打转，但它们形状不定又无处不在。由一半思维形成的固定旋律塑造着我们每天的情绪、决定、行动。

无意识认知：去街角买牛奶

想象一下，你住在曼哈顿区的西村（见图 2-3）。你早早醒来，开始做每天早晨例行要做的事情，收拾好自己准备去上班。你打开冰箱发现牛奶没了，而每天早晨你都要喝一杯加奶咖啡，于是你决定立即走路去街头小店。接下来的 15 分钟，从“糟糕！牛奶没了”开始，到你把钱交给杂货店收银员结束，期间大部分时间，你的有意识思维一直在活跃着。比如头天晚上与兄弟在电话里的争吵，要为即将到来的芝加哥之行订票，周末要不要带上十几岁的孩子和他最好的朋友去郊游等。

在这 15 分钟的时间里，无数无意识认知在你的内心世界里四处奔逃。这些无意识认知里，有许多是你对周围环境的各种知觉和你在周围环境的各种行动相互结合的产物。你意识到牛奶没了的那一刻，脑中会一闪而过片区里市场微风吹过、人头攒动的画面，甚至还能想到把手

图2-3
纽约市西村街景

伸到有玻璃门的冰柜里拿牛奶的画面。那是一种无意识认知：在心理上，你从记忆当中提取印象，模拟自己做一套固定动作的画面。[11] 然后你看见了你家的前门道，你知道要去商店，只需等旋转门转到位置后，穿过那个近 7 英尺高的出入口。而仅仅是看到门，你就会无意识地在心理上模拟另一套熟悉动作去出门。这个模拟就像大多数模拟一样，是跨通道的和感觉运动的，意思是同时涉及多种感官能力，这里用到的是视觉和本体感觉，以及运动系统，系统促使你的肌肉协调着动起来，再把你的身体移到门外。[12] 然后你的模拟系统让你朝门口走去，从衣架上拿下外套，从食具柜上的盘子里拿起钥匙，伸手摸到冰凉光滑的黄铜门把手，扭动把手打开门。那套你几乎每天都做，因此不用动脑子也能做到的模拟动作，也是一个图式。这样的图式数不胜数，遍布在建成环境的体验中，而建成环境和其中的物体好像被嵌在图式里，充当了激活无意识认知的线索。[13]

看见通往你家前门的路，看见片区杂货店奶制品冰柜齐眼高的架子，看见带有黄铜把手的前门（打开就能走出你家）——我们曾以为各种感官能力是相互独立的模块，但其实大多数无意识认知是几种感官能力所得印象互相结合的结果：我们可以称之为多感官的（涉及一种以上感官能力的协作）。对建成环境的无意识认知不仅整合了视觉印象，而且整合了其他感官能力所得印象。其中有些我们比较熟悉，比如触觉、听觉、嗅觉，有些不那么熟悉，最近几十年才界定，至少在美国还未纳入教授给幼儿的典型五感行列。[14]

这些不太熟悉但同样重要的感觉包括内感，你可以通过内感监测自己身体内部的感觉以及身体各部位之间的关系；热觉，涉及对温度的辨别和对温度的感官反应，无论是想象的还是真实的反应。建筑

左，图2-4 木扶手亮黄色楼梯：芬兰帕伊米奥，帕伊米奥疗养院（Paimio Sanitorium）（阿尔瓦·阿尔托）

右，图2-5 采用刻意的透视法的拱形通道（弗朗切斯科·博罗米尼）

师阿尔瓦·阿尔托（Alvar Aalto）在祖国芬兰北部建造房子，把楼梯地板涂成亮黄色，给金属栏杆扶手装上木套，因为他正确地凭直觉知道，人们只需看着日光黄和木扶手就会觉得温暖一些（见图2-4）。知觉整合了各种感觉。本体感觉可评估你的身体及其各部位处于空间中的感觉，帮你监测身体相对周围物体和所在空间的位置；正是视觉与本体感觉之间的差异造就了著名的罗马斯帕达宫（Palazzo Spada）走廊的美——意大利建筑师弗朗切斯科·博罗米尼运用刻意的透视法则让人预期要穿过的那段通道，会是一个较长、较狭窄的圆拱形空间，比实际上更长、更狭窄（见图 2-5）。

图2-6
只是看到过于粗糙的纹理，就可能想退避：纽黑文市耶鲁大学艺术与建筑大厦（保罗·鲁道夫）

触动觉（haptic）刺激指会激发我们在心理上模拟触感的视觉刺激：像阿尔托的栏杆那样，仅仅看到它们，我们就会想象与它们进行触感的感应。[15] 正是这个原因，所以“软教室”里的软垫椅子会引起放松和温暖的感觉，即使学生从不坐软垫椅子。有个例子可以说明触动觉对建筑和场所给人的整体印象有多重要，那就是保罗·鲁道夫(Paul Rudolph)在纽黑文市设计的耶鲁大学艺术与建筑大厦(Yale Art and Architecture Building)，其内墙和外墙是鹅卵石填充的混凝土墙，凹凸不平。许多人不喜欢这座大厦，很可能是因为无意识地想象擦到大厦墙面可能会受伤（见图 2-6）。

在你那天早上出去买牛奶的整个过程中，你利用到了多种多样的无意识认知，还有生成这些无意识认知的感官能力，以及这些认知以多感官的方式在你内心世界的直接投射。穿上外套、锁上前门，你依赖内部感受和本体感觉，摸索着穿过亮着荧光灯的熟悉走廊，这个走廊从你家前门通往大楼入口。走出门，你发现手摸到铸铁栏杆后立即缩了回去，而你原本要扶着栏杆沿着冰冷的楼梯走到人行道上。你来到街上，穿过片区仓库和排屋之间的空当，扑面而来的寒风让你不禁瑟瑟发抖，脸像被刀割一样难受。沿着街道走到街头小店，你运用本体感觉、视觉、感觉运动能力绕开排屋门廊的台阶，而你的嗅觉能力让你无意识地避开附近一家餐馆外边散发着恶臭的垃圾堆。虽然并没有看见，但你准确地绕过了纽约街头常见的“对面停车”标志，听着（虽然其实并没听到）附近大道路过的汽车发出的嗡嗡声。你的各种感官能力既不刻意又毫不费力地准备就绪，在需要的时候随时能够协作，去帮你走过这并不平坦的一路：坑坑洼洼的人行道，不时遇到的消防栓，被栅栏围起来而拼命朝天空伸展的纤细小树。

无意识认知与有意识认知的区别，主要在于强度而非种类。[16] 强度大的认知进入意识层面，强度小的认知在意识大门外徘徊，也就是无意识认知。无意识认知是可以进入意识层面并用语言表达的，但仅限于我们训练自己注意它们的时候。菲利普·格拉斯把作曲比作静下心聆听脑中的声音暗流——它一直在流淌，无论注意与否。像格拉斯的声音暗流一样，无意识认知在意识水平之下不断流淌，这条河的河面很宽，里面承载着有关我们自己身体状态、所在环境当中空间和物体、我们与之进行模式化和图示化互动的记忆和信息。[17]

在早晨决定并走路去买牛奶的整个过程中，你的无意识认知暗流一直在流淌，而你就在它的指引下走出一条路。出门之前站在厨房里，你靠周边视觉瞥见公寓前门。那一瞥没有进入你的意识层面，但是让你因太过渴望牛奶而决定出去买牛奶，不将就喝黑咖啡。当你站在打开的冰箱面前，如果前门并没有落在你的周边视觉中，那么你也许就不会考虑出去买牛奶，或者就算考虑过，你也会认为出去买牛奶太耗时、不值得。

即使我们没有去有意识地注意建成环境，或仅仅关注它的某些方面（其实我们几乎一直是这样），其中无数的启动物（prime）也会在我们的生活体验里起作用。[18] 启动物是个社会心理学术语，指一个人无意识地知觉到环境刺激后，能够通过激活记忆、情绪和其他类型认知联想来影响他随后的想法、感受和反应。看见前门，就足以激活你跨过门槛直至走出大楼的记忆。换句话说，门充当了启动物，激活了你模拟出门的想象。[19]

当你考虑去不去买牛奶的时候，你在心理上模拟了从你家到街头小店的路，进而渗透到当前有意识的思考之中，而且模拟本身让出门显得不那么费力，增强了你出门的冲动。[20] 你熟悉这条路线，而人们对熟悉的路线一般都会觉得更短——与同样长度但不熟悉的路线相比，也许是因为不熟悉的路线在心理上摸索的时候更费力。当你模拟完这些，就决定跑出去。

那天早晨发生的各件事情当中，你最可能有意识记住的是，你一直在琢磨头天晚上与兄弟的那通不愉快的电话，你的结论是，他所说的伤人的话毫无道理。这就是为什么你觉得走到商店的那段路的体验并不愉快。从周围建筑间的空当处穿过来的寒风，你可能记得也

图2-7
身体姿势影响心情：嘴角上翘，就会感到“高兴”

可能不记得，抑或是尚未收走的垃圾发出的令人作呕的恶臭。但是，你不太可能把你对兄弟言行的苛刻评价，与你在琢磨兄弟尖酸话语期间的生理不适感联系起来。

人们把情绪首先体验为身体状态，也就是感受。换句话说，我们首先在身体里感觉到东西，之后才体验为认知，这一假设自现代心理学创始人威廉·詹姆斯（William James）提出后，就一直占主流地位。但现在我们知道，协调感觉输入与肌肉反应的小脑也参与情绪加工。[21] 恐惧表现为身体发抖、肌肉紧张。失望体现为肩膀耷拉。微笑就愉快，愉快就微笑。这种影响是双向的：当我们呈现与某一情绪相关的身体姿势和面部表情时，例如抬头且嘴角上翘，你就可能在内心感到“高兴”（见图 2-7）。当今的心理学研究证实，所谓的“感受”

是对我们身体所感的认知反应，恐惧感激活“战斗或逃跑反应”是最典型的例证。[22]情绪被身体牵绊，并与之交织；换句话说，情绪“处于身体内”，或者，情绪是具身的。

我们经常会无意识地记住这种联系，这也可能导致我们错误地将具身情绪状态与客观上无关的认知混在一起。这就是它的工作模式。你走过一个街区，从公寓来到街头小店，途中遇到了恶臭的垃圾、刺骨的寒风。你脸色发白，屏住呼吸，寒冷让你体验到的生理不适足以让你的肌肉进一步紧张，于是你以一种保护的姿态把自己裹了起来。也就是说，你呈现出的身体姿势，仿佛与压抑的愤怒感和忧伤的孤独感相关。[23]你的身体有了对生理不适的反应，突然变得紧绷，而那时你正在有意识地琢磨你与兄弟的那通吵架电话。环境、身体和认知事件之间的巧合会导致重要的后果：你对兄弟话语的评价比在其他环境下更苛刻。正如工作中的心情不好，可能让你对伴侣更加不耐烦一样，建成环境影响了你的身体姿势，而你的身体姿势影响了你的心情，甚至影响你的行动。

就这样，对情绪状态的认知诠释，可能会深刻影响我们的有意识心理状态。要是天气暖和一些；或者街上建筑设计得不会产生风洞；又或者，要是垃圾桶放在人们看不到的地方，而不是就在街道人行道旁边，那么你琢磨兄弟的话语时，也许就会少一些怨恨、多一些理解。你无意识地在身体不适感与正好有着同样生理表现的情绪状态（例如愤怒和忧伤）之间建立因果关系，这进而影响了你的认知。还有一种说法是，风洞和垃圾堆充当了启动物。[24]建成环境充满了启动物，正因如此，我们可以尝试把建成环境设计得能够鼓励或抑制某些行为。你去买牛奶的那一路遇到了很多人为设计的启动物，包括视轴，由你家（冰箱与前门之间）墙壁和其他功能元素的布置所造成；空间序列或通道路线，例如从你家可以径直走到街头小店，转弯则可能会改变你的计算，不管两者之间的实际距离如何；建筑的体块（massing）和构造（例如，导致了风洞）。不同的视轴、空间序列、体块排布方式和体量（volume）构造方式，可能会启动迥异的认知。

启动物和空间导航：创造轻松的空间体验

我们栖息的世界中，每一个建筑元素、每一个虚体序列、每一个表面、每一个施工细节都有可能启动我们的认知。当然，并不是我们遇到的一切都会成为启动物，反而在任何给定的时刻，环境中的大多数元素根本不会影响我们。那么，我们如何无意识地选择、识别给定环境的特征或变得容易受其影响呢？这个关键问题有无数答案。首先我们可以这样说：对建成环境当中未考虑人类具身的设计特征和元素，我们的无意识心理反应很难预测，但总体上这种反应是不好的。这样的说法可能显而易见，也不值一提。但是全球到处可见的可悲地方和无聊建筑，说明这种情况还是值得一提的。建成环境中的无数元素、特征以及当中物体，例如家园、学校、办公室、公园、道路的设计和施工等，毫不注意如何去配合人类体验的架构。

矩形或正方形网格是很好的例子。实用主义很大程度上解释了为什么设计史上到处可见网格。在数字技术出现之前，直线和直角设计大大降低了施工复杂性，提高了工程便利性，因为实施简单而常规的测量就可决定怎样布置结构支撑。然后，房间、路径、走廊的排布，虚实体块的排布，都可以遵循网格的清晰逻辑。19 世纪末和整个 20

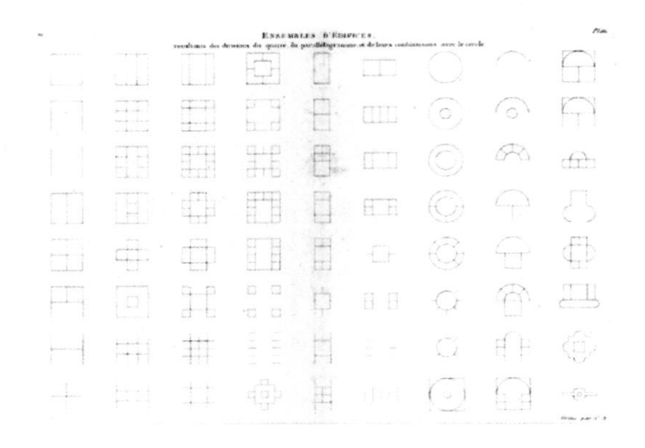

图2-8
网格，让-尼古拉斯-路易斯·迪朗，图形部分（1821年）

世纪，建筑材料的制造以批量生产为主，因此网格变得特别有用；直到今天，商业建筑特别是当代摩天大楼，一般采用5英尺的带网格模块，在此基础上计算地板尺寸和设计室内空间。[25] 大型住宅项目的模块尺寸有所不同，但网格仍然是设计师广泛使用的模板。

自20世纪初以来，建筑师一直提倡使用网格。最初，富有影响力的法国教育学家让－尼古拉斯－路易斯·迪朗（Jean-Nicolas-Louis Durand）开发了一个系统（见图2-8），向好几代学生传授了这种理念：几乎任何规模级别、任何复杂程度的建筑都可以，也应该沿着模块化正方形网格设计。后来，瓦尔特·格罗皮乌斯（Walter Gropius）等陶醉于大规模生产可能性的早期现代主义建筑师在德国魏森霍夫国际住宅建筑群（Weissenhofsiedlung，也叫白院聚落）重新诠释了迪朗

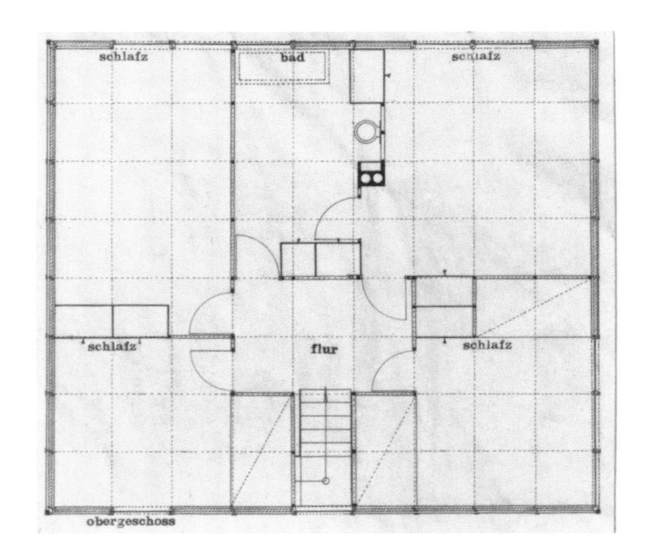

图2-9
房屋里的网格：德国斯图加特，白院聚落16号房（瓦尔特·格罗皮乌斯）

图2-10
网格便于施工：德国斯图加特，白院聚落17号房（瓦尔特·格罗皮乌斯）

图2-11
带网格的城市：希尔伯塞墨，出自《新城》（*The New City*）

图2-12
网格与人的匹配和不匹配之处：生命意象（来自Superstudio）

的理念。白院聚落是 1927 年在德国斯图加特举办的一场建筑展，那场建筑展中 16 号房和 17 号房的建筑平面图、内部、外立面都运用了网格（见图 2-9 和图 2-10），因为格罗皮乌斯认为这种方法可以降低建筑材料的制造和运输成本，能把施工简化到非技术工人也能胜任的程度，进而降低房屋的总体造价。格罗皮乌斯的同辈建筑师们也提倡使用网格，但原因不同：路德维希·希尔伯塞墨（Ludwig Hilberseimer）不仅提倡独户小楼使用网格，而且提倡高楼大厦、城市规划都使用网格（见图 2-11），他认为由此带来的建筑设计施工同质化，有助于经常搬家的现代城市居民，让他们无论搬到哪儿都觉得自在。[26]

从施工和设计角度来看，格罗皮乌斯和希尔伯塞墨当然是对的：网格的便利性和实用性无可争辩，只要看看任何美国中西部城市或曼哈顿平面图就会明白这个道理。但是纵观现代和当代建筑史，按横平竖直、直角交叉原则构造的建筑和城市所显现出的那种近乎呆板的简单，已经受到谴责，甚至遭到讽刺。拿破仑三世（Napoleon Ⅲ）统治时期，乔治－欧仁·奥斯曼男爵（Baron Georges-Eugène Haussmann）重新规划巴黎，他的规划在巴黎中世纪形成的格局上，硬生生地开辟出数条笔直的大道。一位评论员嘲笑他说，如果能够做到，男爵甚至会“把星星排成两条直线”。[27] 近 100 年后，意大利先锋派工作室 Superstudio 发表了一系列假想的土地和市容图，用来说明网格会造成让人性化缺失的效果（见图 2-12）。

今天，有关空间导航所用认知技巧的研究已经阐明，为什么网格的普遍使用会让一些设计师总是觉得不自在。[28] 空间导航是个复杂过程，为了从一个位置安全到达另一个位置，我们必须依赖大脑中海马体和海马旁回的位置识别细胞与网格细胞之间的协作；这些细胞帮助我们不断更新自己相对周围物体的位置，专业说法是“航迹推算”。但是进行航迹推算时，大脑建构的网格并不是正交网格，而是六角形网格。也就是说，为了引导身体穿过空间，我们的大脑会无意识地想象出一个六角点阵，以对照空间中的两个物体来确定我们的身体位置，在六角网格内形成一个等边三角形。这时候给出任何给定点，临近的空间都会在六角网格坐标上定位。

有了这些知识，我们现在比较一下格罗皮乌斯在白院聚落设计的 16 号房和 17 号房，与弗兰克·劳埃德·赖特（Frank Lloyd Wright）在加利福尼亚州斯坦福设计的汉纳之家（Hanna House）。赖特也关心怎样建造好用又不贵的房子，但反对格罗皮乌斯提倡的那种把汽车行业大规模生产技术加以改造，用于建造低成本住房的做法。在为低收入人群建造数百幢房子后，赖特开始避免使用简单的矩形网格。[29] 1936 年，他为保罗·汉纳（Paul Hanna）和琼·汉纳（Jean Hanna）设计了一幢房子。这幢房子位于斯坦福，现在归斯坦福大学所有。设计汉纳之家，赖特采用了相当新颖的几何形状：将等边三角形排布成六角网格。

自然界中的蜂窝和肥皂泡等自然形状就是这个形态。赖特认为，正因如此，人们会本能地或者说无意识地被这样的形状吸引。这个理论也许是对的。不仅如此，赖特还凭直觉知道，沿着六角网格排布的空间之所以颇具吸引力，是因为它们符合人类视觉知觉的要求，因此会让空间体验变得更轻松。赖特的儿子曾经说：“爸爸建那幢房子时，有什么东西出现在他的眼角。”（见图 2-13）现在，认知神经科学家爱德华·莫索尔、梅－布雷特·莫索尔、约翰·奥基夫已经证实了赖特凭直觉知道的东西：人类空间导航的确就是无意识地在

图2-13
赖特看到“有什么东西出现在了眼角”：汉纳之家内部（弗兰克·劳埃德·赖特）

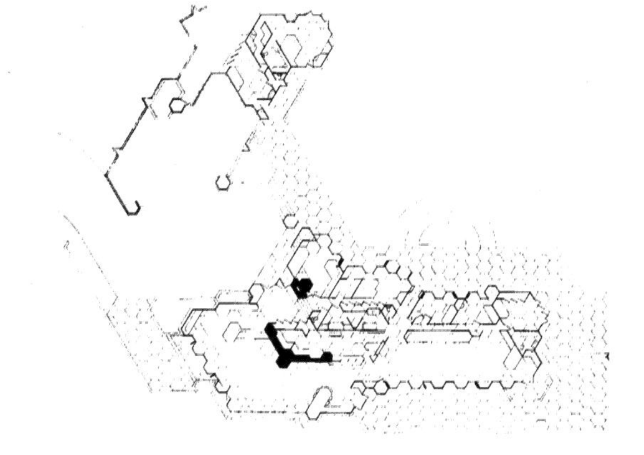

图2-14
我们的大脑进行空间导航，用的不是正方形或矩形网格，而是三角形或六边形网格，即在旁边两个物体与自己身体之间画一个三角形，以确定自己身体在空间里的位置：汉纳之家平面图

旁边两个物体与自己身体之间想象出一个三角形，以此确定自己身体在空间里的位置（见图2-14），进而引导自己的身体在空间里移动。

正交网格固然有其优点，在建成环境永远都会占有重要地位。但是追求实用并不等于永远、完全地使用正交网格。计算机辅助设计和计算机辅助制造技术的最新发展，使设计师现在做方案，既能实现批量生产又能实现批量定制，也就是可以根据人类体验的特点批量定制。[30] 与过去那种强调技术可行性相比，项目的整体构造和组成部件现在可以根据场地、用户和功能，设计得更复杂、更具针对性。

理解环境的两种方式：直接反应和隐喻图式

摸索建成环境时，我们脑中不断流过的无意识认知反应，可分为直接的和间接的。直接反应是生理反应，不是习得反应，即环境中的及环境本身的给定的特征，引发我们快速的自动反应，比如闻到垃圾气味会自动绕道，在努维尔的蛇形画廊临时展馆体验到强烈烦躁感，在里伯斯金博物馆立即有微妙恐惧感。[31] 最明显的直接反应由杏仁核协调，杏仁核是大脑的“恐惧中心”，所谓的战斗或逃跑反应或冻结反应就是在杏仁核产生的。

人类直接反应系统是高度自动化的，这一点任何去过闹鬼的房子或乘“末日战车”（Doom Buggy）穿过迪士尼鬼屋（Disney’s Haunted Mansions）的人都会体验到。[32] 不管我们多么清醒，不管我们多么坚持提醒自己，一切都是假的，不过是场表演，可是当我们困在看不出边界或尺寸的阴暗地方，以及没有明显出口的房间；或者站在像要塌陷形成深坑的摇晃地板上；或者听到突然、意外的动静或响亮，或意外和尖锐的噪声，都会证明清醒的逻辑是多么靠不住。虽然客观上，鬼屋游客知道这样的刺激并没有危险，但这永远不会阻止，事实上也阻止不了我们本能地、掩饰不了地感到害怕。其实我们身体里的生理恐惧感和我们有意识认知到并没有危险之间的不一致造成的刺激感，是多于恐怖感的。

直接反应的例子还有很多。当我们处于刺激过多或过少的环境中，会有模糊的不适感。刺激过多的环境使我们筋疲力尽：《荒凉山庄》（*Bleak House*）中大法官法庭（Chancery Court）的书记员凌乱的办公室令人窒息，拥挤的地下通道令人警觉。这些反应有可能是几万年的游牧生活留下的痕迹：远古时期的人类住在野外，需要对任何有可能意味着危险的动静保持警惕。[33] 刺激过少的环境，比如西奥在《金翅雀》描述的近郊住宅区，或我考察的那所学校的内部走廊，会无聊得使人失去活力、萎靡不振，会加重压力感、悲伤感，甚至上瘾程度。[34] 我们会想逃离，逃到更引人入胜、更有益健康的地方。

我们对建成环境的直接反应，并非总是伴随着恐惧或其他消极情绪。有些建成环境引发的直接反应伴随着积极情绪：通往未知空间的路径激发的好奇心，曲面给人的轻松感。[35] 这方面研究最多的主题是色彩对情绪的影响。人们一致地发现：冷色与饱和度较低的颜色均令人平静，暖色和饱和度较高的颜色均令人兴奋。颜色对我们有各种意想不到的影响。人们在以红色为主色调的房间做智商测验，得分较低；在天花板涂成天蓝色的房间做测验，得分较高。最著名的例子是，据说有种粉红色有很强的镇静作用，以至于一些足球队把对手更衣室的墙壁涂成这种颜色。[36] 诚然，颜色知觉存在着很大的民族差异和文化差异。但是一些基本的颜色知觉激活的直接反应，在不同人群之间几乎没有差异，比如前面提到的那些，这可能是因为它们有着很深的生物学根源。这一复杂现象被哲学家莫里斯·梅洛-庞蒂（Maurice Merleau-Ponty）阐述得非常生动，他也是在书中预见了具身认知的人。[37] 在《知觉现象学》（*Phenomenology of Perception*）中，梅洛-庞蒂委婉地斥责了激进文化相对论的支持者，提议“别再犹疑”为何红色（鲜血的颜色）“象征着努力或暴力”（见图 2-15），而绿色（植物在自然界的颜色）象征着“宁静与和平”（见图 2-16）。他继续提议，我们应该重新学会“像对待我们的身体一样对待这些颜色”，也就是我们的身体在我们实际栖息的环境中长年累月学会的反应方式。

左，图2-15
商店内部，红色

右，图2-16
普拉达商店内部，浅绿

我们有些无意识的认知反应是间接的：它们的源头不在生物学，而

在认知图式，也就是我们一生随着学习如何活在世界上，而建构的认知图式。你看到前门就联想到出门的时候，你在心理上想象把手伸到有玻璃门的冰柜里拿牛奶的时候，你调取片区认知地图以估计走到小店需要多长时间的时候，都借助了用过去经历创建的图式。如果你住在同样的公寓，但这个公寓位于你不熟悉的城市，就算是一模一样的前门，也许也不会激活那些视觉、运动、导航图式。

有一大类图式会产生一连串往往没有逻辑性的联想性认知。你肯定知道混凝土和钢铁是静止的、沉重的、坚硬的，正如你肯定知道水会泛涟漪、起气泡、会流动一样。纽约市中央公园的拉斯克水池（Central Park Lasker Pool，见图 2-17）的凉棚，北京奥林匹克公园内的国家游泳中心（National Aquatics Center，别称水立方，由

图2-17
纽约市中央公园拉斯克水池

图2-18
中国北京，奥林匹克公园内的国家游泳中心，别称水立方，由PTW Architects建筑事务所和Arup Engineering建筑事务所联合设计

PTW Architects 建筑事务所和 Arup Engineering 建筑事务所联合设计，见图 2-18）的泡泡状的膜结构屋顶和表皮，伦敦奥运会水上运动中心（London Aquatics Centre，由扎哈·哈迪德设计，见图 2-19）的波浪外形，无疑是建造出来的：拉斯克水池的凉棚、伦敦水上运动中心的屋顶是混凝土结构，水立方的刚性膜结构墙由钢网架支撑。即使如此，通过设计，这些建筑也激起了人们的一连串与它们的物理特性没有逻辑关系的联想。纽约拉斯克水池混凝土凉棚的锯齿状水平线也许会让人想起水波荡漾的画面，北京水立方让人不禁想到水上的泡沫，伦敦水上运动中心的连绵曲线让人感受到了水的流动。这些设计多多少少传达了身处这些地方的体验。

所有这些例子都说明了建成环境里的具身隐喻。[38] 人们通常把隐喻设想成营造诗意的手段。但隐喻这个词不过是我们把很多广泛的含义装进去以后的动态产物，其中的内容或含义可以是视觉的、触觉的、听觉的、语言的、本体感觉的、内感的，或前述各项的任意组合。

图2-19
英国伦敦水上运动中心（扎哈·哈迪德）

在词源上，隐喻的英文“metaphor”源自两个古希腊词，meta 意思是掠过、越过、超过，phoreo 意思是搬动。这些词根说明，隐喻是个可在多种媒介，以多种形式加以运用的认知手段。

假设你正在陌生的城市寻找住的地方，你找到了满意的公寓，打电话告诉朋友。她问你为什么喜欢，你随意地回答：“我在那儿有家的感觉。”虽然也许你还没看出来，但这就是隐喻。“家”的外延指任何含有可居住空间的建筑物，但你所说的“家”另有含义，指的是一般在家里才会有的心理上安逸、身体上放松的感觉。陌生片区的新居对你的内部世界有何影响？回答这个问题，实际上就是把家在一个领域（建筑）的含义搬到了另一领域（感受）中。诸如此类的隐喻，是我们根据生活体验建构的，这里的生活指活在我们的身体里，而我们的身体既处在自然环境中，又处在建成环境里。所以我们认为隐喻是具身的。

隐喻是图式。[39]隐喻是这一(大)类图式:用对熟悉、具体事物的体验,阐述抽象的观念、感受和想法。“pattern”最初指墙纸和地毯上有规律的图案,后来也指规律本身,或者说模式,比如“技术发展模式”;“rhythm”最初指音乐的韵律,后来我们也说“他喜欢他的生活节奏”“这个摩天大楼窗户的韵律很奇特”;“rough”最初指触感粗糙,后来也有道路崎岖的意思。

纽约拉斯克水池和伦敦水上运动中心的波浪线,多少传达出了那些建筑给人的感受。同理,“有家的感觉”这个隐喻所描述的你在新公寓的感受,比简单一句“觉得舒适”丰富得多。隐喻唤起了情绪鲜明的联想、视觉意象、身体感觉、听觉记忆等。每个人都知道家是什么或者应该是什么感觉。隐喻可以阐明各种各样的抽象概念,在这个例子里指的是安全感和幸福感,阐明方式就是把抽象概念与容易想象的具体形象联系起来,这个例子里是“家”。

部署得当的话,建成环境里的隐喻可以充当启动物。水立方的气泡主题既提示我们联想水的某些方面,比如浮力、无常、流动,又回避和淡化了水的消极属性,比如潮湿、冰冷、沉重和潜在危险等。这种目标与源头之间的有偏差的对应关系,或者说在这个例子里,游客的联想与建筑特征或功能之间有偏差的对应关系,就是隐喻如此有效的原因。[40]它们通过对比和夸张手法强调建筑特征或功能的关键方面,同时留下余地让我们进行联想和诠释。

和“有家的感觉”那个例子一样,最能引起共鸣的隐喻起源于早期童年经历。[41]婴儿时期,我们要学习大量抽象甚至艰深的观念和概念,学习方式就是把它们与熟悉的物体、模式、体验、行为联系起来。“大”

的重要性就是一个常见的隐喻。纵观历史横跨文化，人们把尺寸大与体力大、势力大联系起来。认知语言学家乔治・莱考夫（George Lakoff）和马克・约翰逊将其戏称为“重要即大”隐喻，这个隐喻起源于我们婴儿时期都曾有过的体验：那时照顾我们的人既比我们大很多（这是物理属性），又比我们强很多（这是社会属性）。他们保护我们，和我们一起玩耍，捞起我们小小的身体，抱在怀里或者举得高高的。这样的隐喻式联想是全人类共有的，之所以如此普遍，仅仅是因为我们活在大致相同的身体里。建成环境里其他容易引起共鸣的隐喻包括：结实即重；向上即好，向下即坏；以地方指代人物，比如陛下指帝王，白宫指代美国政府。无论活在哪个地方、哪个时代，我们都会学习并吸收大量的基本隐喻图式，而且是以同样的顺序学习并吸收的。

鉴于隐喻的工作原理，隐喻遍布在建成环境里并不奇怪。以重要即大和结实即重为例。纵观人类历史，君主制、极权主义、政教合一、资本主义国家在政治体制和价值体系上差别很大。但是人类历史上存在过的政府，无论政治体制、价值体系如何，都想世世代代永存下去。于是，它们通过各种手段不断提醒国民其稳固性、持久性、重要性。只要有资源，它们就会建造高的、宽的、重的建筑，以此象征其统治长长久久。重要即大，结实即重。政府的建筑，从埃及法老的金字塔，到马里的杰内大清真寺（The Great Mosque of Djenné），到罗马的哈德良万神庙（Hadrian's Pantheon），到今天各国耗费几十亿美元竞相打造的城市、国家、大陆、半球乃至世界最高建筑，都建得如此之大、如此之重。在某个城市散步时遇到一幢特大建筑，我们会立刻无意识地调用在孩提时期内化的图式：“重要即大”“结实即重”。没人会理解不了这些建筑的寓意。

图2-20
新泽西州特伦顿澡堂（路易斯·康和安妮·格里斯沃尔德·蒂恩）

人们把“规模大、尺寸大”与“势力大”联系起来，这个情况甚至可以在建筑师设计不那么威严的建筑也起作用。通过比例和设计，连最小的建筑也能给人庄重感。路易斯·康和安妮·格里斯沃尔德·蒂恩在新泽西州特伦顿设计的澡堂（见图 2-20）。夏天，在去游泳的路上，男孩和女孩都可以到这个澡堂换上泳衣，它只不过是野外几间简陋的房子。但是，康和蒂恩通过夸大重量和抹去所有外部尺度感元素的手段，让这个小小的建筑成了一座不朽的丰碑。特伦顿澡堂没有基座，没有檐口线，没有窗户，没有门。没有挖洞、没有粉饰的混凝土块拼成几何学上纯粹、方正、中空的棱柱，上面盖着低矮的、金字塔形的、漂浮的屋顶。除了“重要即大”的隐喻，康和蒂恩还运用了其他几个同样扎根于认知的相关隐喻图式：重即结实，重即持久，重即重要。

质量重（物理属性）- 势力大（社会属性）的隐喻图式，最近得到一个心理学实验的证实。实验人员给了一些面试官较重的纸夹笔记本，而给另一些面试官较轻的纸夹笔记本，然后让所有人去面试同一份工作的求职者。资质相同的求职者，在拿着较重的纸夹笔记本的面试官那里获得的评价更高，诸如学识和专业更扎实，更适合那份工作等。[42] 康和蒂恩通过操纵比例，借助大而重 - 持久而重要的隐喻图式，赋予了特伦顿这个小小的混凝土块建筑以庄重感和永恒感，掩饰了其平淡无奇的功能。

设计的体验和实际的体验：柏林大屠杀纪念碑群

特伦顿澡堂和迪士尼鬼屋表明，人们可以通过直接反应、隐喻图式的方式理解建成环境，可以加以操纵和管理，来促进商业、社会等各种目的的达成。但是这需要技能、知识和敏感性：我们的认知和隐喻式联想非常复杂，足以让最会玩概念的建筑师也觉得通过设计来引导人们的认知和隐喻式联想是一项巨大的挑战。这一点很明显地体现在了大屠杀纪念碑群（Holocaust Memorial）上。大屠杀纪念碑群，也称欧洲被害犹太人纪念碑群（Memorial to the Murdered Jews of Europe），坐落在柏林市中心勃兰登堡门附近一块 4.7 英亩①的场地上，意在纪念大屠杀中的遇难者。作品由美国建筑师彼得 · 艾森曼（Peter Eisenman）设计，含有 2711 个水泥板。这些水泥板排布成正交网格，长度都是 8 英尺，宽度都是 3 英尺，

① 1英亩 ≈ 4046.85平方米。

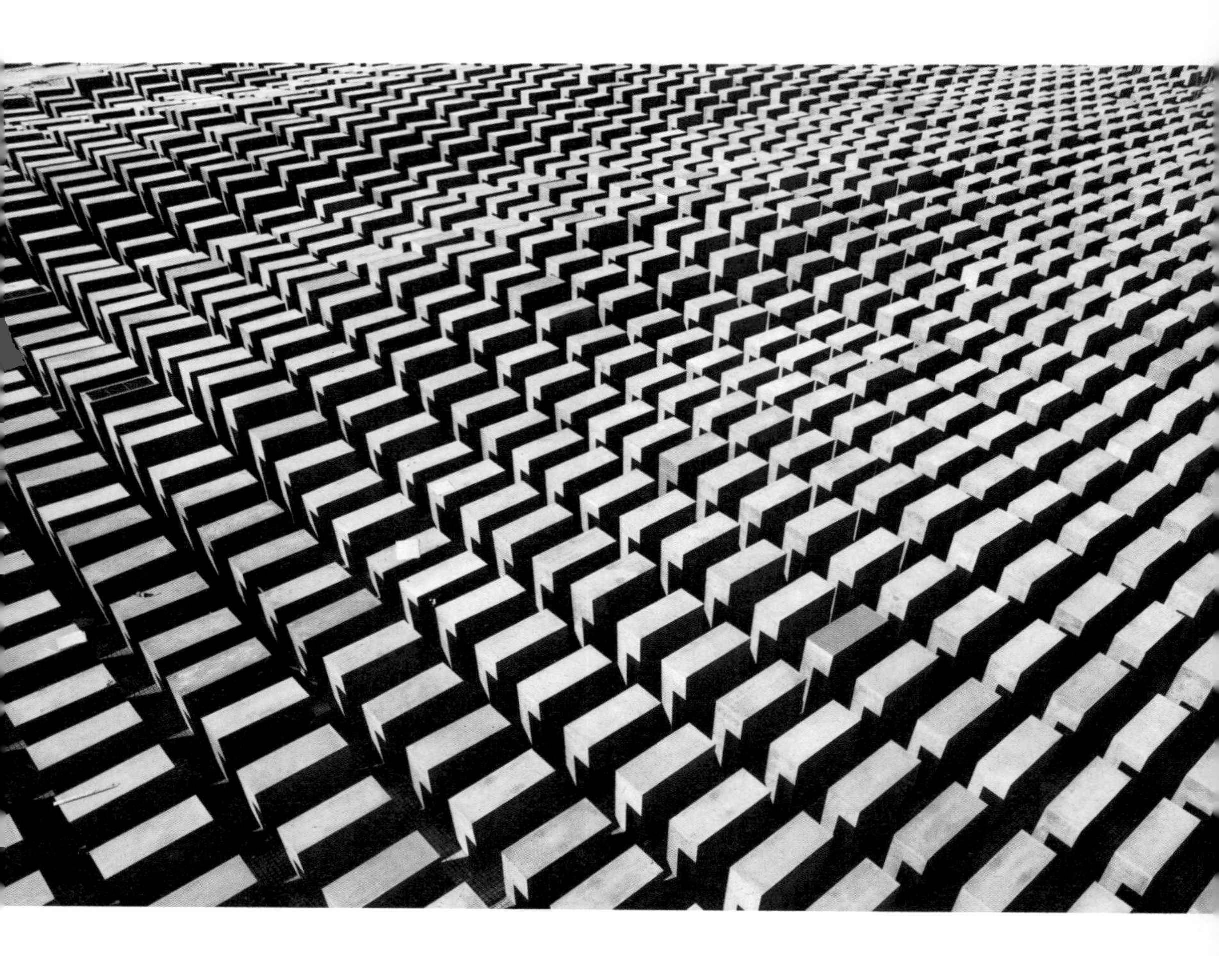

上，图2-21
柏林大屠杀纪念碑群俯视图（彼得·艾森曼）

下，图2-22
在德国柏林大屠杀纪念碑群休闲放松的人

但是高度有所不同。场地周边的水泥板距离地面不到 8 英寸[①]；越往中间，水泥板越高。在最高的地方，灰色水泥板有 16 英尺高。

从照片或从附近街道上看大屠杀纪念碑群，特别是站在高处眺望大屠杀纪念碑群的时候（见图 2-21），会觉得它单调得可怕。起初它出现在一个充满活力的大都会的心脏之处，距离德国政府联邦议院（Bundestag）不远的地方，就像是一个错误，且令人困惑：这是什么？也许这一大片精心摆放的水泥板是准备为未来某建筑项目占位的？设计师的设计意图之一就是引起这样的困惑：他想传达一种理性的疯狂，它体现在网格的单调之中。从这个角度来看，艾森曼是成功的。

然而，在一块块水泥板之间的人行道上体验大屠杀纪念碑群的时候，会有很不一样的情绪和印象。碑群周边，建得很低、排得不规则的水泥板之间形成了一个个旋涡状的小空隙，一群群游客舒适地聚在那里。我们走入纪念碑群的空隙，就好像收到了它礼貌的邀请。随着我们的深入，灰色水泥块越来越高，而铺砌的地面越来越低，在碑群中心附近处降至最低。设计师有意通过地面和水泥板高度上的变化，营造出一种完全不知道会下降到什么地方的感觉，以及一种越来越强的被包围、被困住的感觉。但是，在大屠杀纪念碑群中穿行体验到的非人性化的恐怖感，比穿过迪士尼鬼屋体验到的刺激感还少。我们可能会有的任何不适感，都因碑群的实体和虚体都是沿着矩形网格排布而减轻了。我们根本不会有彻底迷失方向的恐惧感，因为碑群的观景廊每隔一段不远的距离就提供了一条视线轴，把我

① 1英寸≈2.54厘米。

们的注意力引回到充满人性的城市中——繁忙的街道，拥挤的人行道，为生活而奔波的人，活得悠闲惬意的人。无论我们处于茫茫碑群的什么位置，都能看见这些轴，它们亲切地指明出口路线，邀请我们去探索另一大道。我们从来没有阴森恐怖的感觉，也从来没有被围困的感觉。此外，正如人们一直期望的那样，大屠杀纪念碑群已然是个很受欢迎的旅游胜地，人们会聚在那里，将打包的午餐放在最低的水泥板上，而孩子们会从一块水泥板蹦到另一块水泥板上，你在那里绝对不会觉得孤单（见图 2-22）。你会经常遇到或撞到其他游客，这种邂逅其实怪怪的。

艾森曼构思大屠杀纪念碑群时，脑中想的是具身体验和具身隐喻。比如，缺乏刺激导致的烦躁郁闷，因为正交网格带来的脱离现实的逻辑，被迫降低导致的惴惴不安等。他的设计思路是，通过刻意重复的灰色水泥板，唤起参观者一点大屠杀期间犹太人落在德国人手中的那种体验：那时德国人不把犹太人当人，认为他们不过是个数字，对他们进行去人性化，有计划有组织地杀掉他们。但是他的设计意图没有达成，因为他把水泥板排成了正交网格，破坏了有意唤起的体验。他原本想在空间上营造“重复得令人压抑”的效果，却得到了“规律得让人安心”的结果。这真是适得其反啊！

艾森曼设计出来的大屠杀纪念碑群并没达成他的设计意图，原因有二。第一，他没有考虑到人们实际体验碑群时会加工的各种刺激。本体感觉上，水泥板越来越高，确实让人有下降感；但在视觉上，人们总是可以利用观景廊保持方向感。第二，他没有认识到，在城市里，建筑、景观、场所不仅包括它们本身的构造，而且包括它们促成、营造的社交场景：他做的设计，是想象每个人都把自己视作孤立的存在，而非社会群体的一员。结果，柏林并没为大屠杀遇难者建起一个纪念碑群，而是变味成一场假装在纪念大屠杀遇难者的超大型讽刺剧：孩子们在石板上跳着玩儿，情侣们躲在墙后接吻，上班族在齐膝高的长凳上午餐。游客慕名前来参观大屠杀纪念碑群，看到的却是城市游乐场，但不会注意到意图与结果的这种不一致。

环境与记忆：建成环境塑造了我们

像柏林大屠杀纪念碑群那样的建筑，是出于纪念重要历史人物和事件这一明确目的而构思、树立的物理标记。它们的目标是人类记忆。[43] 那么，人类记忆与物理上的区位是什么关系呢？这样的纪念碑有效吗，它们的设计真的重要吗？过去几十年，我们大大增进了对许多认知领域的了解，人类记忆，特别是长期记忆就是其中之一。科学家曾经认为大脑有专门的长期记忆储存区，我们现在知道事实并非如此。回忆过去的某个事件时，我们会从分散在许多脑区的多个感觉认知系统中提取意象、模式和印象。我们现在还知道，这些记忆合起来构成了我们的过去，只有与相关的物理位置和场所的认知联系起来才能得到巩固。换句话说，有关记忆如何在大脑中得到巩固的研究表明，就亲身经历的事件而言，事件发生的物理环境对事件记忆起着核心作用。在当代世界，我们的环境绝大多数是建成环境，这意味着我们栖息的建筑、景观、城区，在我们的自传体记忆形成过程中起核心作用。我们的身份感（我们现在、曾经是谁）与我们的处境感（我们现在、曾经处于哪里）难解难分。

回想你童年时期记得比较清楚的事情，或者你青少年时期最得意的时刻，又或者你成年后第一份工作的第一天。[44] 专注地回想，你会记起自己当时有何感受：和你崇拜的哥哥合作设计、建造纸板箱城堡时的幸福感，听到老师在全班同学面前表扬你时的得意感，为证明你的价值而全身心投入第一份工作时的专注感。然后问问你自己，那段记忆是以背景虚化状浮现在你脑中的吗？十有八九不是。那段记忆很有可能是嵌在场所和空间中浮现的：你当时与谁在一起，看到了什么，听到了什么以及摸到了什么。回想亲身经历的事件，多多少少会牵涉到在心理上模拟的事件的最初发生地。正因如此，学生在最初识记学习材料的房间做识记效果测试，会得到更好的成绩。

科学家直到最近才能解释记忆与地方的关系。从神经学角度讲，自传体记忆是在名为海马体的脑区和相邻的海马旁回得到巩固或做好长期储存准备的。[45] 这些脑区与其他脑区合作，让我们得以进行空间导航。自传体记忆的形成不仅有赖于帮助我们识别位置的脑区，而且有赖于帮助我们识别位置的具体细胞，叫作位置细胞。[46] 位置细胞既让我们得以识别位置，又让我们得以巩固长期记忆。所以，有关重要讨论（你与母亲讨论你的结婚对象 / 你与老板讨论升职问题）的记忆与有关重要讨论发生地（坐在父母家前厅的台阶上 / 坐在老板办公桌对面的长沙发椅上）的记忆是捆绑在一起的。顺便说一句，长期记忆与发生地的捆绑性，即情境性，也许可以解释为什么人们不记得三岁之前发生的事情，因为只有空间导航能力成熟了，我们才能保存长期记忆。

这里再说说人类认知方面一个令人惊叹的事实，一个对我们理解人类如何体验物理世界有重大启示作用的事实：不管是不是有意识地遇到过去某个事件最初发生地的至少某些元素，不再次遇到，就不能回忆起这个事件。[47] 从这里推理下去就是：正是情境性体验为我们的自我感和身份感提供了框架。建成环境为我们过去、现在、将来的建构自我，提供了基础。

这个自传体记忆的提取过程也表明：与一个地方有关记忆的感觉成分，会在对另一个给人似感觉的地方赋予意义时，产生极大的影响。在寻找新住处的时候，我们也许会选择看到那些阳光照到地板的公寓，虽然可能只是碰巧的，因为这一景象激活了我们的记忆：与兄弟一起建造城堡时，下午的光线以相似角度从窗户倾泻进来，以及所有伴随这一记忆的感觉和印象。那段珍贵的记忆，以及与相亲相爱的兄弟姐妹合作体验到的亲密感，会影响我们对新地方的印象。每次提取那段记忆，都会强化我们在环境与事件之间建立的联系，已有的联系会加深，而已有的记忆与新的内外部刺激之间会建立新的联系。因此，我们的体验、我们对体验的记忆，必然从根本上嵌入环境。

这个有关自传体记忆的新知识意味着什么？可以说建成环境就是我们，貌似这么说有点儿夸张。建成环境塑造我们的自我，塑造我们在世界中的体力活动、社交活动、认知活动，塑造我们的身份建构和重构过程，所以这么说一点儿也不夸张。有我的亲身经历为证。人生前 14 年的大部分时间，我和家人住在新泽西州普林斯顿一个树木茂盛、风景优美的地方，1 英亩的场地上精心排布着数幢设计得当的房子，它们形成了一条幽静的街道。我们的房子是由普林斯顿大学建筑学院的教授马丁·贝克（Martin L. Beck）设计的，他受到了弗兰克·劳埃德·赖特的影响。在赖特看来，家是筑在自然世界里的安静避风港。虽然依照今天不断提高的近郊住房标准来看，我家的住宅面积有些小，但这是个难得的静修之地。它的正面涂着深

图2-23
自传体记忆与地方捆绑在一起：新泽西州普林斯顿艾里逊路74号

色木材染料，入口深深地凹在阴影里，只可在少数几个位置看到前院和街道。但是反面，在房子的后方放眼望去，都是绿色。落地的玻璃推拉门朝着完全封闭的、很大的后院，从这个后院看不到其他房子（见图 2-23）。

每个家人都知道在这里生活的特殊乐趣：周围是田园诗般的景色，院子的“围墙”是种满了山茱萸、木兰、连翘的花坛；穿过一条安静街道，很快就能走到普林斯顿大学和普林斯顿的主购物街。屋内的木质立面散发出温暖的橙棕色光芒，空间围绕中央的火炉和楼梯松散地排布着，形成了互不干扰的坐卧之地、阅读之地、玩耍之地。即使独自一人坐着出神，我们也总能知道家里其他人在房子哪里。

虽然这幢房子 40 年前被我父母卖掉了，直到今日却依然是我不可或缺的一部分。住在普林斯顿那幢房子，让我们所有人都产生出一种优越感，这种优越感甚至塑造着我目前在纽约东哈莱姆某片区的生活方式，以及我对该片区的看法。普林斯顿的那幢房子培养出我对“其他许多人，甚至实际上是世界大部分人，都生活在较差的环境中”这个事实的敏锐性。我知道好的设计可以产生强大的积极影响，我知道好的建筑可以让人觉得安全、放松和幸福，这些知识不是来自教科书，而是来自我的亲身经历。那幢房子生机盎然、郁郁葱葱：公共空间洒满阳光，风景不断变化，连阴暗角落也可以让孩子捉迷藏。仅仅想一想那幢房子，我的身体就洋溢着温暖而放松的幸福感。

无论你的童年记忆如何，在你的身体里的你、处于某个地方的你，都是一种黏合剂，会与你的感觉印象、思维和情绪，以及这一切对你作为一个人的意义发生联系，无论何时何地。如果你在海地窝棚长大，或在尼德姆独栋别墅长大，抑或在月球上的屋顶公寓长大，那么你一定会成为不一样的你，一个不同于现在正在阅读本书的你。其或明显或不明显的启示在于，建成环境体验和回忆的各种阶段及过程构成了我们理解自己和他人能力的基础，也就是说，空间和地点非常重要。

这个有关自传体记忆的新知识，对我们理解人类体验，特别是人类建成环境的体验有着多种多样的深刻启示。我们对他人的理解、对世界的理解、对我们自己的理解都与我们所在的物理环境有着千丝万缕的牵绊。所以，建成环境及其设计对我们方方面面生活的重要性，再怎么强调都不过分。自传体记忆的认知机制重新设定了我们内在的建成环境，也就是说，自传体记忆构成了我们生活的内在架构。我们的建成世界绝非仅仅是无关紧要的背景幕布或舞台布景，而可以被我们毫无顾忌地忽视掉，它实际构成了一种实实在在的脚手架，让我们用来建构对自己的认识、对他人的认识以及与他人的关系。从逻辑上讲，这必然会引起革命性变化。我们建成环境的可悲状态，正非常普遍又具体地让我们和他人的生活、我们社区的生活遭到破坏并且变得贫乏，这几乎到了无法估量的程度。

正因如此，建成环境不能只满足遮风挡雨这一基本生理需要。建成环境是决定“我们是什么样的人、我们的孩子现在是以及将来会成为什么样的人、我们认为他人现在是以及将来会成为什么样的人”的关键因素。建成环境渗透进了我们对自己、对他人的认识当中。无论在我们建构自我和过去的过程当中，还是我们单独或共同地在世界前行的过程当中，建成环境都起着积极又核心的作用。无论是对我们现在的还是将来的为人处世而言，建成环境的设计都很重要。

到目前为止，我们都是把建成环境作为一个整体来讨论的。但是，建成环境实际上有很多组成部分。街上有路缘石、人行道、门廊、路灯和铺路石。建筑有窗户、屋顶、门槛、背面和前面。景观可以是城市广场、植物园、水回收站，或是配有树木、喷泉、游乐设施的游乐场。要想了解这些东西如何为我们的体验、认知、身份提供构架，我们必须还要在微观层面考察它们。毕竟人类已经建成和将要建造的一切东西，最终都是为人类服务的。而在建成环境里栖息的人，首先活在自己的身体里——那个立在地上的身体里。

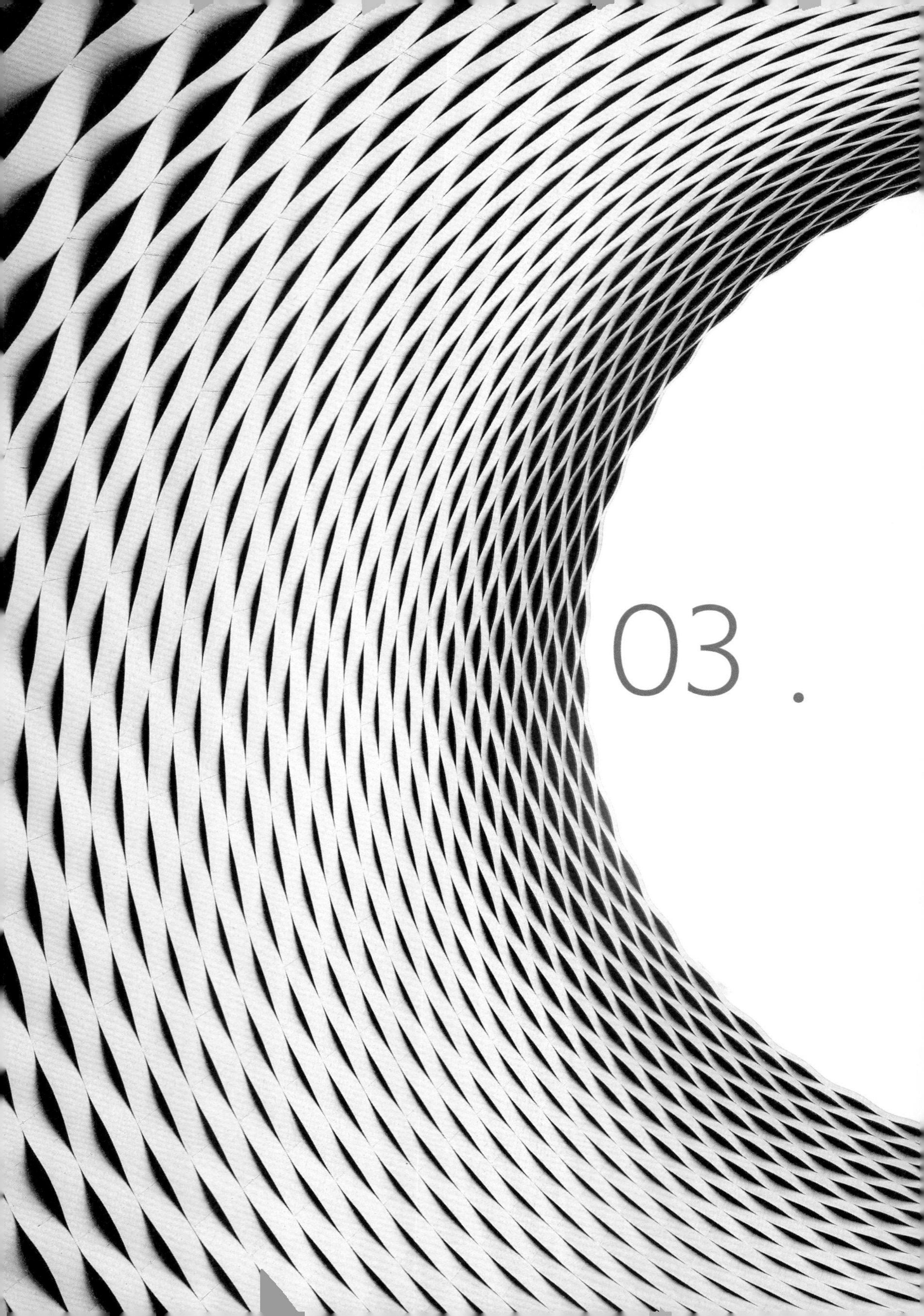
03 .

认知的身体基础

第3章
认知的身体基础

我丈量自己，

在一棵高高的树前。

我发现比树高得多，

因为我可以一直够到太阳，

用我的眼睛；

我还够得着海岸，

用我的耳朵。

——华莱士 · 史蒂文斯，*Six Significant Landscapes*

从根本上来说，心理和身体是相互交织的，对这点体会最深的，可能是那些能够解决如何照顾高龄老人问题的人。想象一下一位上了年纪的亲人，也许是你的母亲，在近郊一幢宽敞而杂乱的房子生活了多年，这幢房子距离最近的超市和银行有十分钟的车程。但当她开车不再安全，爬楼不再轻松，已经近十年没有能力好好保养房子，身体状况不断恶化时，你就会慎重考虑把她送到辅助看护型的养老院，或者让她搬到你家附近的小公寓。

但如果有可能，尽量别那么做。相比较搬到陌生的环境，老人在住惯了的地方生活往往更好。你的母亲在她自己家里住着，不仅更愉快，而且很有可能更健康，虽然她搬到新住处可以享受很好的医疗服务。虽然一幢装修设备更实际、位置更方便的房子会减轻你母亲的日常负担，但是她的心理状况和身体状况会加速恶化。为什么？因为离开久居之地的认知体验会对身体健康产生有害影响。心理和身体是一体的：她对搬到新环境这件事的看法比新环境实际提供的好处，对她的影响力更大。

一切有关人类认知的重大科学解释，在今时今日无论存在什么区别，都是以身心整合而非身心分离为基础的。我们的心理与我们的身体深深牵绊，这为以下各项内容和形式提供了框架：我们的无意识认知——随着时间的推移，我们用活在身体的体验建构的图式和隐喻式联想；我们的记忆；我们的情绪；我们的有意识认知。我们的一切认知都与一个事实紧密相连，这个事实就是：我们活在人类特有的身体里。因此，人类认知只能理解为具身认知。但我们一直说认知是具身的，这到底是什么意思？

具身心理

可以尝试随便选个传统人体的表征看看。我选了自己最喜欢的一个，意大利文艺复兴时期的艺术家马萨乔（Masaccio）描绘亚当和夏娃被逐出伊甸园的壁画（见图 3-1）。里面是我们见过无数次的人体，包括自己照镜子时见过的。无论是亚当还是夏娃，从上到下，头部尺寸约为身体总体尺寸的 1/8，身体看起来差不多对称排布在从头顶到脚心的纵轴两侧。亚当和夏娃的腿与躯干占最大篇幅，手、手指、脚、脚趾占最小篇幅。眼睛的大小不超过一个药盒。

我们设计栖息之地的时候，可以考虑，而且应该考虑亚当、夏娃的尺寸，以及人类具身的特点。这是无可争议的。正如马萨乔生动描绘的那样，光着身子、没精打采的亚当和夏娃在恶劣严酷的环境生存，他们需要衣服和住所。他们栖息之地的入口高度和宽度，必须保证最高、最胖的人也能走过去。

仅仅知道人体沿纵轴对称分布，有两条胳臂、两条腿、两只眼睛、十根手指，远远不足以让我们透彻地去理解，作为行动者我们对自

图3-1
别人怎样看我们的身体——异我中心的（allocentrically）：《逐出伊甸园》（*Expulsion from the Garden of Eden*），马萨乔，1425 年

己具身地生活的认知体验，以及我们在具体区位的认知体验。[1] 人类认知的新范式清楚阐明，我们如何体验自己的身体，不同于我们的身体如何作为物体存在于世界上。换句话说，我们的思维与我们栖息的身体之间的关系，并没展现在亚当、夏娃身体表明的，以及我们照镜子时看到的同构性（isomorphism）中。我们体验生活的方式与照镜子不一样；实际上我们用眼睛看环境，用耳朵听环境，用手摸环境，用腿在环境里走动，而且在看、听、摸、走的同时及事后会继续反思所看、所听、所摸、所走的。我们的身体和心理，在我们体验里的样子，有可能迥异于镜子呈现的样子。举个简单的例子：尽管手指实际上比屁股小很多，但是在我们的体验里，手指比屁股明显和重要得多。

为了说明我们如何在内心里体验身体（其实是身体图式，而且大多数时候是无意识的体验）、如何在身体里体验世界，我要介绍另一个人体表征：认知科学家比较熟悉的貌似荒谬的“侏儒”（homunculi）或“小矮人”（little men）。侏儒其实是大脑两个相邻信息加工中心的地形图，其中的信息中心一个位于感觉皮层，另一个位于运动皮层，描绘感觉皮层信息加工中心的侏儒叫感官侏儒（见图 3-2），代表我们的感官能力，描绘运动皮层信息加工中心的侏儒叫运动侏儒（见图 3-3），代表我们的运动能力。感官侏儒和运动侏儒按来自和去往身体各部位的信息和分到的大脑加工能力的多少，阐明了我们如何在身体里体验世界。说得再专业一点就是，侏儒代表身体各部位在大脑皮层的投影面积。[2]

如果比较一下运动侏儒与镜子里的我们，我们立即就会看出运动侏儒身体比例严重失调。眼睛、鼻子突出，手大得离谱，嘴比脚大许

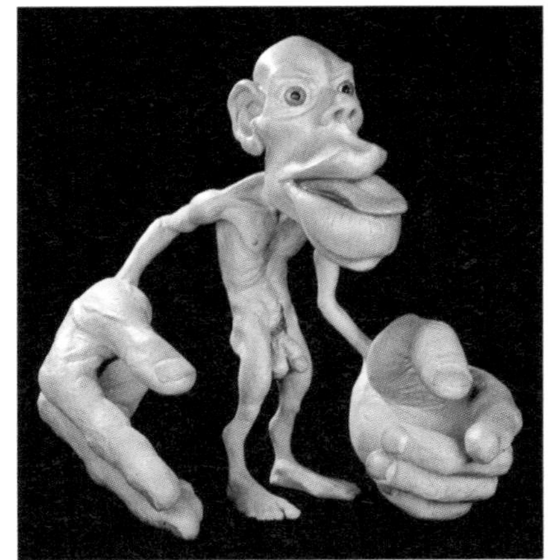

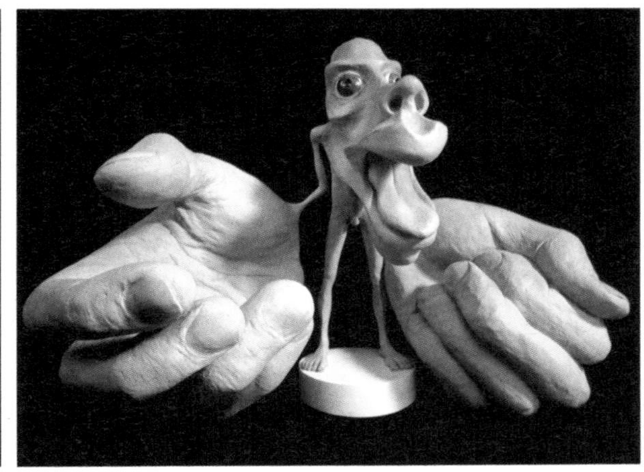

左，图3-2
感官侏儒

右，图3-3
运动侏儒

多倍，所有这一切都与滑稽可笑的躯干和牙签一样纤细的双腿形成了鲜明的对比。其中，感官侏儒还有耳朵和生殖器。在我们的内心体验里，身体各部位在世界中的相对重要性就是这样的。可以说，在我们像亚当、夏娃那样比例正常的身体里，我们实际上按照认知侏儒那样失调的比例生活着，把大部分注意力放在了侏儒最大部位收集的信息上。这些部位的神经末梢比较密集。我们的眼睛和耳朵向我们的大脑提供的有关世界的信息，远远多于我们的皮肤提供的信息。我们对侏儒较大部位传来的刺激如此敏感，以至于侏儒较小部位相对而言是迟钝的，这就是为什么薄纸可能会划痛你的手指却几乎不会让你的大腿有任何感觉。

亚当、夏娃那样的人体表征描述的是我们对他人的体验，是我们从异我中心视角，也就是从自身外面观察或想象我们的身体时，建构的有关我们身体的心理图式。比较周全的考虑必然还要涉及自我中心视角（从自身里面看），即从我们在身体里坐卧立行的体验，生出的有关我们身体的心理图式。这些异我中心图式和自我中心图式，不是我们心理对我们身体的唯一具身表征。从我们对自己身体的体验，还可以生出第三、第四、第五、第六个图式，具体取决于我们的注意力放在哪里、我们培养了什么技能、我们当时在做什么。舞者的身体图式不同于出租车司机或足球运动员的身体图式。我平时用老胳臂老腿爬楼时运用的身体图式，不同于我聆听菲利普·格拉斯的经典歌剧《真理永固》（*Satyagraha*）时运用的身体图式。这些图式又不同于我穿针引线给女儿毛衣钉纽扣时运用的身体图式，也不同于我准备税务报表进行心算时运用的身体图式。这第三个到第 n 个身体图式是基于技能的、任务导向的、专门化了的身体图式，代表我们从事各种活动时的心理定势。[3]

认知是具身的，处于身体之中的，这一点对理解我们如何体验建成环境有无数启示。我们的心理如何去运行，我们的心理记录了什么，取决于我们身体的解剖结构，还取决于我们的感觉系统和运动系统的运行模式：我们的指尖有大量神经末梢，我们臂部的神经末梢相对较少。脑袋放在躯干上面，眼睛放在脑袋里面，眼睛以一定的方式加工线条、轮廓、角度、光线、阴影、颜色。这一切既让我们能够看到、听见、感受和思考，又对我们的所看、所听、所感、所思起到限制作用。比如我们的脑袋，以及脑袋上的眼睛、耳朵、鼻子、嘴巴，具有我们与世界互动的许多至关重要的能力。而我们的脑袋位于我们的身体之上，特别是相对于下方的臭脚丫和位于后方的屁股而言，所以我们在心理上总是认为客观物体位居我们“之下”。再举一个例子：从经验上讲，8 英尺高天花板的工作空间，与 10 英尺高天花板的工作空间相比，前者比后者更让人觉得明显受到很大限制。但是，我们几乎注意不到 12 英尺高的天花板与 13.5 英尺高的天花板之间的差异，因为当房间天花板的高度大大超过我们够得着的最大高度（等于身体高度加手臂完全伸展的长度）时，我们的高度测量能力就会大大降低。

身体感知世界

我们的环境，处处有着我们异我中心身体的痕迹。建筑师计算门的高度、窗座的深度、走廊的比例或礼堂的基准视线时会考虑：鉴于我们的身体形状、感官能力、运动能力，我们会如何占据物理环境并与之感应。[4] 设计师偶尔还会全面深入地考虑我们身体乃至我们具身的细微特征，因此会取得很好的效果，好到单单这些效果就足以说明我们需要更多地关注这些细微特征。

日本传统民居就是鲜活的例子。[5] 榻榻米的席子约为 3 英尺宽、6 英尺长，这一尺寸让席子便于携带。更重要的是，就大多数日本人的体型而言，躺在上面睡觉是舒适的。另外，榻榻米的宽度与日本传统民居推拉门的宽度是一致的，都是 3 英尺。这些比例关系（包括熟睡中的身体与席子的比例关系、席子与门的比例关系、门与直立着的身体的比例关系等）形成了绝妙的以人体为中心的系统设计（见图 3-4）。

我们甚至可以考虑得更细一点儿，去考虑处在不同发育阶段的人体的特征。在挪威最大的石油生产和航运枢纽城市斯塔万格，挪威

图3-4
日本传统榻榻米尺寸与人体尺寸匹配

图 3-5
考虑了不同年龄和不同体验模式的设计：挪威斯塔万格，地质公园（Helen & Hard 建筑事务所）

Helen & Hard 事务所在海边一块开阔的废弃场地上建造了一个引起轰动的地质公园。这个公园的设计考虑了人们的自我中心体验：依照小孩子的身体尺寸做海洋球池和吊篮藤椅，把骑自行车、玩滑板的青少年们赶到稍有坡度的更大区域（见图 3-5）。它的设计也考虑了人们的异我中心体验：为了缩小非常开阔的海港与相对渺小的人体之间的尺度差异，安装了曲曲折折、很有韵律、很有趣味的拱廊，拱廊由回收来的塑料系泊浮标（mooring buoys）制成，锚定在高大金属支架上。[6]

建成世界的构造显然必须考虑用户的异我中心身体。设计椅子时，首先应该分析人们坐着从事某样活动，例如用餐、阅读、放松、穿

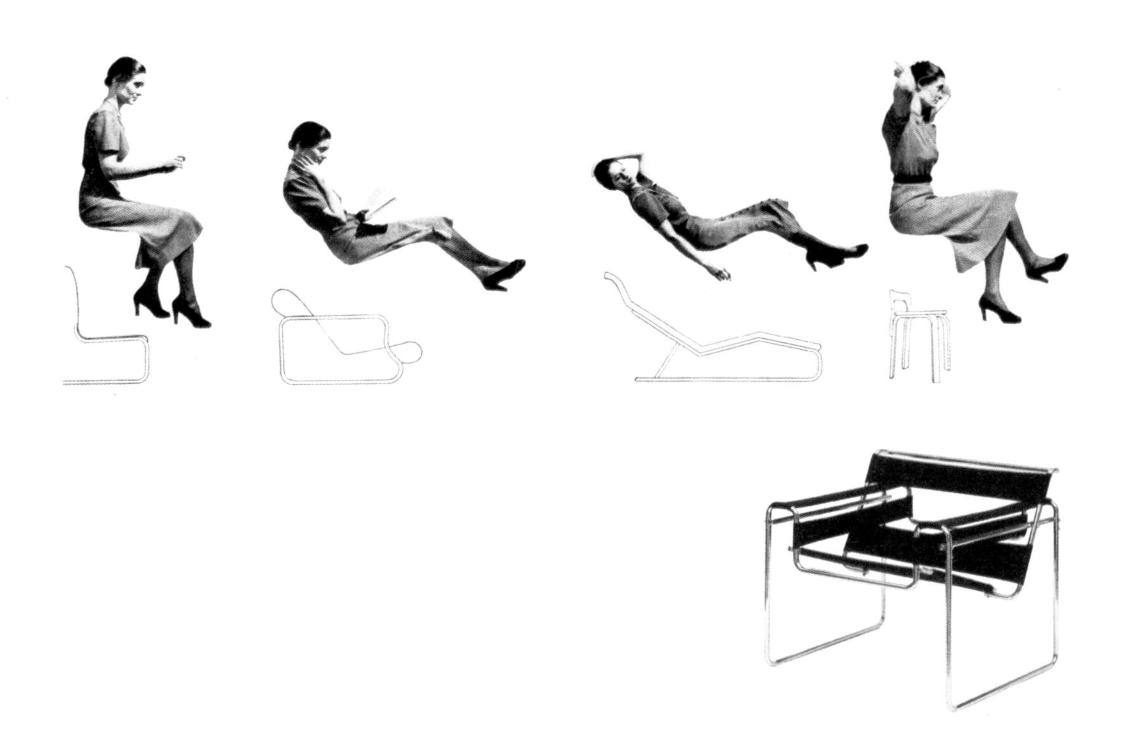

上，图3-6
“坐姿力学：用餐、阅读、放松、穿衣”。不同的活动需要不同的身体姿势，阿尔托：《建筑与家具》（*Architecture and Furniture*）[纽约现代艺术博物馆（Museum of Modern Art）]

下，图3-7
钢管皮革椅子看起来呆板、摸起来冰冷：瓦西里椅（马塞尔·布劳耶），1926年

衣时的身体姿势。然而这只是个开始，好的设计还复杂得多呢。因为椅子不仅应该让我们像亚当和夏娃那样正常比例的身体坐得舒服，还必须让我们像感官侏儒那样比例的身体觉得舒服（见图 3-6）。出生于匈牙利的美国建筑师马塞尔·布劳耶（Marcel Breuer）设计了 20 世纪最著名的简约家具之一——瓦西里椅（Wassily Chair）。这种椅子是把自行车钢管折成连续几何形状后，配上皮革制成的，很轻但够结实，足以承受人体重量。它很受欢迎，特别是很受建筑师的欢迎，但看起来呆板，摸起来又很冰冷（见图 3-7）。正如布劳耶的同事阿尔瓦·阿尔托抱怨的那样，它是为异我中心身体而非自我中心身体设计的。阿尔托坚持认为，这种椅子算不上人性化设计，因为“家里的日常家具不该太过反光”；与“皮肤亲密接触的”物

件不该“……由强导热性材料制成”。

很多片区和城市空间也是为异我中心身体而非自我中心身体设计的。一个典型的人用典型长度的腿，5 分钟可以舒服地走 1/4 英里，而且如果能在 15 分钟或更短时间到达目的地，那么许多人宁愿步行而不开车。基于这些信息，城市规划理论家和可持续发展倡导者提出了一条原则：城市片区的布局，应该能让孩子走路上学，让孩子的父母走路上班并且走路就可买到一切基本家居用品。[7] 但是美国和亚洲有很多城市违反了这个原则！从休斯敦到北京，市中心街区的超大尺度和近郊住宅区的零散分布，把我们隔绝在不符合人类具身的片区里。

物理环境与人类具身的协调，可以采取更微妙、更具诱发性的形态。建筑师可以利用异我中心身体图式与自我中心身体图式之间的差异，达到给人启迪、引人入胜、令人惊奇的效果。一个常见策略是，夸大我们用脚一步步慢慢走过得到的印象和我们用眼睛迅速扫描得到的印象之间的差异。日本建筑师安藤忠雄（Tadao Ando）在上海保利大剧院（Poly Grand Theater）设计了一块镂空，把室内空间暴露在外（见图 3-8）。我们走近那栋建筑，就可从镂空部分看到里面的人。那部分可望而不可即，凸显了脚力所及之处与目力所及之处的差异。雷姆·库哈斯和 Office for Metropolitan Architecture 建筑事务所设计的鹿特丹康索现代艺术中心（Kunsthal），达到了更加令人惊奇的效果。当我们站在楼下画廊全神贯注欣赏艺术时，主要是从自我中心视角体验自我的，这时我们会不可避免地听到头顶传来的沙沙声。于是我们抬头看向透明的天花板，先是看到鞋底，再是看到因透视关系而大大缩小的人体，那是站在我们头顶正上方

图3-8
镂空凸显脚力所及之处与目力所及之处的差异：中国上海保利大剧院（安藤忠雄）

画廊欣赏艺术的游客。突然注意到我们的身体作为物体，从下方看去是什么样子，我们就了解到了我们相对他人，以及相对周围这个填满物体的异我中心世界的具身自我。

我们的认知化身，也就是那个侏儒的特征，在多大程度上主导着我们对建成环境的体验？记住，我们的眼睛、耳朵、鼻子、舌头、嘴唇、手、脚是接收外部世界的光线、声音、气味等的主要感受器，所有这些感觉器官与我们的运动系统协作，使得我们能够在走路时保持平衡，能够触摸周边物体、诠释触觉信息等。侏儒的特征表明，我们身体的某些部位在我们体验里所起的作用远远大于我们的异我中心身体所示的样子。耳朵像碟形卫星天线，因此即使是最细微的听觉刺激，比如安静房间里的纸张沙沙声，也会使我们倾听。指尖皮肤柔软、神经丰富，因此间接的纹理体验，比如海滨围栏上卷起的刀片刺网的阴森样子，也会使我们缩手——这些都由触动觉引起。

人类感官如此敏感，这一点在设计城市空间、建筑、景观时应该彻底考虑进去，甚至始终牢记在心。偶尔会有设计师做到这一点。兼顾异我中心身体图式和自我中心身体图式的著名当代实践者当中，瑞士建筑师彼得·卒姆托（Peter Zumthor）也许是自我意识最强的。卒姆托认为，多感官体验是项目引起情感共鸣的关键所在。这必然要求设计师从总体形态到最微妙、最细小甚至看不见的细节进行项目设计。卒姆托设计的圣本尼迪克教堂（St. Benedict Chapel）位于瑞士农村，倚着山坡而建，是仅有一个房间的木质船形建筑（见图 3-9），在决定其形状、结构衔接、材料时，考虑了用户的视觉、听觉、触觉体验的质量。他指出，在教堂的底层地板上横铺了一层云杉木板，形成一个小小的曲度，这样人们走在地板上就会吱嘎作响，给人一种身处非常古老的建筑内的体验。他解释说："建筑内部就像大型乐器一样，收集声音将之放大，传送到别的地方……拿一块就像小提琴顶部一样精美的云杉木板，横铺在木材上。当然，本来也可以像其他地方一样，把它钉到水泥板上。你能注意到声音的差别吗？"[8]

这座小小的教堂，游览一次就很难忘记。途中有一处高山风景，那种极致的自然美几乎让我们不得不承认，自然从来不需要我们，也永远不会需要我们。我们沿着一条土路走到卧在山坡的小村庄，进入教堂。它以微妙的方式记录着我们的存在。我们踏出的每一步都告诉我们，我们的身体在这个空间里的最新位置。游客可能永远意

图3-9
考虑了人们如何看、听、触、动的设计：瑞士苏姆维特格，圣本尼迪克教堂（彼得·卒姆托）

识不到这样的细节。但是我们沉重的脚步声在四周的寂静里一再向自己保证，我们在那里，而不是别的什么地方；让我们意识到，我们正在通过自身的存在去改变这个地方。

瑞士出生长大、定居法国的建筑师勒·柯布西耶（Le Corbusier），在位于法国朗香的惊艳的朝圣教堂山顶圣母礼拜堂（Notre-Dame du Haut，见图 3-10），谱写了一首风格不同，但同样具有震撼力的身体与建筑的协奏曲。整个教堂就是一件混凝土雕塑作品，它的里面像个洞穴，光线阴暗，窗户看起来像是在带有纹理的厚墙壁上徒手挖出的孔洞。孔洞上镶着五颜六色的釉面玻璃，光线透进来，内部像是可以住人的房间，正在邀请我们爬上去。同时向我们保证，它们作为坚固的堡垒，将向我们展现外部世界的美丽，同时庇护我们免受外部世界的危险和苦难。

上述卒姆托的项目和勒·柯布西耶的项目，都在考虑人类认知具身性的基础上，设计得如此精美。但人们的大多数栖息之地并非如此。想想泛滥成灾的人造表面，从购物中心的丝绸植物，到零售柜台的塑料“木纹”饰面，再到建筑立面的“仿砖石”玻璃纤维。所有这些贫乏的设计选择都模仿出了相关材料的肤浅外观，但没有相关材料的密度、纹理、气味，模仿不出相关材料感应环境温度和反应周围气流或声波的方式。因为眼睛看到的要早于鼻子闻到的，也早于手和脚碰到的，因此设计师错误地希望这些低劣的仿造品能够哄骗我们去产生在想起与正品接触时会产生的积极情绪。但是我们的身体没有那么容易上当。因为误解了人类环境体验的复杂性，所以这样的诡计注定失败，并不能引发我们的多感官想象。现在我们要忍受无数的仿造表面，这些仿造表面不能激发我们的感官侏儒与之感

图3-10
考虑了人们如何观看、想象、感受的设计：法国朗香，山顶圣母礼拜堂（勒·柯布西耶）

应，因为我们即使不是有意识地，也会无意识地凭直觉知道它们是缺乏质感、毫无生气的仿造品。大多数时候，只有真实的纹理和表面才不会让人们觉得贫乏，才会引起人们的共鸣。

为了更加全面地了解我们的身体如何塑造我们的思维内容和方式，我们下面结合功能、形态、意图各不相同的三个建筑更深入地考察这一点。这三个建筑分别是：芝加哥的一个标志性公共雕塑、比利时安特卫普的一个历史博物馆、法国亚眠的一个哥特式大教堂。三个建筑的设计者均遵循并利用人类具身原则和特征来达到多个迥异目的。这些设计者，没有哪位深入了解过具身认知这门新学科，但是都以这种或那种方式坚定地相信且生动地展现了阿尔托观察到、卒姆托证实了的一个事实：有时候，人类直觉可以令人惊讶地“极其理性”。[9]

身体被激活：芝加哥的云门

2006 年，密歇根湖的湖岸线与芝加哥市中心天际线之间的千禧公园（Millennium Park）竖起了一个著名雕塑。[10] 该雕塑重 110 吨，由安尼施·卡普尔（Anish Kapoor）设计，大名“云门”（Cloud Gate，见图 3-11），昵称“那颗豆子”（The Bean）。游客走到密歇根大街，穿过黄杨绿篱，进入一个长方形庭院，看见一个巨大的、抽象的、弯曲的、镜面的不锈钢雕塑，那就是云门。我们的本体感觉（它帮助我们确定身体在空间中的位置）和视觉活跃起来，被这团 66 英尺 ×33 英尺、大体上呈椭圆形的反光物体吸引住了。进入那个庭院之前，我们会主要去注意公园入口、道路、行人：这是因为人类视线主要集中在稍微高于以眼睛的位置为顶点向下延伸至地面的这个锥形内。[11] 现在景观当中这个奇特的物体，其巨大的体型、诱人的镜面、柔和的曲面，抬升起了我们的视线。我们不由抬头看向天空。正如我们仅仅拉扯嘴角摆出微笑的表情（不管实际上我们的心情如何），就能感到开心、引发真正的微笑一样，抬头仰视这个动作，会激活与这样的身体姿势相联系的内化隐喻图式。尽管云门相对周围高楼来说体积较小，但是它把“重要即大”这一隐喻表现得如此有效，以至于我们有意无意地觉得这一沉默的雕塑必有特别之处。我们沿着一条轴线走近云门，看到云门的内凹镜面呈现出的芝加哥

图3-11
芝加哥千禧公园，云门（“那颗豆子”，安尼施·卡普尔）

市容，远远超过我们的肉眼所见。

云门不可思议地给人自相矛盾的印象。它出其不意地拿下我们，使我们瞬间失去力量，自愿缴械投降。然而与此同时，它增强了我们的力量感，因为它依赖我们的参与来创造有永恒议论价值的景象。我们大大小小的动作、我们这样那样地扫视，所有这一切都会改变我们在云门表面看到的景象。云门就这样有效地营造出无力感（我们瞬间被这个不同寻常的物体俘获）和力量感（我们能够改变自己和其他游客的观看内容和方式）并存的矛盾结果。

在城市中漫步，我们大多数时候以自我中心视角体验我们的身体。云门灵动、慵懒的曲线吸引了我们，还记得人们趋向曲面并赋予曲面积极含义吗？它抓住我们注意力的方式是，制造谜题让我们去解决。它柔和的曲线类似于身体的曲线，因此它带有很多机械加工痕迹的表面让人联想到有生命的东西。它的表面映照出我们自己身体和我们周围之人身体的样子。矛盾的是，尽管镜子通常是用来私下观察异我中心的自我，也就是自己的身体在别人眼中是什么样子的工具，但是云门把照镜子这件私下做的事情，变成了在公开场合群体参与的事情。由于所有这些原因，云门引发了一种不可言喻但非常强烈的越轨的兴奋感。它邀请，实际上强迫我们既公开地又私下地，既以异我中心视角又以自我中心视角去观看我们的身体。云门打出一束强光，照亮我们对我们身体的形状（在云门的映照下发生夸张的变化）以及我们身体与周围环境（我们一般将它体验为直边的、静止的、通常是隐性的城市）的关系的潜藏期望。我们每做出一个动作、每挪动一步，我们的身体、其他游客的身体、芝加哥的天际线都会改变形状。我们相当于既主办又参加了一场有趣的视觉盛宴，创造并观看了我们从未见过的景象。

看云门，可以看出很多有关身体 - 心理 - 环境关系的东西。在云门的镜面上，我们看着自己扭曲得令人心痒的异我中心身体，也就是我们的身体在别人眼中是什么样子。扭曲使我们意识到异我中心身体与自我中心身体之间的不一致：当我们的脑袋被照得那么大，而我们的躯干被照得那么小，我们意识到自我中心身体图式对身体各部位赋予了什么样的相对重要性。随着时间的推移，我们把自己和他人身体的这一连串严重扭曲的形象拼凑到一起，建构出一种发人深省、有趣好笑的体验，然后永久地珍藏在心底。

人们经常把身体比作自我的容器，从这个比喻引申开来就得到一个理念：人们活在身体“里面”，而身体被“外面”的他人和物体包围着。在云门，我们和他人既是里面的又是外面的。我们、我们看到的人，以及这个经过机械加过的、不断变换景象的雕塑，都是由空间里有着柔和曲线的物体的形态演变来的，它们看起来生机勃勃。大多数时候，我们的自我把我们的身体，理解成我们身份的一个稳定组成部分。云门通过上面曾显现过又褪去了的我们自己和他人的无数个扭曲的、瞬时的、滑稽的形象，揭示了假设的身体与自我统一性。

云门的中心主题之一涉及的与其说是身体与自我的关系，不如说是人体与周围景观的关系。正如马萨乔的亚当和夏娃不同于认知科学家的侏儒一样，我们的身体在我们心目中的样子，随着我们想象或体验这一点时所处外部空间的变化而变化。我们知道，从异我中心视角来看，人体不过是动物、蔬菜、矿物等许多物体中的一种物体。所有这些物体占据的空间，可以用理论上可识别的坐标描绘出来。

然而这些还是没有回答以下问题：我们如何在身体空间里体验世界的各种景观和空间？从自我中心身体空间看，世界更像是由各种迥异的刺激组成的不断变化的蒙太奇。生活空间是由各种机会组成的三维和四维的嘉年华，一些时机促使我们把注意力投向这里而不是那里，把焦点放在这里而不是那里，做出这样而不是那样的行为。在自己的身体里，我们不是把各种物体和空间体验成三维地图上的点坐标，而是动态、交互地体验各种物体和空间。

民间的人类认知模型会把人们理解周围环境的过程描绘为依次发生的过程：首先是“外面”的环境知觉；其次，当环境刺激到达感觉系统，就进行到“里面”的认知和诠释；最后结果是“外面”的行动。

然而事实证明，“外面”与“里面”不是简单的递进关系，而是复杂的交织和递归关系。心理学研究和神经生理学证据、各种脑成像研究都表明，感官知觉与认知的界限、与运动活动的界限并不明确，甚至也许并不存在。所以你琢磨某件事情的时候，一切好像都是心理活动。但是你的具身心理已与物理环境感应了，正在静静地考虑它将会在“外面”做什么，并制订行动计划。

似乎心中没目标就不能思考。一位杰出神经科学家写道：我们不该把大脑看作思考机器，而是应该认为大脑“本质上是个行动器官”。[12] 另一杰出神经科学家认为，感觉认知“基本上”是对世界上事物的“隐性反应准备”。这意味着，无论是否认识到这一点，人们往往通过选择性地关注给定空间、物体或结构提供的机会来体验建成环境。生态心理学创始人詹姆斯·吉布森（James J. Gibson）在 20 世纪 70 年代创造了一个有用的概念，来表达人们实际上如何体验自己栖息的环境：他把人们对这些机会的认知理解称为功能可供点。吉布森的功能可供点概念，说的是物体的属性或环境的特征在暗示我们如何使用物体或环境。门口显然要求我们穿过它。几乎就像空间、物体或结构上面有张嘴在跟我们说话，示意我们可以如何与之感应。[13] 我们体验大多数建筑、街景、景观的方式从根本上讲是具身的，更多地取决于我们如何理解它的功能可供点，而不是它的异我中心空间或形态构造。

建筑师做设计，经常特别看重“空间”。在他们的概念里，“空间”是一个抽象的东西、一个几何上同质的虚体，其中的物体按可识别的坐标放置。还记得瓦尔特·格罗皮乌斯在斯图加特白院聚落建筑展上的参展作品是如何设计的吗？但当人们遇到建成环境所含的虚实体时，十有八九并不把注意力投向空间本身。人们无意识留下印象的、有意识选择关注的，是一个地方的功能可供点提供的体验机会。以楼梯为例。从功能可供点角度来看，楼梯的关键点是我的腿长与立板高度和横板宽度的比例（见图 3-12）。即使是连构造最优雅的楼梯，我也不能仅将其看成一个抽象的东西；我必然还会考虑它会让我采取什么行动，无论是实际的还是想象的。任何空间都含有多个功能可供点，那么我们栖息的环境就并非是无声的、同质的虚体：它们是充满活力的生活背景，满是想象的和实际的行动者在活动，也就是说，它们是我们生活的活动背景。

与我们对事物的内在感受相反的是，我们从不整体地也不被动地体验建成环境。我们不可能停下手中的事情去专门体验建成环境。实际上，我们一边评估建成环境各个组成部分对我们的有用性，一边要么在行动，要么正在设定目标准备行动，即使我们的“行动”只是观察。[14] 这意味着尽管我们没有意识到，但是我们在主动地体验建成环境，许多感官和运动系统参与其中，换句话说，我们体验建成环境的方式既多感官又跨通道。例如，为了理解云门呈现的景象，我们一边主动地与之感应，一边思索它就我们在身体、在城市、在世界的位置给了我们什么启示。

并非建成环境里的一切东西都对我们有启动作用，能激活我们的许多感官和运动系统。[15] 如果建成环境里的一切东西都对我们有启动作用，那么我们将永远处于认知的超负荷状态。在刺激的不断轰炸下，我们的大脑会无意识地选择注意什么刺激。选择原则是它在多年帮助我们摸索世界的过程中形成的。第一条标准决定一个元素与我们身体的可接近性，这有助于我们决定如何与之互动或感应，无论这

种互动或感应是想象的还是实际的。第二条标准评估某个元素对我们目标和知觉的有用性。最后一条也许也是最重要的标准，评估一个元素值不值得注意。环境里的一个特征，当且仅当被我们注意之时，才会激活我们的感觉认知系统和运动认知系统。栖息并摸索建成环境时，我们会依靠知觉到的可接近性、知觉到的有用性、评估出的注意值这三个因素来区分我们愿意感应的东西与我们不愿、不会、不能感应的东西。

因为认知的具身性质，也因为人类几乎总在不断设定新的目标，所以建成环境绝不是静止的、惰性的。[16] 我们永远地、动态地、主动地与周围的地方、空间、物体感应：我们一直在用我们的整个身体，用我们的自我中心和异我中心心理定势，用我们的所有感官与建筑、公园、有或没有雕塑的广场、街道建立关系。在那场感应之舞中，我们最关注落在我们近体空间（peripersonal space）内的元素。不同于客观的度量空间，近体空间是我们建构出的一个以我们的身体为中心、以我们实际或想象够得着的最远处为边界的空间。在这个范围之外的，就是远体空间（extrapersonal space）。我们的生活事件主要在近体空间而非度量空间展开。我们是相对于对自己身体的理解，来判断落在我们近体空间内的建成环境元素的。所以，当窗户的宽度超过了我们的双臂伸展长度，就会给人宽广的感觉；门的高度远远超出我们站立着伸手够得着的高度，就会给人宏伟的感觉。

图3-12
楼梯是用来上下的：巴西利亚，伊塔马拉蒂宫（Itamaraty Palace，奥斯卡·尼迈耶）

云门之所以如此迷人，原因之一在于它抹去了近体空间与远体空间之间的界限。卡普尔的雕塑就像变魔术一样，把芝加哥的天际线引入我们的近体空间，从而擦掉了所述边界，而我们以前甚至都没意识到我们生活在所述边界内。我们在千禧公园漫步时，通常会把很多注意力投向周围的功能可供点——长凳，我们打算在那儿坐着吃午餐；公园另一边的小路通向芝加哥艺术学院。进入云门的范围，我们的体验会发生变化，因为这个雕塑让我们的身体空间、我们身体周围的空间，以及世界的空间既趋同又扭曲。处于我们身体的我们，连同芝加哥整条可见的天际线，成为近体空间：一个活力满满、激发想象、引起各种陌生认知的三维世界。就这样，通过转变我们与周围环境的空间关系，云门把天际线和陌生人全部聚到我们的近体空间中，让他们全部成为我们建构自我的工具。

但是，希望把一个地方设计得能够增强我们的具身意识，不一定非得用镜子这个手段。[17] 总部位于日本的 SANAA 建筑事务所在俄亥俄州托莱多市设计托莱多艺术博物馆（Toledo Museum of Art）的玻璃展馆（Glass Pavilion，见图 3-13）时，用从地板直到天花板的玻璃曲面墙把各个空间包了起来，目的是以各种方式表明、模糊和反映走廊、展区、辅助区以及其他墙体之间的物理界限，同时保持视野不受遮挡。出生于日本的艺术家荒川修作（Shusaku Arakawa）与妻子马德琳·金斯（Madeline Gins）在他们自己位于纽约长岛的长寿之家（Bioscleave House，见图 3-14）中，以类似方式抹去了近体空间与远体空间之间的界限。倾斜的、色彩明亮的、带有游乐场般纹理的混凝土地板，迫使住在里面的人不断调整身体姿势以恢复或保持平衡。这栋房子使我们更加意识到，我们的身体是空间里的平面物体，以激活我们的本体感觉运动系统和肌肉感觉运动系统，然后把我们身体周围的物体压入我们的近体空间。

上，图3-13
俄亥俄州托莱多市，托莱多艺术博物馆的玻璃展馆（妹岛和世/SANAA建筑事务所）

下，图3-14
挑战人的本体感觉：纽约长岛，长寿之家（荒川修作）

多感官体验：
安特卫普溪流博物馆

卡普尔是把云门作为公共雕塑和城市景观设计的。美术的显性意图多半是打造令人感动的、难忘的体验。建筑也是这样。建筑不会让我们毫无触动：不对我们产生积极影响，就很有可能对我们产生消极影响。比利时安特卫普的溪流博物馆［Museum at the Stream，以下简称MAS，另称aan de Stroom，由威廉·简·纽特林（Willem Jan Neutelings）和米歇尔·李迪克（Michiel Riedijk）设计，见图3-15］和法国亚眠大教堂（Cathedral of Notre-Dame）各自说明了一种利用人类感官能力来把公共建筑等更大、更复杂的项目打造得充满活力、丰富多彩的方式。在这两个例子里，建筑师都利用了具体的构造元素和细节来增强感觉认知体验，进而推动建筑物以功能为载体，来讲述故事的发展。

MAS是个由红砂岩和玻璃围合而成的9层多高的博物馆，专门用于展现安特卫普的灿烂航海史：17世纪时，该市的港口成为国际经济的支点。人们通常看到的MAS照片，拍的是它引人注目的滨水一面。MAS位于安特卫普市中心最近重新开发的一个地段，这个地段大多是用拉毛粉刷法粉刷的低矮建筑，而MAS就高高耸立于这群建筑之中。一道长而低的砂岩面单层筑堤构成了博物馆的观景平台；里面设有咖啡馆和礼品店，从它们的巨大天窗中，能够动态地、倾斜地观察到隔壁的博物馆。

沿恰当的路线走近博物馆，可以看到印有大段波纹的玻璃通道，它们一边呼应溪水的流动，一边引入博物馆的航海主题。这些灵动的

图3-15
比利时安特卫普，溪流博物馆（纽特林和李迪克）

通道还让人联想到厚重的窗帘，就像舞台上悬挂的那种（见图3-16）。水、戏剧性和港口：这些像是不断发展的旋律的和弦，引发了我们的好奇心。我们正在见证一场表演，无论是否已经有意识地想到了。三排波纹玻璃与四个红砂岩面箱子交错排列；箱子不透明，像堡垒一样保护着博物馆的藏品。这些砂岩箱子的不规则形状给人以旋转上升的印象，增强了玻璃面因反射而仿佛在摇曳，从而营造出来的动态感。

左，图3-16
窗帘：安特卫普溪流博物馆

右，图3-17
安特卫普溪流博物馆外部带有手形螺栓的手工打造砂岩饰面

MAS 显得非常神秘：它致密而又轻盈，厚实而又通透，静静矗立而又螺旋上升。这些玻璃－砂岩立面的箱子里面可能会有什么？为了解答这个问题，我们调用了提到过的体验数据库。容器，包括有着明确边界的建筑，一般都划分了不同类别的功能，就像玻璃杯是装水的容器，纸板箱是装货的容器。这个“类别是容器”图式，被我们从日常体验，引申到建成环境中，而且还在继续引申：就像在建筑里一样，与人恋爱是“在一段关系里”——这种关系有着明确边界，里面装的是两个相爱的人，就像玻璃杯装水、博物馆装藏品一样。[18] 除此之外，MAS 呈现了玻璃和砂岩这两种不同材质的容器，所以我们推断玻璃区是一个功能，砂岩区是另外一个功能。这些容器在一栋建筑里交错排列，我们就会假设它们各自的功能是相关的。通过建筑展现给我们的各种主题（水、戏剧性、港口），让我们对建筑的初步勘察收获颇多。

同时，其他具身、多感官的隐喻已在发挥作用。[19] 窗户是透明平面，你可以像透过清水一样透过玻璃看清东西。窗户通常不会荡漾波纹，但是 MAS 的窗户用荡漾的波纹让人感受时光的流逝，以及习习微风和舞动的光线变化。还有，一般情况下，风可以吹动布帘，但无法撼动玻璃；但是这里，玻璃看起来就像随风摇曳的布帘。所有这些都在影射具身体验，表达出对随着时间流逝而变化的触觉、听觉和视觉感受。而且，因为它们激活了我们与建筑进行身体感应时的运动感，所以它们也是通感的。我们知道，隐喻促使我们在心理上想象，或在感觉运动上模拟我们和它们所指代的世界进行互动的具体情境。纽特林和李迪克的设计让人想到许多具身隐喻，所有这些隐喻都引起并强化了我们与 MAS 之间无意识的身体感应。

明显的触感是我们从MAS得到的难忘印象。人类的触感包括多个维度，比如纹理、韧度、温度、密度和振动；MAS的设计涉及了其中的大部分维度。设计师好像打算在三个维度上去实现我们的视觉系统与触感间的相互依赖，以及我们各种感官能力与运动系统的牵绊。这个建筑一直在邀请我们去触摸它或想象着触摸它。它以多种方式发出了邀请：通过视觉线索、材料选择、材料制备、尺寸管理、饰品布置。纽特林和李迪克选择的艳红砂岩，具有视觉的深度和复杂性，给人复古的感觉。建筑师还规定石块的制备或加工必须用手工方式，以此放大砂岩的触觉魅力。因此，石材饰面保留了不规则形状，还带着人工打磨痕迹，让通道如此有质感，以至于看一眼就能激发触觉想象。而且这些通过视觉暗示的东西被尺寸强化了，因为伸出手臂就能丈量每个石块的尺寸。纽特林和李迪克还将施工细节变成了饰品，去进一步强化这些触觉联想。每三个手工打造的石块当中就有一个被金属螺栓固定在墙面上，螺栓被雕刻成手的形状（见图3-17），象征着这座城市的历史。

这些手形螺栓引发的一连串触觉联想，能够突出博物馆的重要主题：这座城市是用手建的，那块石头是用手切的，切出的石块是用手安装的，最后手形螺栓代替真正的手固定住了石块。这栋建筑是用手造的，建筑里面的东西是手工打造的。在MAS面前，我们不禁感到：通过设计，MAS让我们进入一种与建筑和所呈现的物体之间的、深入感应的体验状态。

站在MAS前的广场，你几乎一定会把握它的触觉属性。虽然我们认为触觉不过是一种感觉，但是触觉系统包括了许多不同但相关的感官，这些感官收集的信息整合成某种认知。当你的手拂过MAS的粗糙石头表面或者触摸它那光滑的银“手”，你的肌肉和关节会感觉到石头和手的密度、重量和振动。你的皮肤会记下石头的粗糙表面和银雕的光滑和温暖，激活我们过去体验的带有纹理的石头和金属时的记忆。仅仅看到 MAS 粗粗切割的石块，我们就会回忆起皮肤感应到这样的表面是什么感觉——它的纹理、它可能的温度、它的密度或孔隙度。

在日常体验中，视觉和触觉很明显是互通的，有无数习惯用语为证。一个人软弱，就说这个人好“拿捏”；快实现目标了，就说快“够着了”；追到了男友，就说“拿下了”他。无论我们是否知道，看起来很有质感的东西会有一种神奇的力量，因为它们能够促使我们在心理上想象或模拟对那些表面做出的一些实际反应。我们的知觉系统存在着大量的多感官协作，其中触觉认知和视觉认知的协作关系尤其稳固。[20] 脑部扫描告诉我们，触觉感受会刺激视觉皮层区和听觉皮层区，视觉感受会刺激听觉皮层区和体感皮层区。

这只是普通人和设计师能够从认知革命中了解到的许多事实之一：表面，或者说材料，深刻地影响着我们对建成环境的无意识和有意识的认识。这个事实的启示之一是，任何表面，如果不能增强我们对它的体验，就会减弱我们对它的体验。触觉印象涉及我们自己或实际或想象的动作（例如手拂过墙面），所以能引发我们全身心地与环境进行感应的感受。其中一个很大的原因是，相对于所看到的，我们往往更能控制所触到的。

视觉仍然是人类感觉认知系统中无可争议的王者。大脑对视觉信息投入的加工能力，几乎相当于对所有其他感觉信息投入的加工能力之和。然而对 MAS 的体验表明，没有其他感官以及联想式图式、隐喻等记忆的帮助，我们的眼睛永远接收不到来自世界的信息。纽特林和李迪克的设计有一个前提：在建筑体验里，视觉刺激也会激活感觉运动系统，去专门负责触觉的部分。建筑师诱使我们全身心地与 MAS 感应，方式就是通过各种设计手法引发我们对整个建筑的无意识反应，以及对博物馆展品（纪念安特卫普曾经作为海上贸易仲裁地和结算地的国际地位）的无意识反应。

感知神灵的存在：亚眠大教堂的感觉交响曲

石匠大师们在建造迄今为止已经 800 多年的亚眠大教堂时，相比营造一个明显的具身临场感，更关心任何一个人进入教堂以后的感受。他们巧妙地操纵了我们的本体感觉和听觉的找路能力，从而建成了 13 世纪法国哥特式建筑当中最精美，也是保存完好，还是这类建筑当中最大的一座。同时强化了亚眠大教堂给人的壮观甚至非凡的印象——这是上帝的居所。

花不到 10 分钟时间穿过一个城市广场，就来到了亚眠大教堂（见图 3-18），这座世界上给人最妙体验的建筑之一。它西侧塔楼的立面，用冰凉的蓝灰色石材建成，向天空伸展了 358 英尺之高，让处于你身体之中的你，觉得自己很渺小；你会本能地后退几步，希望拉开距离，让这栋高大的建筑稍微显得小一点儿，以便更好地欣赏它的全貌。带有雕纹的立面在光与影的交织下就像一面挂毯，挂毯上是栩栩如生的尖顶、怪兽、三叶草、四瓣花、添加的装饰性小圆柱，上面还站着几组熟悉的圣人，慈祥地注视着游客和祷告者。紧紧相连的三道尖形拱门在水平方向和垂直方向上把高大的立面组织起来，由立面引入的“三位一体”的

图3-18
法国亚眠大教堂

图3-19
亚眠大教堂正门

主题继续延续在建筑的平面上。立面底层的这三个门的构造，正好对应内部空间的布局：中间的门进去就是中殿，旁边的门进去就是侧廊。密密麻麻的圣人雕像以及夹杂其中的叶饰柱头，让从高大的立面到相对矮小的入口门洞在尺寸上的过渡显得不那么突然。这时入口的门洞在召唤我们进入（见图 3-19）。

一进去，我们就看到一个威严而宽敞的大厅，那是教堂的中殿。中

殿广阔、阴暗，寂静无声，有着几百年历史的黄绿色木质长椅散发着古色古香的气息，光线从上方流淌下来（自中世纪起，大教堂就用彩色玻璃，直到第二次世界战时被炸弹震碎，才换上了无色透明玻璃；用彩色玻璃时，大教堂光线更暗）。七对巨大的柱状墩台（见图 3-20），一根接一根地把我们的视线引向一小段永恒时空，把我们的脚步带向高耸的耳堂。一簇簇手臂般粗细的小圆柱放大了柱子的直径。寒冷啃啮着你的肌肤：因为供热太贵，所以大教堂终年寒冷，在气温降到零下的冬日，你可以看到自己呼出的气体。当我们想弄清这个地方到底有多大时，中殿的巨大规模和小圆柱的垂直线必让我们仰头看向弯弯的拱顶和高高的天花板。一条笔直的轴把我们的视线和脚步引向前方的耳堂，但是中殿看起来太过宏伟，我们就选择走向了较小的侧廊。我们放慢脚步穿过侧廊，偶尔凝视一下路旁的雕像和点着的蜡烛，之后来到十字交叉处（见图 3-21）和唱经楼。

想象你走近，然后进入亚眠大教堂，在里面四处走动，但这次重点放在声音上。随着你步行穿过大教堂广场，耳中就浮现了亚眠，这个中等大小（面积约 2465 平方米）法国城市的声音景观，其中有垃圾收集工的嚷嚷声，金属格栅箱的咣当声，及其未熄火卡车的发动机嗡嗡声，还有其他司机按喇叭的声音，以及小心翼翼骑自行车的人摇铃铛的声音。到达大教堂正门后你进入了教堂；大教堂正门在你身后一关上，前述所有声音就都消失了。你抵达了教堂，置身于一个宽敞而透风的大厅，它的石头表面反射着游弋脚步的窸窸窣窣声。

你对亚眠大教堂的体验，乃至你对建成环境每个地方的体验，不仅包括你所见到的，而且包括你所听到的，因为人类对声音非常敏感。[21]我们能把纸张的沙沙声与树叶的沙沙声区分开来。我们能把摩挲声

左，图3-20
亚眠大教堂内部，看向中殿深处

右，图3-21
亚眠大教堂内部：站在十字交叉处向上看

与摩擦声区分开来，能把刮擦声与搔抓声区分开来。貌似无限的声音世界，其实是由有限几个可以界定的声音要素组合而成的，这几个要素是：音强，指声音的强弱，声波的振幅大小；音高，指声音的高低，声波的频率；音色，音质或音品，指声音的特色和本质，取决于声波的含量；音长，指声音的长短，发音体的振动时间。而且声音在大部分情况下是交织着出现的，所以韵律和变化通常是声音本身的核心特征。

亚眠大教堂创造了极其非凡的声音景观。[22] 在像亚眠大教堂那样大的内部空间里，声音会萦绕；我们确实在亚眠大教堂体验到声音过很久才消退的那种感觉，跟在平常的开阔区域差不多。但与开阔区域不同的是，在亚眠大教堂，回廊、中殿、侧堂、耳堂的一个个或规则或不规则的内表面，能以多种多样的方式吸收、反射、传播声音。建筑的材料（砖石和玻璃）反射的声音远远多过吸收的声音。大片大片主要由声音反射材料包围的区域，营造出亚眠大教堂的独特声音景观，因为在这样的空间中，声音回荡的时间格外长，约为 6 ~ 10 秒。结果就如声学家所说的“声音无处不在”，即声音长时间回荡导致好像到处都在发出声音，根本搞不清楚声音来自哪里。

我们在这些广阔空间中获得的声音体验无处不在，不同于任何其他在建成环境获得的听觉体验。因为耳朵分布在脑袋两侧，声波达到两只耳朵的时间和强度稍微有所不同。就像双眼视差有助于深度知觉一样，双耳听差有助于我们辨别位置，即根据声音判断声源在空间里相对我们身体的位置。我们结合听声辨位能力与本体感觉在心理上评估环境，识别那些可能意味着危险的动静。我们在亚眠大教堂的体验不仅独特，而且伴着一种隐隐的不安感，因为我们所在的高高中殿指出了每个方向的基准线，但我们没法确定听到的各种声音：人们的脚步声、游览指南翻页的沙沙声、唱诗乐悦耳的音调……这些都来自哪里？我们身在教堂，在逻辑上知道自己是安全的。但是，亚眠大教堂内部无处不在的声音景观迫使我们放弃一些控制力，把它交给比我们强大的某种模糊不清的存在——换句话说，某种类似于神灵的存在。[23]

在人们的概念里，时间经常与具身空间体验联系在一起，比如，把人生比作一段旅程，把生活当中的不愉快比作黑暗的时刻。空间越小，好像时间过得越快；对比之下，空间越大，时间过得越慢。由于亚眠大教堂的广阔和独特，由于它宏大的声音景观，所以进入它时，就像把你自己交付给某种域外时空，那个域外时空让你充满敬畏感，这种敬畏感让你超脱俗世纷扰乃至心中执念，让你集中去思考你与全人类存在的共性。[24] 正因如此，在像亚眠大教堂那样的地方待上半小时，就像过了充实的一天，甚至这一天还有可能转变我们的一生。

在人类体验里，设计很重要。我们惊叹于云门转变我们相对于芝加哥市容的自我感受，惊叹于MAS以戏剧手法让我们体会到世事变迁，惊叹于像亚眠这样非常敞亮透风的大教堂竟能让人产生遐想和超脱感。第一次遇到这些壮丽的建筑，我们主要从视觉上把它们理解为空间里的物体。但是随着时间的推移，经过很短一段时间，我们就会通过各种感官、通过感觉系统与运动系统的协作，通过我们身处其中时得到和带走的隐喻和记忆来体验它们。

通过设计，云门、MAS、亚眠大教堂均利用并操纵了多个方面的具身认知来打造独特的体验和场所。它们具有提神作用，让我们觉得更有活力，看到新的可能性并与他人建立联系。好的建筑和景观不仅构成而且拓展了我们的视野，邀请去我们认识和思考还可以用哪些方式来体验建筑以及建成环境所表达的东西。

04 .

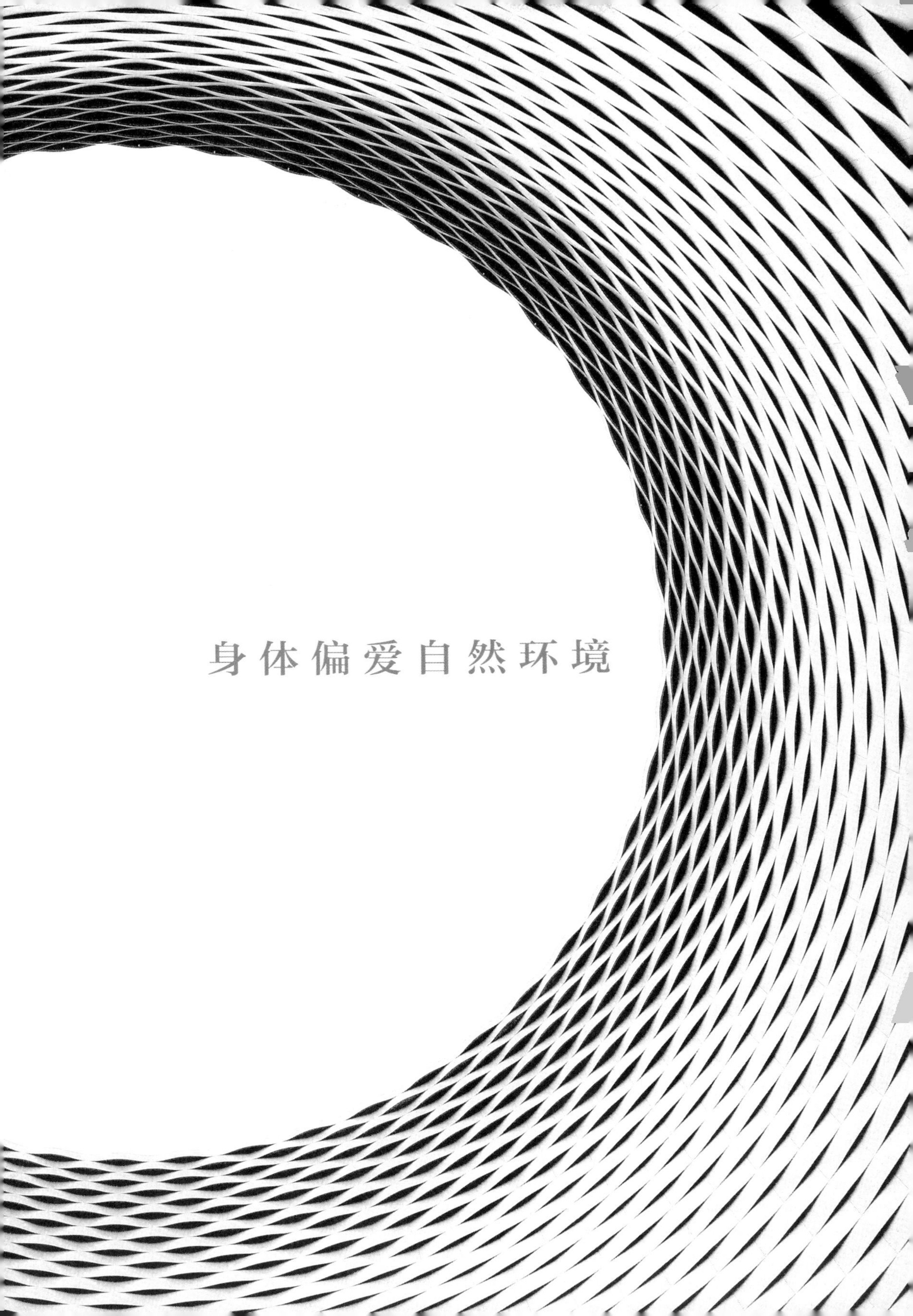

身体偏爱自然环境

第4章
身体偏爱自然环境

别担心，月亮都会升起，

无论你去到哪里。它依然会存在，

距离那片土地特有的红谷仓和糠穗草几英里的地方。

——玛丽·乔·邦（Mary Jo Bang），
How to Leave a Prairie

天空是紧系的防水布：

没有办法从中爬出来。

连你也被种植在这里，

我们都无从选择……

——罗桑娜·沃伦（Rosanna Warren），
A Cypress

多年前，我在印度半岛游历了三个月。从孟加拉国达卡开始，我被人推搡着挤进了火车的三等座车厢，又千辛万苦地挤进涂着鲜艳颜色的公共汽车，蜿蜒曲折地穿过印度北部，从东海岸的加尔各答到西海岸的孟买，又继续向北绕了一段路，在尼泊尔短暂停留。那几个月以无数或说得清或说不清的经历，改变了我和我的人生。其中一段经历，我一个月就会回想好几次。

一天早上，一辆公共汽车把我放在了德里。那个古老城市拥挤不堪、支离破碎的街道和建筑，深深刻入了我的人生和记忆中——热、脏、五颜六色，到处都是公共汽车和轿车的喇叭声、自行车的铃铛声、大人的嚷嚷声、孩子的哭泣声或欢笑声。那酷热的一天，我时而坐人力车，时而步行穿过布满灰尘的街道和肮脏不堪的小巷，正好在日落时分来到一个打理得当的公园——洛迪公园（Lodhi Gardens），看到了一大片宁静的绿地。此时，我的身体瞬间放松：我逃出来了，逃出了一连数月的重重压力，而这种压力感，我当时竟然没有意识到。[1] 进入花园爬上一个小山坡，我停了下来，因为我遇到了一处遗迹，它是一栋结实的石头建筑，就像一个气势汹汹的大汉。

它就是穆罕默德·沙·赛义德（Mohammed Shah Sayyid）的八边形陵墓（见图4-1），建于1445年，像康和蒂恩的特伦顿澡堂一样：通过罕见的建筑布局构造做到了既矮小又高大。大致类似于早期的罗马式洗礼堂，粗重而倾斜的墩台支撑着八个角，夸大了朴实无华的砖石结构平面的重量。倾斜的墙壁、压缩的比例、不透明的表面使得穆罕默德·沙·赛义德的陵墓看起来好像是从地里突然喷薄而出的。它沉着、镇定、蓄势待发。

当时没法拍照，太暗了，太阳几乎完全落山了。为了寻找光明，我抬头注视天空中与月亮一起在闪耀的、北斗七星勺柄的那颗星星。就在那一刻，我回想起小时候站在半个世界之外一片十分开阔的区域，也就是美国佛蒙特州中部的我家农场，进行探索的情景。看着日落月升，数着北斗七星勺柄的一颗、两颗、三颗星星。现在，我在这里，在印度一路走来。站在开阔的绿色平原，看着日落月升，数着一颗、两颗、三颗星星。

无论住在哪里，无论活在何时，我都怀疑，人们都看着这轮明月，一直在寻找光明。我们踏上柔软的绿色地平线，感受身心的放松，感受绿色茎管（green fuse）[①]催动的力量。面对陵墓的斜墙，见证这个可被观察到的地球自然引力的表现，见证重力拉着我们向下、向下、向下，直到回到地球表面。

当代世界，越来越多的人栖息在越来越密集且主要是人工打造的建

① 作者此处应该是借用了狄兰·托马斯（Dylan Thomas）的诗句，“通过绿色茎管催动花朵的力量”（The force that through the green fuse drives the flower）。——译者注

图4-1
印度德里，洛迪公园中穆罕默德·沙·赛义德的陵墓

成环境中，顾名思义，也越来越远离自然世界。人类疏远自然，只不过是一个古老建造行为的延续，而这个建造过程最初的核心目的，与其说是发展经济和独立自强，不如说是生存。自然界很少有安全、耐用、现成的遮风挡雨之地，人类只能自己建造。随着遮风挡雨之地建得越来越多，形成聚居点，更持久的政治、社会、文化机构出现了，这又需要更多的建设。最终，聚居点变得大到需要基础设施，于是人类建设得更多了，大楼、沟渠、桥梁、卫生系统，都是为了支持人们在建成环境的生活。无论哪个地方、哪个时代，随着财政手段与技术发展的结合，高速公路、地铁、公园、停车场、超市、发电厂都会一个接一个地出现。

人类的历史就是建设的历史，人类永远在建设，用来满足实际或者想象出来的需求。人造环境能够实现自然不能实现的功能、提供自然不能提供的便利，所以我们倾向于把人造环境视作自然的对立面，就像花园里的机器，傲然面对自然力的凶猛和无常。但是，自然实际上塑造了人们体验建成环境的方式。脸上两只眼睛，身体一边一只胳膊，两腿站在地上，肩膀上顶着一个脑袋，这样的人类的身体是在几十万年间，通过适应自然的形态和节律，通过成功应对自然的挑战、抓住自然的机会，通过在自然的遮风挡雨之地寻找安全，在自然的广袤无垠之地寻找希望，进化而来的。我们的身体选择在这片土地，而不是那片土地上生长消亡：我们思考、呼吸，日出而作，日入而息；我们喝水、沐浴，吃飞禽走兽、瓜果蔬菜，直到生命终点，归于尘土。

我们对自己的体验是具身的，即我们活在自己的身体里，而我们的身体又处于自然世界的基础环境中。自然的地理和物理元素用无数方式从根本上塑造了人类的认知。自然对我们有恢复作用。我们只需走出去深吸一口气，或者从拥挤的人行道转到葱翠的公园，就能了解到自然的有益效果。自然对我们最深刻的影响，有些发生在我们的意识层面之外——当我们的身体和大脑对自然的丰富馈赠做出生物学和神经化学反应之时。我们可能知道，缺乏新鲜空气、缺乏绿色植物或缺乏自然光，会让容易抑郁的人心情低落。但这样的常识，其实并没准确把握自然元素的存在对人类认知和情绪影响的普遍程度。即使我们在理论上领会了自然的重要性，在现实中也往往不会将这些知识应用于自己的体验。尤其是我们大部分人大部分时候不怎么注意所处的环境，又有膨胀的自我感觉。当我们寻找心情低落或暂时失忆的背后原因时，大部分人不太可能想到，也许是因为刚刚在无窗房间里待过。

人类在自然世界生活的历史，造就、塑造了人类的心理结构、身体结构和能力。在地球上各种各样栖息之地和生态系统的长期进化（每种都有自己特定的气候、地形、绿植），让我们偏爱某些环境模式和景观造型。一进入德里的洛迪公园，我就有放松感，这种感觉让我有机会补充耗尽的认知资源，这就是人类进化遗留下的偏爱的一个例证。另一例证是，当我们眺目远望，寻找机会，终于能看到并且进入开阔地形中的封闭区域，这种能庇护我们躲避危险的区域，对我们很有吸引力。[2]

人需要自然

人类在地球上栖息了 20 万 ~ 45 万年。大概 1 万年前，人类住在气候类型多种多样的野外，包括但不限于撒哈拉以南非洲地区的大片热带和亚热带无树大草原。随着农业的出现，游牧生活逐渐消失，而农业的出现又或多或少地与另一事件有巧合，也就是当时建立了永久聚居点，形成越来越大、越来越复杂的社会。许多学者认为最早的城市出现在公元前 4000 ~公元前 3000 年；人类最早的城市之一古乌鲁克（位于今天的伊拉克），有 5 万 ~ 8 万居民。虽然城市社会出现了，但是之后数千年，大多数人仍然栖息在总体上来说不算是城市环境，也不算是建成环境的环境里。

过去 200 年间，大规模的城市化，以及由它促进的相伴随的现代经济发展，从若干发达地区兴起，逐渐席卷欧洲，最终传遍全球。今天，越来越多的人居住在大都会地区。但地球上存在智人的绝大部分时期，我们栖息的环境由自然节律和模式主导。过去几十万年间，一代又一代人成功适应自然的多样性，成功应对自然的挑战，获得了足以掌控自然的力量。相比人类进化的历史，现代城市的历史太短了（更别提超大城市了），人们还没来得及在生物学上适应它们。

基因学表明，我们天生渴望明显存在自然元素的环境，并能在这种环境获得特殊的乐趣。即使我们对自然的喜好因人格、性别、年龄、教养等而存在系统差异和个体差异（这些差异确实存在），但我们体现出人类也是作为亲生物的（biophilic）物种进化的；这意味着，自然对我们有吸引力：我们喜欢家里、办公室里、社区里有与自然相联系的感觉。[3] 从基因编码角度来讲，与自然的持续密切联系可以促进我们的身心安康。这适用于城市居民，也适用于乡村居民，适用于各种环境中的人，也适用于每个民族的人。

无数研究揭示了我们基于生物学的自然依赖性。例如，芝加哥同一低层住宅群的两个相邻住宅楼。一个我们称为绿院，种有花草树木。另一个我们称为灰院，全是水泥地面。同一城市、同一片区、同样的建筑设计，居民有着类似的社会经济地位和背景。然而两个住宅楼的居民，特别是孩子，有着不一样的生活。绿院那样的地方才算得上是家，因为不管是在身体上还是在心理上，绿院的居民明显更健康（见图 4-2）。绿院居民能够更好地应对压力，更好地管理人际冲突。最令人惊讶的是，孩子们的总体认知测验成绩也更优异。[4] 随后的几十项研究也证实了这些发现，包括近年来有关巴尔的摩、芝加哥、费城、扬斯敦、俄亥俄州社区的研究，都发现财产和暴力犯罪发生率与绿植覆盖率之间存在显著负相关，即绿植覆盖率越高，犯罪发生率越低。[5]

定期亲近自然，可以降低犯罪发生率、缓解压力，至少其中一条原

图4-2
与无法看见、亲近自然的片区相比，在可以看见、亲近自然的片区，居民更健康：伊利诺伊芝加哥，Ida B. Wells住宅楼（现已拆除）

因是定期亲近自然可以提高认知能力。我们知道，在需要时能够集中注意力，对清晰有效地思考有关键的促进作用。我们还知道，注意力非常容易耗尽。根据环境心理学家雷切尔·卡普兰（Rachel Kaplan）和斯蒂芬·卡普兰（Stephen Kaplan）的说法，自然景观可以有效补充注意力资源，补充方式就是促进他们提出的不费力注意（effortless focus）。身处自然环境，我们的好奇心和注意力会自动自发地增强。

城市居民越容易享有绿色植物、自然光线、露天场所，就能越好地解决问题，越好地理解、吸收信息，越好地掌控自己有限的注意力资源（强力掌控指想在哪个地方投入注意力，就能在哪个地方投入注意力；想把注意力维持多长时间，就能维持多长时间）。这一切都会进而提高心理幸福感，改善人际关系。不仅如此，有幸住在花草树木环绕片区的居民，邻居之间的社会联系更强；与住在有着类似建筑特征但没有这些自然特征片区的居民相比，他们的社区感更强。与灰院相比，绿院居民认为他们的环境更安全，这种看法也得到了犯罪统计数据的一致证实。

城市建设如果忽视人对自然的需求，就会造成公共资源紧张，让每个人付出高昂代价。但美国大量经济适用房小区，有的已经建成，

图4-3
绿色、可持续、人性化经济适用房小区：纽约布朗克斯区，Via Verde住宅楼（Grimshaw Architects建筑事务所和Dattner Architects建筑事务所）

有的还在图纸上，都忽视或巴不得能够敷衍人的那些基本需求。由于这个原因和其他许多原因，几乎美国的全部经济适用房小区，反而让它们想要救助的人陷入贫困。由 Grimshaw Architects 建筑事务所与 Dattner Architects 建筑事务所联合设计，Jonathan Rose 公司开发，位于纽约布朗克斯区有绿色屋顶、多层露台的 Via Verde 住宅楼（见图 4-3）那样的例外，正好从反面证实了这点。

人类的亲生物性，或者说对自然的喜爱，不仅对建成环境体验有即时影响，而且会通过记忆，影响对建成环境的体验。我们到过哪里，我们是谁？有关这些问题的记忆，受自然元素存在的影响。还记得加工自传体记忆的脑区就是绘制认知地图的脑区（自传体记忆与地方是联结在一起的）吗？这意味着孩提时期的自然体验，在我们的自我感和身份感中起着重要作用。说得具体一点儿就是：如果在可以亲近自然的片区长大，那么对片区的回忆就会更深情；童年幸福的原因之一可能是：可以去附近的公园玩耍，从床头可以看到窗外的成荫绿树。[6]

可以料到，人们的亲生物性，也就是对自然的喜爱，并不局限在家里。无论是在办公室埋头苦干还是在健身俱乐部努力锻炼，越能亲近自然就越幸福。这一点得到了 Herman Miller 公司搬迁案例的证实。Herman Miller 是一家总部位于密歇根泽兰市的办公家具公司，它把员工从旧厂房转移到了新建筑。这个新建筑由 William McDonough + Partners 建筑事务所设计，名叫“绿宅”（Greenhouse），配有庭院、内部花园、天窗。自然光线和绿色植物让包括走廊的内部空间增色不少。过了不到 6 个月，员工的工作满意度和绩效显著提高。过了 9 个月，员工的生产率竟然提高 20%。员工觉得自己更健康、更不容易分心、更放松、更有动力工作。另一研究发现，仅仅是把大部分办公环境使用的标准人工通风水平换成近似自然通风水平，就会让工人的整体认知测验成绩显著提高。[7] 工作环境能模拟出或让人想到自然环境（包括自然光线），员工会比较有活力；反之，员工的幸福感乃至健康水平、生产率和经济效益就比较低。[8]

前面我们提过，与窗户面对砖墙的病房相比，透过窗户可以看到田园风光的病房，术后患者恢复更快、痛感更少。住院患者待在医院管理人员所说的“康复花园”，心率会变慢，皮质醇和压力水平会下降(见图4-4)。这个效果立竿见影:患者,甚至没病的人也会在3～5分钟内意识到这些效果。这些有益的生理效果，待在康复花园不到20秒就可测量到。[9] 那些促进康复的东西，也能造就好的工作空间、好的学校、好的家园。那种可以亲近自然或模拟自然的绿植、气候、地形的设计之所以对我们有益处，不过是因为人类亲近自然的天性得到了满足。

自然从光开始

各种自然元素当中，阳光最受颂扬。光，阳光，要有光。淹没在阳光中，沐浴在阳光中，这种光不美吗？“神看到光，那是好的。”人类敬畏甚至膜拜太阳的光芒，这种敬畏和膜拜也许自人类出现在地球上就开始了。在建成环境里，自然光对人有许多好处。自然光在质和量上不同于人造光：亮几百倍，光谱色调也更复杂。人类一贯偏爱自然光，自然光对人类身心皆有好处。日光能让我们有暖洋洋的体验，日光抑制褪黑激素（使我们陷入沉睡的激素）的释放，日光用维生素D滋养我们的身体——这能增强免疫系统、刺激骨骼生长、增强

图 4-4
待在康复花园，要不了几分钟就会心率变慢、皮质醇水平下降：伊利诺伊州芝加哥，鲁利儿童医院（Lurie Children's Hospital）的皇冠空中花园（Mikyoung Kim Design建筑事务所）

图4-5
自然光线充裕的工作空间，工作满意度高：苏格兰爱丁堡，苏格兰议会综合体［Scottish Parliament，安瑞克·米拉利斯（Enric Miralles）/EMBT建筑事务所］

肌肉力量。人们极为依赖和偏爱自然光，这一点无须证明，但相关证据还是存在：实验者提供不同流明水平的房间让被试选择，被试所选房间的流明水平一致接近那种抑制褪黑激素释放的流明水平。

当工作空间不能直接亲近自然时，引入大量自然光，比如会议室通过观景窗和天窗引入大量自然光，也能提高工作满意度（见图 4-5）。同样，商场如果能迎合人对日光天生的喜好，一般能吸引更多客户，能让客户停留更长时间。[10] 一个超市，从标配版无窗户“大盒子”模式的建筑，搬到通过多个天窗向室内引入充足自然光的建筑中后，销售额增长了近 40%。自然光像田园风景一样，能让有病的人更快好转，让没病的人更加健康，方式就是深刻地（尽管有时也是微妙地）影响认知过程。也许可以料到的是，与在人工照明房间住院的患者相比，在自然照明的房间，哪怕没有风景可看，住院的患者也会睡得更好、生理节律更井然。比较令人惊讶的是，日光照明房间对人体健康还另有好处——患者的压力感较轻。他们反映说，觉得疼痛较少、恢复较快。这些主观感觉也得到了客观数据的支持：死亡率较低。

在有适当日光照明的教室，孩子们注意力更集中、信息保留时间更长、行为表现更好、测验分数更高。[11] 研究证明，在适当控制眩光和温度的前提下，日光可以大大改善心情，缓解心理疾病症状，对双相障碍和季节性情感障碍患者来说更是如此。那么如果日光有助于医治患者，是不是也有助于任何人的情绪调节？

自然光不仅能促进人类身心健康，而且方便社会交往。[12] 人们往往并不怎么注意物理环境，与他人互动时更少注意物理环境。然而尽管人们并没意识到，但人际互动也会受到自然光的积极影响。某项研究

首先将测试者分为两组，然后将其放入相同的社交情境中，其中一组在较亮的房间（1000 勒克斯白光），另一组在不同亮度，但普遍较暗的房间。与较暗房间的测试者相比，较亮房间的测试者争吵更少。

图4-6
风景和路径邀请我们探索未知之地：康涅狄格州水处理设施（Michael Van Valkenburgh Associates建筑事务所设计，Steven Holl建筑事务所建造）

我们天生喜爱自然世界，以至于除了绿色植物和自然光外，我们还对天然材料、生物形态、具体地形特征有强烈反应，其中的具体地形特征，包括我们祖先繁衍生息数万年的非洲大草原的关键地形特征：平缓起伏的丘陵、均匀平整的草地、蜿蜒曲折的路径，以及一丛丛乔木和灌木圈出一块块光秃秃的空地。[13] 想想纽约市中央公园或者随便哪个公园，比如康涅狄格州的一个围绕一处水处理设施建造的公园（见图 4-6）。粗略扫视一下，在吸引人之处多留意几眼，就能理解公园景观的“瞭望 + 庇护”主题。我们甚至想都不用想就能找到可以躲避风雨的地方，以及可以买到食物的地方。不管是由于进化适应还是由于实用主义，反正人们趋向于“瞭望 + 庇护”

模式的景观。人们还在现实生活中寻找这种景观，在约瑟夫·马洛德·威廉·透纳（J. M. W. Turner）、阿尔伯特·比尔施塔特（Albert Bierstadt）、星期日画家（Sunday Painters）的风景画中，在安塞尔·亚当斯（Ansel Adams）和千千万万摄影工作室的作品中寻找这种景观。看到的即使是自然景观的表征，人们的身心健康也会得到改善。[14] 所以，如果你的病房或办公室没有窗户，那就挂上自然风光画，或摆上生物形态和天然材料家具，总好过什么都不做。

与自然相连：萨克生物研究学院

纳入场地原有的绿植、地形、光线，引出“瞭望 + 庇护”行为，当然涉及的远远不只是在天花板上开天窗，在走廊上栽花草。为了探索自然启发式设计的各种方式，我们可以游览最伟大、最受欢迎的现代建筑之一，由路易斯·康设计的萨克生物研究学院（Salk Institute for Biological Studies，以下简称萨克学院，见图 4-7）。该学院位于拉荷亚市，这名字取自其客户——脊髓灰质炎疫苗开发人乔纳斯·萨克（Jonas Salk）。萨克认为，科学研究要取得重大突破，必须严格遵循科学方法并自由发挥创造力。他与康密切合作，打造了一个含有研究实验室和个人办公室的建筑群，该建筑群位于太平洋岸边一处沙质悬崖的崖顶。萨克学院 1996 年建造了一个急需使用，但极其平庸的建筑，故意以明显又或者不够明显的方式去迎合人内在的亲生物性。康把建筑群优美地整合到现有场地，调用了“瞭望 + 庇护”图式，仔细推敲后让人分阶段，以不同方式与自然相连，这也尊重了人的本性（见图 4-8）。于是到那里游览的人们，几乎时刻都能感受到自然的浩瀚，进而生出强烈的愉悦感。

图4-7
那堵墙后面是什么？加利福尼亚州拉荷亚市，萨克学院（路易斯·康）南立面

去往萨克学院的方式有两种：从南边过去——其实与从北边过去是镜像的，但很少有人从北边和从东边过去。从南边过去，首先看到的是，在小草坡的对面，有一大面混凝土墙，墙上突出了四个混凝土棱柱，每个棱柱的阴影深处都有个小小的入口。这有点儿像偶然发现的中世纪城堡城墙，阻挡住你的脚步又激发起你的好奇心。我们不禁想知道那堵墙后面是什么。我可以去到墙后面吗？去到墙后面，我又会看到什么？

从东边过去，首先会看到繁忙的多车道托里松路旁边的停车场，然后透过一片茂密的桉树林，看到萨克学院的建筑（见图 4-9）。这片桉树林在托里松路与萨克学院之间起缓冲隔离作用，后来砍掉了，为新添建筑腾地方。下车的那一刻，我们已经进入自然世界，只能从对称排布的一栋栋楼房看出人造的痕迹。就像从南边过去一样，第一眼就可以推断这绝不是一般的建筑群。设计师没有采用传统的建筑 - 场地关系（指大个物体矗立在地面上），而仅把建筑作为三

图4-8
路易斯·康怀着“对自然本性的深深敬重”设计萨克学院：从太平洋看萨克生物研究学院

图4-9
透过一片桉树林看到的萨克学院原东入口

维框架，就像是为了引入太平洋及其上方天空令人惊叹的浩瀚。大自然这个令人敬畏的存在，值得我们去注意。实验楼的严格对称排布与南立面A：B：A：B模块的组成，静静展示这里有人的存在。两排实验楼建得很低，旁边就是悬崖，仅仅截取了一段海平面；所以无论我们从哪里出发，自然都是主宰。这些建筑不会跺脚，不会挥手，不会说“看我！”不过，这些建筑与场地的关系（根据场地情况选定的建筑规模、形态、材料），召唤着我们去勘查、去探索。

游览萨克学院时最初的这几眼，能看到的是容易理解的意象和模式，因为设计师考虑了人类视觉认知的机制，特别是限制。人类视力最敏锐的区域，叫作中央凹。[15] 中央凹对应的视野，只有2度。这个范围非常小，你把拇指指甲放在距离眼睛约14英寸处就能完全挡住它。因为我们的脸和脚朝向我们所说的“前方”，要看后方乃至前方焦点60度之外的区域，我们就必须转动头部或身体，甚至头部和身体一起转动。在中央凹对应的那个2度视野之外，我们的视觉分辨率差得惊人。不过这一点你可能并不知道，因为大脑会依据通过快速扫描收集到的细节，加上基于对过去场景的回忆，提供信息，填补眼睛没有捕捉到的细节。任何时刻，人们认为自己在周边视野看到的东西，例如模式、节律、一般构造元素，很多只不过是根据匆匆一瞥得到的大致印象，然后想象出来的。因此，人类视觉的长处是迅速提取要点：从环境提取视觉信息的速度非常快，只需要20毫秒，堪称眨眼之间。[16] 提取场景要点的时候，我们的大脑会释放一些使人产生欣快感的神经递质作为奖励。萨克学院建筑群根据场地情况顺势而建，同时传达出一种明显人造的秩序感，传达的方式是在南立面和北立面重复设置简单的长方体，在东立面对称排布实验楼。康把建筑群设计得既融入场地，又给了建筑一种身份的神秘感，从而巧妙地管理了我们对这个地

图4-10
把我们的视线引向海平面，让我们尽量不分心去看其他东西：萨克学院带喷泉的中央广场

方的初始情绪反应。就好像他在直接对我们说，忘掉脚下的路吧。在这里，你进入了一处避风港，他称之为“世界中的世界”。[17]

即使我们看到了萨克学院的中央广场，也不是建筑的形态吸引了我们的注意。康通过对称排布的浅灰色混凝土体块元素把我们的视线拦住，让我们把注意力集中到构造的视觉中心——太平洋波光粼粼的海平面，还尽量阻止我们分心去看楼梯、窗户、走廊、门等表明人的存在和动静的普通建筑（见图 4-10）。这些手法表达出了不惊扰自然的建筑风格——康固执地引导我们不去注意建筑，而去凝视沐浴在阳光之下、暴露在海风之中的场地，凝视太平洋暗沉的海面，凝视拉荷亚市区万里无云的蓝天。

人类天生就倾向于扫描周围环境中的变化和异常。康用声音打破了我们最初进入之时感受到的寂静：广场石灰华路面挖出的一条渠道里，水汩汩地流淌着；给渠道进水的喷泉尺寸很小，发出的噪声却很大。除了水从我们看不见的喷头中不断涌出来，一切都好像凝固了。这个喷泉渠道比人脚略宽，让人想起西班牙格拉纳达市阿尔罕布拉宫（Alhambra）的渠道喷泉和印度莫卧儿陵园（Mughal Mausoleum-Gardens）的渠道喷泉。我们的听觉和本体感觉能力立刻进入待命状态：听水的喷涌声，看水形成的“光的波纹”，我们起了好奇心，决定立即进入广场。渠道里的水在流动吗？冷吗？我的脚能放进去吗？康设计这种入场序列，目的是让我们放慢脚步，重点关注萨克学院的使命及其本质：生物研究，其实就是探究自然的奥秘。[18] 他做到这点的方式是巧妙地管理我们的视觉、听觉、本体感觉认知，反复把我们的注意力引向场地的自然元素——桉树、滨海沙崖、白色多孔的石灰华，以及上面反射的温暖阳光。正因如此，康在一场演讲里告诉听众，他设计萨克学院是“出于对自然本性的深深敬重”。他继续说：“我们天生就敬畏自然元素，敬畏水、光、空气——深深敬畏动物世界和自然世界。”

在长期进化过程中，人类身体和心理也变得对一些元素形态非常敏感。这些元素形态来自自然，但是没有嵌入具体的地形特征，包括一些基本形状和构造模式、它们与乡土材料的交互作用，以及重力对它们的影响。遇到建筑、市容、景观，我们会迅速提取要点，创建有关场景大致布局的心理意象，“大致”是因为我们的知觉无法提供场景的精确视图。对环境的心理表征的准确程度取决于我们的需要。[19] 首先保证模式、连贯、规律、对比，然后追求准确、精确，图式和心理表征填补其余部分。一位心理学家写道，由于人类眼睛的局限（特别是与其他动物相比），人类视物就是“通过补充有关世界的假设来解决不确定的问题”——这是对人类视物方式比较好的一种描述。[20]

扫描萨克学院，我们提取形态线索，比如边缘、角度、角落、轮廓、曲线，调取内部基本构造模式和体块元素库，来进行对照。[21]（其中一种基本构造模式是可预见性非常强、特别令人安心的中轴对称模式，从东边走近萨克学院看到的就是按这一模式排布的建筑，第 6 章会进一步讨论这种模式。）最大最简单的一组构造图式以一个基本图形库为基础，其中的基本图形叫基元（geon，见图 4-11）。用发现基元的视觉科学家欧文·比德曼（Irving Biederman）的话说，基元是“不变的透视物”（viewpoint-invariant），意思是：不管基元是单个的还是成组的，不管我们相对于基元是什么物理位置，我们都可以看出基元的形状。[22] 正因为如此，我们不必在萨克学院

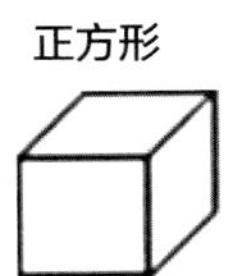

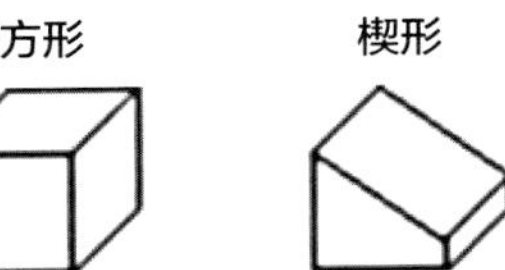

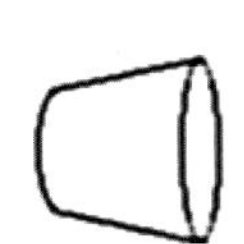

图4-11
一些基元及其变式

实验楼任何一个室外楼梯之间走动，就知道这个楼梯以及所有其他楼梯是有着平行平面和轮廓线的长方体。

我们识别基元，利用的是基元的轮廓线特征——笔直的还是弯曲的，平行的还是相交的。我们的内部基元图形库总共只有不到40个图形，这些图形是比德曼所说的“按部件识别”视物方式的不可再约分的元素。鉴于我们视觉世界的复杂性，40个基元可能听起来不多。但是由于每个基元都有几个变式，而且每个基元可按任意尺寸以任意方式与其他任意基元组合，所以40个左右基元就足以帮助我们理解视觉世界里的几乎一切东西：任何一对基元可以组合创建超过1000万个可能形状；任何3个基元变式可以造出超过3000亿个可能形状……基元有助于我们快速理解世界呈现出的无数形态线索。虽然在实际体验里，有些基元比另外一些基元更易识别。

这个内部基元库是全人类共有的，这一通用性在于：在原子力和重力作用下配置而成，所以基元的形态非常规整。基元形状遵守凝聚态物理学原理。[23] 例如，长方体之所以遍布物质世界，是因为让体形元素保持稳定的方式，不外乎以相互平行或垂直的平面和轮廓线去构成它。即使没有受过正规教育，生活在亚马孙与世隔绝的土著儿童也了解这些基本的几何原理，了解程度甚至与美国大多数初中生相当。只要通过与世界里的物体互动，我们的内部基元库就会得到强化和巩固。触摸甚至仅仅看到物体（如球、书、茶壶），就足以让我们推断出物体的整体形状，然后将这个推断应用到实际面对的视觉刺激上。[24] 简而言之，我们在认知上依赖基元，这表明建成世界里的柏拉图体和欧几里得几何原理，与我们视觉系统视物运用的框架是相互呼应的（见图 4-12、图 4-13）。

上，图4-12
识别基元：棱柱和金字塔（与图4-13比较）：荷兰海牙，Ypenburg住宅楼（MVRDV建筑事务所）

下，图 4-13
搜索基元（与图 4-12 比较）：阿塞拜疆巴库，阿利耶夫文化中心（Heydar Aliyev）(扎哈・哈迪德）

建筑材料与心理反应

我们继续游览萨克学院，花更长时间去探索它的中央广场。在这个区域，康不再凸显自然的壮丽。他放弃了前面区域的做法，不再明显地使用简单的基元形态和具有的自然元素（如绿植、地形和光线）来打造传统的建筑体验，虽然这些元素使我们安心。对于中央广场上的建筑、多层办公楼里的实验室，康把设计重点放在表面材料及其与重力的交互作用上。他部署了这些自然元素来引导我们与这些建筑，甚至是与这些建筑物中的研究机构进行感应和互动。

回到我们进入萨克学院中央广场的那条路：根据看见到的做了足够的分析，分辨出接下来应该去哪儿后，我们便迈步走向广场中央。随着我们离广场中央越来越近，场地的地形和建筑的整体构造越来越不重要，它的材料和表面细节越来越吸引我们注意。刚才介绍过，基元是我们理解形态的主要手段之一。识别场景并辨别其中的形态线索（比如形状和朝向、基元的尺寸和组合方式）的脑区是顶叶，顶叶主要负责整合来自身体各部位的感觉信息，感官侏儒就位于顶叶。这个事实表明，理解形态线索不必参照记忆当中对类似形态的体验。[25]

对比之下，加工表面线索，比如纹理、密度、颜色、图案等的脑区主要是内侧颞叶和海马体，这必然导致理解表面线索需要参照记忆当中对类似表面的体验。有关表面体验的记忆含有其他许多类型的信息，也就是说，不仅含有视觉信息，而且含有触觉、嗅觉、听觉等其他感觉信息，以及情绪信息。因此与形态线索相比，表面线索更能影响我们对地点的整体体验。[26]简而言之，在设计时，优先考虑形态的做法其实是不对的，因为形态线索引起的全身心反应、多感官反应、情绪反应少于表面线索。我们对表面的体验带有情绪，比较明显。我们讨论建成环境，往往不把表面和材料作为主题；我们打造建成环境，经常把能够丰富体验、增强活力的材料视作奢侈品，而基于“价值分析”将这些材料排除在外。

材料、图案、纹理和颜色，或是整体形态布局和构造，这两者对一个地方能否留给我们持久的印象，有着同样深刻的塑造作用。现在，我们来听听设计了 20 世纪最优雅的某些钢结构玻璃幕墙住宅的大师——理查德·诺依特拉是怎么说的。谈及孩提时候对表皮的印象时，诺依特拉坦言：“尽管看起来奇怪，但是我对建筑的第一印象主要集中在味觉上。我舔了床上枕头旁边吸墨纸般的壁纸，还舔了玩具柜的抛光黄铜五金件。我一定是在当时当地，就开始无意识地偏爱毫无瑕疵的光滑表面了——要经受得了舌头的检验，这是最严格的一种触觉检验。”[27]

诺依特拉早期的导师兼老板弗兰克·劳埃德·赖特，也将大部分设计精力集中到表面特质上。他经常把非常粗糙的表面与非常光滑的表面搭配在一起。其中最著名的是宾夕法尼亚熊溪河畔流水别墅（Fallingwater）的客厅。有时，赖特不仅运用手工砍劈的天然材料和纹理来刺激我们的视觉和触觉系统，还以此刺激我们的本体感觉系统。设计雄伟的东京帝国酒店（Imperial Hotel）时，他用未抛光的当地原产火山石铺设了出入口外边的通道，迫使走近酒店的客人注意通道的不平坦表面。随着通道把客人引向并最终引入酒店大堂，火山石的抛光度逐渐增加，在前台那里变得比较光滑。[28]帝国酒店的客人可能会（也可能不会）意识到铺路石表面的这一微妙变化，但是很多客人到达前台时有明显的解脱感：现在我可以放松了。

纹理丰富的材料和表面，比如赖特的帝国酒店的火山石，或者路易斯·康的萨克学院的石灰石、混凝土和柚木，通过引发无意识和有意识的情绪丰富的多感官认知，挤进了我们的近体空间。以萨克学院多层办公楼的柚木板为例。人们喜欢木材。木材吸引人的原因有无数个。与金属相比，木材的温度相当恒定。木材的颜色普遍是橙红棕褐色，属于暖色系，具有感染力和微妙刺激性。木材的纹路好像有规律，又好像没规律，给人一种矛盾的魅力。木材通常出现在住宅建筑中，所以一方面让人联想到自然，另一方面让人联想到家。石灰石也引发丰富的联想，一方面像木头一样让人联想到自然，另一方面让人联想到古罗马时期布满孔洞的奶白色石头——它们既硬实持久又多孔脆弱。

建筑的表面凸显建筑的施工痕迹时，还以另一种方式引发我们明显的多感官感应，通过提供机会，让我们在心理上模拟其制作过程。[29] 这一动态过程，前面介绍溪流博物馆的手工制备石头表面时就已经提到过了。这一动态过程的机制，诺依特拉在琢磨自己对手工制品表面的反应时就解释了。他写道："观看手艺人做的陶器，或绘图员画的线条，抑或书法家写的字，我们会无意识地把自己放到手艺人、绘图员、书法家的位置——想象自己在拿着工具做陶器、画画、写字。"[30] 几十年后，随着相关研究工具的出现，有人发现了大脑的标准神经元和镜像神经元系统，它们几乎完全证实了诺依特拉的假说。[31]

位于大脑额叶和顶叶的标准神经元控制运动活动，在我们做手工、制作陶罐或做其他体力活动时会放电，在我们仅仅看着相关物体（比如陶泥块），并在心理上想象自己正怀着一定目标操纵它的时候也放电。当我们实际上进行某个活动（比如做泥塑）时，当我们在心理上模拟那个活动时，同样位于额叶和顶叶的镜像神经元也放电；当我们看着别人进行那个活动时，镜像神经元也放电。大脑的标准神经元和镜像神经元的工作机制表明，体验建成环境的过程中，明显人造的表面以及可操纵的物体，真的会促使我们模拟它们的制作过程。

标准神经元和镜像神经元的工作机制，有助于解释我们对形态线索和表面线索的强烈本能反应。当我们看着也许会让我们产生感应或在心理上进行某个活动的物体（诸如打开窗户或者爬上楼梯），标准神经元就会放电。镜像神经元不仅在我们准备打开窗户或走上楼梯时放电，甚至在我们只看着别人这样做的时候也会放电。就像是为了理解那个人要做什么，我们想象自己跟他做一样的事情，所以我们的镜像神经元会“模仿”我们的观察对象进行的活动。有关标准神经元和镜像神经元工作机制的发现，支持了一个新兴的认知神经科学观点：运动系统也许与感觉系统密不可分，两者也许是一个统一系统的两个组成部分。知觉从来不是被动的。知觉是为了行动而去感知的。

当我们随便关注某个物体或元素，比如楼梯和斜坡，如果这个物体或元素能让我们联想某个活动，例如一步步爬上楼梯或冲上斜坡，那么我们的标准神经元和镜像神经元就可能放电。这一点，加上对角线与螺旋线相结合的视觉活力，就能解释为什么我们在萨伏伊别墅（Villa Savoye）看到被勒·柯布西耶组合起来的楼梯和斜坡，会

图4-14 知觉是活动准备：法国普瓦西市，萨伏伊别墅两种上楼方式（勒·柯布西耶）

觉得如此富有动感（见图 4-14）。同时看着这两种升降方式，我们可能会无意识地体验到一种轻微的跃跃欲试感。

科学家们还在继续揭示我们对材料、纹理、颜色、韧度、密度等表面特质的复杂心理和神经反应。标准神经元和镜像神经元对纹理和材料的反应，在将来会是一大研究课题。现在，已经有一些研究能够说明我们对表面线索的强烈心理反应。前面介绍过，在用软垫家具、抱枕、地毯装饰的教室，学生较多参与小组讨论。社会认知研究，也就是关于人们如何评价他人言行，以及如何决定自己言行的研究，也已经有了惊人发现。例如，与拿着冰咖啡相比，人们拿着热咖啡时更有可能把陌生人评价为慷慨友善的。[32] 与坐软垫椅子相比，人们坐硬板椅子谈判时姿态更强硬。[33] 触摸粗糙纹理的时候与某个陌生人交流，回忆起来你更有可能觉得这次交流是“粗俗”的；拿着坚硬物体时遇到某个人，你更有可能觉得这个人“刚硬”。[34] 这样的研究表明，人们以隐喻方式把自己建构的表面体验图式（例如，看到粗糙纹理，知道指尖摸上去会觉得粗糙）引申到了生活舞台上，虽然与所述具身体验产生时的背景相差甚远。

表面与形态当然是一体的，表面包裹着形态，形态决定表面的形状，而两者的形状归根结底是由重力和物质物理学塑造的。我们主要通过在地球上的生活来了解重力的基本原理。我们可以推断击球手打到空中的棒球的大致轨迹。我们知道，与地面呈 90 度角站立可以保持身体平衡；还知道，当拿“处在上位”相对没有负担的脑袋与我们“处在下位”承受重负、摆成八字的双脚比较的时候，就会在身体里感觉到重力在向下拉扯我们。同样，当设计师在建筑中表达重力，像穆罕默德·沙·赛义德陵墓的设计师在该陵墓中做的那样，像丹尼尔·伯纳姆（Daniel Burnham）在芝加哥 17 层蒙纳德诺克大厦（Monadnock Building）壁厚 6 英尺喇叭形基座中做的那样，我们理解得了，甚至感觉得到我们所看到的。重力定律遭违反，会营造出某种不安感，或者说得积极一点儿，某种动感：设计加拉加斯现代艺术博物馆（Museum of Modern Art）时，奥斯卡·尼迈耶把金字塔倒立在石质悬崖上，用此来故意挑战我们的神经（见图 4-15）。

从婴儿长成大人的过程中，我们获得而且内化了有关重力和凝聚态物理学基本原理的基础知识。[35] 这样的知识有助于我们知道（虽然我们有时甚至不知道自己知道）：尺寸相似的两个物体，也许重量不同，移动起来耗费的体力也很不同。具身知识有助于我们凭直觉就知道，悬挂在我们上方的重物，比如雕塑或建筑的一部分，也许

上，图4-15
戏弄重力：委内瑞拉加拉加斯，现代艺术博物馆未建项目（奥斯卡·尼迈耶）

下，图4-16
嘲弄重力：中国北京，中央电视台总部大楼悬臂梁（雷姆·库哈斯/Office for Metropolitan Architecture建筑事务所）

会落在我们身上。仅仅作为众多物体中的一个物体，作为空间中的物质，具身地活在世界上，人们就能获得大量知识（见图 4-16）。

激发想象：来自设计的邀请

在一步步走近萨克学院的过程中，我们会惊叹于周围景观的变化，此时渠道喷泉的汩汩流水只是充当着背景。适应了周围景观的变化后，我们就会迅速把注意力转向渠道喷泉水的流动和声音。路易斯·康把广场上的喷泉设计成伸向太平洋海上的线型水渠，应该有着特殊的意义。在人类的空间体验里，线条标示路径，界定边界，表达物体、材料、空间之内和之间的边缘。[36] 我们的眼睛追随这条线型水渠（在萨克学院工作的科学家称其为“光之通道”，这个名字恰好捕捉到了渠道喷泉流水波光粼粼的样子），直到它消失在太平洋的海平面上；然后，我们想象自己听从线型水渠的方向指引，沿着它一步步走着。最后，我们双脚踏上了我们双眼开辟的道路。只是看到了这个渠道喷泉，我们就有了一连串反应。我们体验物理环境的过程基本上就是这样：无意识知觉和多种感官能力协作，而这些都与想象中的运动反应协作。难怪艺术家保罗·克利（Paul Klee）说画画是“让线条散个步”。[37]

要到广场中心，我们必须下几个台阶，台阶如此之矮，以至于我们几乎注意不到它们的存在，特别是我们往往正在重点关注其他看见和听见的“诱惑”。我们下到最后一级台阶就止步了，因为前面有一条几乎横贯整个广场的长凳；要绕过它，我们就必须偏离入场轴线；这样一来，我们正好可以换个角度看附近的塔式办公楼。我们现在的视角是倾斜的，我们最初看到的是数个基元棱柱对称地排成两列，

图4-17
注意力突然从自然转向文化：站在萨克学院中央广场看多层办公楼

在中间空出了一段地平线。在我们眼睛的扫视下，这个静止画面突然动了起来：最初连成一片的混凝土棱柱彼此拉开距离，各自舒展开来。现在，各个立面出现了按一定节律排布的孔洞，以及淡淡的切痕。而且多层办公楼似乎不是重重坐在地上的，而是轻轻立在地上的（见图 4-17）。

这些多层办公楼的墙体大致是抬梁式结构，里面是小型个人办公室，它们围绕着室外双跑平行楼梯排布。萨克学院实验楼最初像海岸线上一排矮墩墩的石块，现在成了一栋栋高耸的大楼。最初，所有实验楼按易于理解的对称形式排布；现在，每栋实验楼的楼层都错落有致地堆叠。高高的底层支撑着两个较矮的中间层，宽阔的顶层盖住了整栋楼。顶层看起来很有分量，将整栋楼重重压下，牢牢钉在地面上。宽阔顶层的作用类似于柱子上的柱头，或者是山墙上的雕花带。

在这些多层办公楼上，材料的丰富拼接和施工的微妙细节展现出了浅色 – 深色交错、平面 – 虚体交错的模式。与广场布满孔洞、奶黄色夹杂缕缕红色的石灰石形成互补的是，办公楼的天鹅绒一样光滑的蓝灰色混凝土墙上，插着一排排风化了的银色柚木板条。我们越探索现在所处的地方，就越反思刚才到过的地方，这些独具特色、一半室内一半室外的塔楼就变得越复杂。

路易斯・康做了什么？为什么这么做？在入场序列，他坚持让我们注意自然的美，不去注意建筑；而现在，他通过管理形态、表面、材料，让我们重点注意这些颇具人文气息的建筑，这些建筑现在似乎与这个自然场地的野性如此不搭。渠道喷泉的宽度恰好可以让人舒适地放入一只脚。楼梯踏步的高度恰好可以让人悠闲地上下楼。他慷慨地献上颇具人文气息的序列和空间旋涡，用它们取代长长的内部走廊（令各地学校和住宅建设者头痛的东西），去分开楼梯和通道，邀请我们逗留和探索。楼梯平台上的黑板示意我们可以拿起粉笔去写写画画。个人办公室是按人直立时的尺寸设计的；进去之后就被橡木板包围起来，会有家的感觉。办公室外部精心铺设的柚木板条显示出人工制作的痕迹，板条上直线排列的简单重复节律，凸显出木材的不规则纹路。所有这些纹理印象都激活并活跃着我们的触感。

康甚至把清水混凝土这种众所周知不受欢迎的建筑材料，打磨成奢

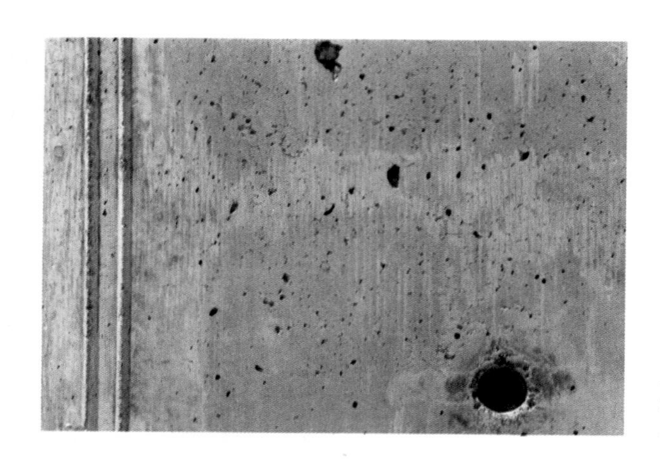

图4-18
“建筑是奋斗的结果，不是奇迹。建筑学应该承认这一点”：萨克学院混凝土板V形接缝

华的光滑表面，这种制作手段有可能进一步促进我们去认同建筑。至于灌浇混凝土板的施工细节，他让工人把木模板之间慢慢渗出的骨料雕成高出一截的V形接缝，来显示建筑的施工痕迹（见图4-18）。

这很微妙，就像在完成的画作上留下几乎看不见的铅笔痕迹。但正如诺依特拉描述的那样，它会引发我们在心理上模拟物体的手工制作过程。这样小的施工细节之所以能产生大的体验效果，正是因为表面线索可以诱使我们与建筑进行多感官的、身体的感应，并利用我们为理解物体而在心理上模拟物体制作过程的倾向。“建筑是奋斗的结果，不是奇迹，”康曾经感叹，“建筑学应该承认这一点。”[38]

打磨光滑的混凝土板，精雕细琢的施工细节，手工砍劈的木板条，精心铺设以露出影缝的石灰石铺路石，精确计算以标示建筑重量和边界的尺寸比例。所有这些表面线索，所有这些材料、重力、光线交互作用的标志，经过认真实施后，会刺激我们的许多感官，激发我们的许多想象，给我们丰富的体验，让我们流连忘返。康通过萨克学院的整体形态构造，在萨克学院以及我们与自然、世界、生物研究主题之间建立起了联系。然后，他通过建筑群材料和表面的设计，引入自然并让它贯穿于一个充满人文气息的世界。

融合自然与文化：芬兰国家养老金协会大楼

体验式设计原则不仅适用于像拉荷亚波澜壮阔海岸线那样具有惊人特色的地方，而且适用于任何地方：它可以改善任何类型的项目，可以用于营造不同类型的效果。与康同一时代的阿尔瓦·阿尔托遵循这一原则打造了许多项目，它们主要在欧洲。他设计的著名建筑包括在其祖国芬兰的萨纳萨洛市政厅（Säynätsalo Town Hall）和伊马特拉市的三十字教堂（Church of the Three Crosses），这些建筑仍旧影响着当代设计师。位于赫尔辛基的国家养老金协会大楼（National Pensions Institute，以下简称 NPI，见图 4-19），作为芬兰社会保障管理机构的总部，既不是阿尔托最广为人知也不是最引人注目的项目。它非常低调，就像一个乡村乐园，明亮宁静，证明着体验导向设计的强大威力：让外表平庸的地方焕发独特的魅力。

NPI在赫尔辛基市中心北部一个住宅片区占了一个街区大小的场地。乍一看，NPI 有点儿像美国近郊众多由开发商建造、窗户呈带状的办公楼群（见图 4-20）。但是，照片上显示的平庸只是表象。亲身

图4-19
芬兰赫尔辛基，国家养老金协会大楼（阿尔瓦·阿尔托）：入口位于前面那栋楼的左侧

图4-20
美国近郊办公楼群

图4-21
分成数个体素，让建筑规模显得小一些：国家养老金协会大楼侧面逐级升高

体验NPI就会发现，连像政府办公大楼（经常听人说，在那工作久了，身心都会麻木）那样普通的建筑也可以被打造成激发想象力、增强幸福感的以人为中心的绿洲。

NPI大到足以为全体芬兰人服务，一投入使用，就容纳了800名员工，里面有办公室、仓库、会议厅、图书馆、餐厅。为了让NPI规模与片区的住宅规模相称，阿尔托采用了刻意低调的设计手法。倾斜的三角形场地旁边是数个彼此分开又互相连接的长方体，没有做成整个大长方体是为了让建筑规模显得小一些（见图4-21）。每个长方体都与邻近长方体有所差别，表示各自有着不同的功能：高耸的瓦面长方体盒子是电梯间和楼梯间，光秃秃的砖面长方体盒子是储物间。

芬兰是世界上人口最稀少的国家之一，也是世界上最北的国家之一。这里到处都有自然的气息。阿尔托不仅通过将NPI的功能分解到几个貌似离散的体块中，而且通过用形状不规则、深红和黑褐色相间的砖块（见图4-22）搭配场地裸露的岩石，将巨大的NPI整合到了倾斜的红岩场地。大部分长方体贴着粗糙而质朴的饰面材料；对这些起补充作用的是粗加工绿灰色花岗岩块，边上有一圈铜皮泛水，铜皮泛水很久以前就风化成了酸性绿。NPI在规模上大于周围建筑，但并没在气势上压倒周围建筑；NPI好像与所在场地融为一体了。从北立面大门进去，就到了大型多层主会议厅，人们在这里与国家公务员商讨养老金账户事宜。较小的会议室和办公室位于邻近的长方体中。在场地东北端，NPI的外立面围出了一个几乎全封闭的庭院，里面有两个连在一起的景色秀美的户外花园，从附近的公园和NPI的餐厅都可进入这两个花园（见图4-23）。

巧妙的规划和貌似普通的形态构造、纹理，以及激发想象的材料将NPI巧妙织入了所在场地的崎岖地形中。NPI纹理明显、变化多端的天然材料触动了我们的所有感官，而其一目了然但并不单调的形态激发了我们的好奇心。在建筑中的主要公共空间里，阿尔托继续使用那样的表面、那样的形态，但是在其中部署了明显的具身图式和隐喻，从而突出了项目的主题：温和的民主制度养育出的国民，温和得可以与自然世界共存。

走近主立面，也是北立面，我们立即无意识地识别出了一个大大的贴砖长方体：它是一个基元。但在那个立面上寻找入口，我们发现最初显得对称又封闭的建筑其实既不完全封闭也不完全对称。屋顶线和入口处的户外露台打破了长方体的规整。要进入建筑，得爬一

左上，图4-22 红岩、红砖：国家养老金协会大楼（入口附近细节）

右上，图4-23 国家养老金协会大楼带有花园的庭院

左下，图4-24 国家养老金协会大楼双层天窗

右下，图4-25 国家养老金协会大楼指挥棒瓦（内部）

段楼梯，楼梯的轴线与对称立面的轴线呈一定的角度，让楼梯斜斜地插在显眼的裸露岩石与带顶的露台之间：阿尔托故意让我们走了一条介于自然与文化之间的路。这种入门序列说明，连这个大型政府机构也要听从自然的支配。

阿尔托在立面用本义、图式、隐喻这些层面整合了自然世界的元素和特征。连很难进人的地方都有阳光；光线的不同，让不同的空间有了不同的氛围。在明亮的主会议厅，三层高的天花板呈现出锯齿状上下起伏的样子，这是因为上面有两层呈锐角向上拱起的窗户（见图 4-24），好像伸向天际博取阳光的山峰。两层天窗之间悬挂着圆筒灯，起点缀和照明作用。在 NPI 的两层图书馆以及其他地方，厚厚天花板里的圆形采光井会洒下过滤之后显得更加均匀的自然光，非常适合阅读：就像设计维堡镇图书馆（Town Library）一样（这个镇现在属俄罗斯，图书馆也是阿尔托的作品），阿尔托计算了这些均匀分布的采光井的深度，以便即使在芬兰的隆冬，也能采集到太阳的光芒。[39]

就任何很大的多层建筑而言，营造动态的内部走廊且在这种走廊实现恰当的照明，是设计师面临的棘手问题之一。在 NPI，阿尔托拓宽了内部走廊，且尽可能让内部走廊穿过可以从外部窗户采集到日光的地方。像康一样，也像阿尔托自己在大多数其他项目中一样，阿尔托花了很多心思在 NPI 的内表面上。走廊墙壁上贴着长长的、薄薄的、闪亮的蓝白相间釉瓷瓦，一个个平面上点缀着一排排弯弯地突出的“指挥棒瓦”（见图 4-25）。这些线性元素让走廊显得宽大，引着我们向前走，也方便我们找路。最重要的是，“指挥棒瓦”引发了“知觉即活动”：实际上它们把我们拉向它们，这样我们可以一边沿着它们走，一边用手拂过它们，感受它们的冰凉，欣喜于它们与我们手之间一下又一下的碰撞，记录着我们穿过这个空间的过程。

在这个乍看起来普通得不能再普通的建筑的里里外外，阿尔托通过这些设计手法和材料细节，唤起我们对自然的具身体验。正如与表面类似、实际迥异的美国近郊办公楼进行比较时就会发现的那样，在自然世界里，让建成环境与人类具身相协调，需要的不仅是决心，还需要意识到人类知觉的微妙之处，并且运用创造力恰当地顾及那些微妙之处。

建筑与自然相嵌：米兰的垂直森林

由于超级城市化、全球化、气候变化带来的重重挑战，建成环境的设计必须考虑我们对自然世界的具身体验。但是，这项任务今天完成起来的难度和成本不该超过 1956 年阿尔托设计的 NPI。可以想想迪贝多·弗朗西斯·凯瑞（Diébédo Francis Kéré）在非洲布基纳法索国东南部的现在还没自来水、没电的偏远村庄甘多设计的小学（见图 4-26）。凯瑞在甘多村长家出生，一直在那儿住到 7 岁，非常熟悉当地的气候和习俗。他从当地的乡土传统出发，选择了普通材料、泥土、金属波纹板。但他接着修改了当地的施工做法，制造出一种黏土 / 泥土混合砖（结果证明，这种砖极其耐用，而且很能隔热），培训当地居民生产这种砖，有效推动了世界上最贫困地区之一的建筑行业。他还决定沿用一个常规做法，即在学校屋顶使用金属波纹板，但对当地的施工传统做了简单但明显的改进，即将屋顶抬离支撑墙。这不仅能更好地通风（因为甘多气候炎热，通风非常重要），而且制造出了大大的顶棚，可以遮住、保护外墙表面。这样设计的结果是，用很少的

钱就打造出了很好的学习环境：校舍漂亮简洁，深深嵌入自然，与场地紧密融合。

图4-26
顾及了气候和习俗的建筑：布基纳法索甘多，小学（迪贝多·弗朗西斯·凯瑞）

我们对自然世界的具身体验并非只能在发展中国家的较松监管下做到，也并非只能在帐篷式建筑的设计中做到，而是几乎在任何地方、任何类型建筑的设计中都可做到，哪怕是高层建筑。有些人，包括一些建筑体验理论家，比如克里斯托弗·亚历山大，仍然坚持认为高层建筑本质上是与人性化住房对立的。[40] 但是一些高层建筑，包括斯特法诺·博埃里（Stefano Boeri）在米兰的项目、总部位于新加坡的 WOHA Architects 建筑事务所、总部位于马萨诸塞州剑桥市的

图4-27
高层自然：意大利米兰，垂直森林（斯特法诺·博埃里）

Safdie Architects 建筑事务所在一些城市打造的富含人文气息和自然气息的住宅项目和混合用途项目，狠狠驳斥了那些人的立场。博埃里在米兰打造的绿色项目“垂直森林”（Vertical Forest，见图 4-27），相当于把 50 万平方英尺的单户住宅堆叠成了两座高高的住宅楼，一座高 360 英尺，另一座高 250 英尺。总共栽了 900 多棵树和成千上万其他植物（不同的立面根据向阳情况栽着不同的植物），一方面为居民提供绿意盎然的环境，另一方面减少碳排放，净化城市空气，提高小气候生物多样性——这可是在米兰市中心人口密集区啊。

在人口超密集的新加坡，可持续发展和卓越设计也是可能的，

WOHA Architects 建筑事务所的两个高层住宅纽顿轩公寓（Newton Suites，见图 4-28）和摩绵坡（Moulmein Rise）就是如此。两栋高楼很少采用人工方法控制气候，而是尽量通过设计增强自然通风和冷却。朝向有利于捕捉微微的盛行风，模块化窗式遮阳装置、阳台、藤蔓植物有利于冷却和通风。这些气候控制元素一方面让建筑显得以人为本，另一方面用重复和变化这一简单视觉语言打造出很具感染力的抽象模式。在纽顿轩公寓，黑色穿孔金属板做成的架子以较小的间隔横向放置，用来冷却建筑表面，降低能源成本。这些横向的架子与纵向的两列 U 形混凝土阳台交错排列，两列阳台有着不同模式，一列是简单的重复模式，另一列是复杂的 A：B：B：B：A 模式。所有这一切都被郁郁葱葱的盆栽植物和藤蔓植物包围着，藤蔓植物纵向爬满了建筑立面。两栋高楼从周围片区看去，都显得庄严大方。摩西·萨夫迪（Moshe Safdie）几十年前就开始探索如何将自然元素整合到人口密集的城区，不仅在理论上探索，写了很多书和文章，还在实践中探索，打造了很多著名的住宅楼，其中一个是在蒙特利尔为 1967 年世博会打造的。最近他开始了一系列更新生境（habitat）概念的项目，其中一个是他在中国秦皇岛为中产阶级打造的金梦海湾（Golden Dream Bay）。在这个小区，一栋 15 层带露台建筑呈直角堆叠在另一栋建筑顶上，制造出 20 层高的架空（见图 4-29）。这种空腹式带露台的构造可以引导盛行微风进入、穿过各套公寓，又不遮挡城市居民看渤海的视线。这几个例子就足以表明，在今天这个日益城市化和全球化的复杂世界，当代设计师也可以兼顾我们认知的具身性质和我们对自然世界的天然喜爱。

图4-28
热带气候中的高楼：新加坡，纽顿轩公寓（WOHA Architects建筑事务所）

人类体验，包括无意识和有意识认知，涉及三个维度。到目前为止，我们已经讨论过两个维度，即人类身体和自然世界，这两个维度上的体验都受进化的强烈影响，反映了人类的生物性。人类无疑还具有社会性，人类体验还涉及第三个维度，即社会世界。人类在社会世界的体验较少受进化的影响，但是受场所的强烈影响。我们在场所里活动、互动，场所将我们作为个人置于他人中间，帮助我们成为群体的一员并维持我们的群体成员身份，其中的群体是多个相互重叠的社会群体，而我们就活在这样的社会群体中。

图4-29
中国秦皇岛，生境
（摩西 · 萨夫迪）

05 .

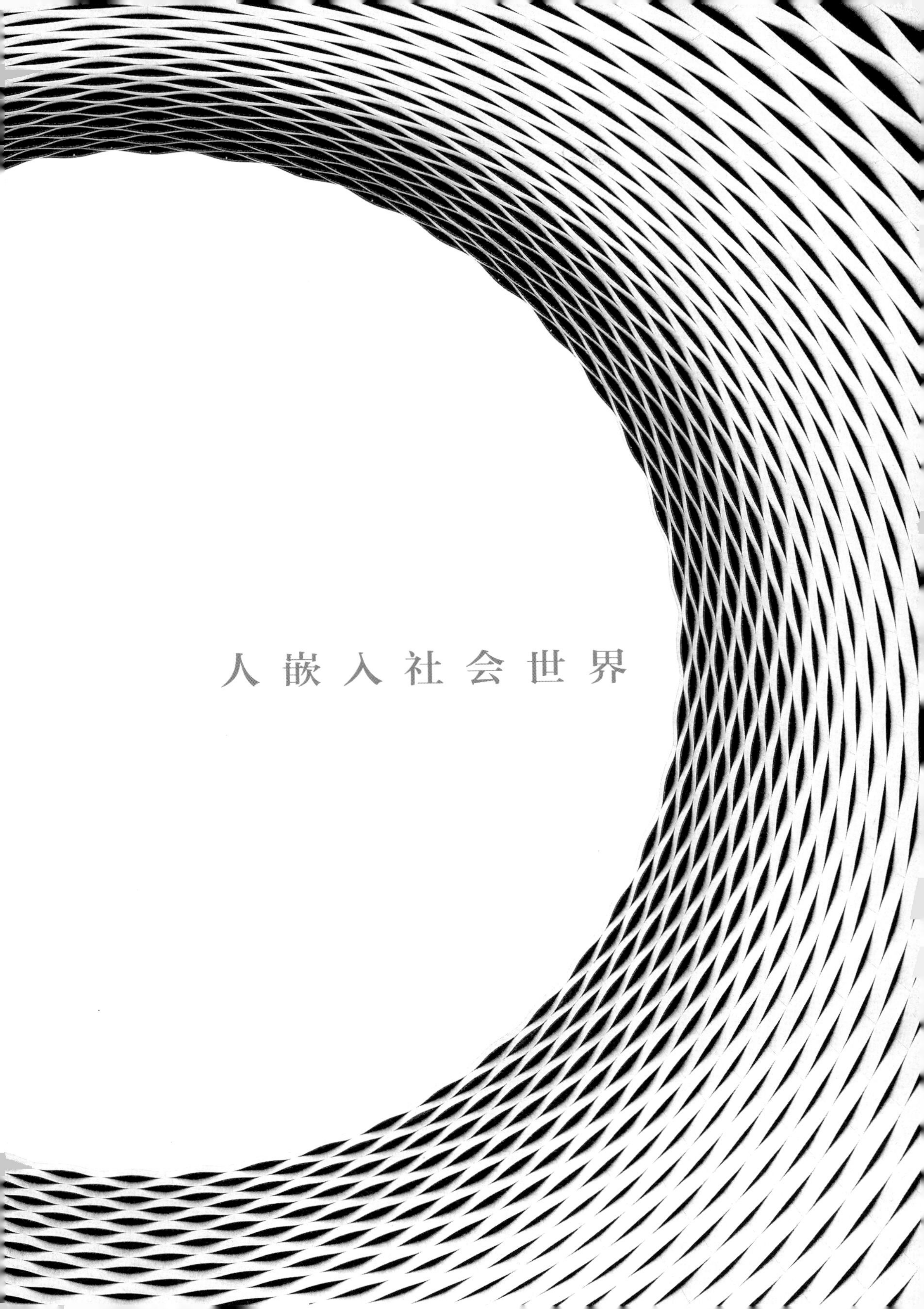
人嵌入社会世界

第5章 人嵌入社会世界

我们每一个人都是在任意个前文明遗址上建立的一小点儿文明。

——玛里琳·鲁宾逊（Marilynne Robinson），
《基列家书》（*Gilead*）

这里的生活被规范和界定得如此之严，这在几何学和生物学上都是可以去理解的。很难相信这与其他物种的拥挤、胡乱和混沌状况［比如密密麻麻的蝌蚪、鱼卵、虫卵（它们不断孵化，好像不断有新的生命爬出一口永不枯竭的井）］有什么关联。但人类在有些方面与其他物种是一样的……心脏不关心它是在为哪个生命跳动，城市不关心谁在履行它的各个职能。当今天生活在城市里的人都死去的时候，比方说过了 150 年，人们还是依着同样的模式生活，城市的职能还是按部就班地履行。

唯一变了的是，履行城市职能的人们的面孔；但也不是全新的面孔，因为那时的人们也会很像现在的我们。

——卡尔·奥维·克瑙斯高（Karl Ove Knausgaard），
《我的奋斗 1》（*My Struggle: Book I*）

设想一下下面这个稍微有些科幻的场景。一个暖和的春日，我们有几小时的空闲。在当今时代，人们可以瞬间从这个洲跨到那个洲。我们决定出去逛一逛，三个选择呈现在眼前：第一个是巴黎拉丁区，第二个是耶路撒冷旧城，第三个是首尔市中心。你始终是你自己，但是由于处在不同的国家和文化中，看着不同的街景，我们出现了不同的行为和认知。

在巴黎卢森堡宫（Luxembourg Palace）周围凉爽宜人、绿色葱葱的花园漫步，我们的思维节奏慢了下来。肌肉得到松弛，呼吸也放缓了。卢森堡花园（Luxembourg Garden）的设计让我们暂时放下烦恼的事情，鹅卵石铺成的小路把我们嘎吱作响的脚步引到这里又引到那里，让我们看见修剪得非常整齐的灌木丛，让我们注视停在花丛上的蝴蝶。我们往远处看，看到了附近的先贤祠（Panthéon，见图 5-1），这是 18 世纪建起的一座新古典主义风格的大教堂，后来被法国革命家改为存放法国名人骨灰的祠堂。先贤祠内安葬的著名人物有伏尔泰（Voltaire）、让－雅克·卢梭（Jean-Jacques Rousseau）、维克多·雨果（Victor Hugo）等。

左，图5-1
法国巴黎，先贤祠（雅克斯-杰曼·苏弗洛）

我们决定参观先贤祠，于是绕过繁忙的环形路口，来到苏弗洛路，然后恢复了悠闲步调。苏弗洛路，名字取自先贤祠的建筑师雅克斯－杰曼·苏弗洛（Jacques-Germain Soufflot），它一直通往山顶先贤祠的前门；在视图上，苏弗洛路及其两边的建筑构成了先贤祠的取景框。我们沿着街道径直往前走，视线一直没有离开先贤祠。这个新古典主义风格石面建筑的底层有一家偶尔有人光顾的路边咖啡馆、几家冷清的餐馆、一间药房和一家银行。随着我们沿街道往上爬坡，经过巴黎大学法学院，城市的声音景观渐渐消失，周围逐渐安静下来。我们到了安静的广场上，先贤祠是最大的建筑，其圆顶高高耸立，最高处比亚眠大教堂的塔楼还要高 136 英尺。

右，图5-2
先贤祠内部

COOKS
TOURIST OFFICE
INSIDE JAFFA GATE

先贤祠里面，一对对白色科林斯柱排成辉煌的柱廊，每根科林斯柱都伸到了穹隅的透风口上（见图 5-2）。这个构造必然把我们的视线引向传说中天上的天堂。像亚眠大教堂一样，因为某些相同的原因，先贤祠会让我们沉浸在那极其难得的时刻。在这里，时间静止了。这些雕梁画栋、华丽高贵的空间里没有长椅、祭坛、内坛、讲坛。耳堂里，傅科摆的摆动弧线记录着地球旋转的分分秒秒。如果亚眠大教堂引发了有关神灵的遐想，那么先贤祠传递的信息似乎就是，统治这里的是科学，不是神灵。

先贤祠的景观与卢森堡花园的绿色景观一样具有提神作用，但也存在很大差异。由于先贤祠的纯净精致感和内敛宁静，我们会沉浸在神秘白光里的，而这会给人以肃穆感。

现在再想象，那个下午我们选择在耶路撒冷度过，散步时间差不多长。我们从基本平淡无奇的旧城的雅法门（Jaffa Gate，见图 5-3）出发。入口处，一群身穿制服的、看似刚刚成年的以色列士兵聚在一起吸烟，自动武器随意支在身边充当扶手。入口外，我们遇到了一群显然是游客的背包少年，他们挤在一个小小的售货亭周围，售货亭摆着亮闪闪的基督教小饰品。店主一会儿用当地语言一会用通用语言，热情地告诉他们去最近的宾馆怎么走。我们站在这个有着多个文明痕迹、沐浴在圣洁中、充满政治冲突的神圣十字路口。五条，也许更多的巷道，铺着鹅卵石，盖着顶板，看上去值得一逛。我们决定不去参观标志性的圆顶清真寺(Dome of the Rock)、圣墓教堂(Church of the Holy Sepulchre）和哭墙（Western Wall），而是去附近的露天市场（也称阿拉伯市场）。这时我们脑海中就会闪过大量的购物场景。

上，图5-3
耶路撒冷旧城雅法门历史照片

下，图5-4
五彩缤纷的视觉刺激，喧嚣嘈杂的听觉刺激：耶路撒冷旧城，露天市场临时摊位和铺着油毡地板的店铺挂满了价格低廉的首饰、色彩鲜艳的围巾、色彩柔和的挂毯，高高地堆着色调饱和的香料粉，有的看起来很和谐，有的则不搭（见图 5-4）。商贩在叫卖。来，来这儿——不买点干果？给女儿买个手镯？给锅配个三脚火炉架？好像没有我们的光顾，这些盖着金属波纹板的巷道就没有哪个商贩能活下去一样。这样的兜售太多了，15 ~ 20 分钟拒绝了无数这样的兜售后，我们改变了计划。我们左躲右闪穿过闹哄哄的巷道，终于进入了安静的犹太区，那里打理得很美，镶有奶黄色的耶路撒冷石块。我们小心地踏过凹凸不平的地面，散漫地穿过用石头装饰的通道，经过在一些房子外面精心建造，用来支撑户外空间的拱顶，窥视种满花草树木的庭院。我们碰巧进入露天的、贴着石头的胡尔瓦广场（Hurva Square），它的中央是这个片区最大的犹太教堂。游客坐在护栏上吸着烟，孩子们跳上长凳，披肩上的流苏在身后飘荡，而一群群裹着黑袍的男人、女人，大概是他们的父母，一边看着他们，一边与朋友聊天，就这样度过安息日。

城市

巴黎和耶路撒冷的这些独特的街景和片区，之所以影响我们的想法、感受、决定，既是因为历史沉淀，也是因为它们都是经过委托设计而成的。这个道理换个说法就再明显不过：我们不可能在巴黎看到耶路撒冷的那种特质。但某个场所对我们想法、感受、决定、行为的普遍决定性影响，我们可能很难认识到。在这两个城市，这几个小时我们都是一个人独行，但只有在巴黎，我们才能体验到孤独的定义。因为没人跟我们搭讪，我们也不跟别人搭讪。而且与在耶路撒冷不同的是，在巴黎，城市的柔和声音与市容的清晰布局有很好的结合，也就是说，路径、边缘、节点、地标都很明显，使我们不去分神注意周围的喧嚣，让我们专心思考更大的主题。标牌告诉我们，令人敬畏的先贤祠是路易十五（Louis XV）1744 年建成的纪念巴黎守护神圣・日内维耶芙（Sainte-Geneviève）的教堂。1791 年国民议会（National Assembly）决定把它从教堂改为存放法国名人骨灰的祠堂、庆祝民主自由和世俗国家的殿堂。有关先贤祠来源的这些知识让我们的认知聚焦在政治、宗教、历史上：君主制被革命了结，革命被独裁制镇压，独裁制又被君主制推翻……最后，民主制获得了胜利。

对比之下，在耶路撒冷人口密集的旧城，即使在有政治动乱的时候，雅法门那每天挤得水泄不通的状况不鼓励甚至容不得在先贤祠那样专注的沉思。20 岁左右的士兵彼此开着玩笑，向行人点头示意。店铺里的东西一家多过一家，没有最满，只有更满。石铺路需要我们认真看路、当心脚下。这里汇聚了种族、地域、政治、宗教背景多种多样的人：巴勒斯坦人、犹太以色列人（有不信教的，有犹太教正统派的；有荷枪实弹的，有手无寸铁的）、巴勒斯坦以色列人、基督教朝圣者、亚美尼亚祭司，以及来自非洲、亚洲、欧洲、美洲说着多种语言的游客，他们都穿戴着具有自己文化特色的服饰，比画着没完没了的"是""否"、讨价还价、谈着买卖，表现出或真或假的惊叹、喜悦、冷漠、厌恶。这里有太多的东西可看，太多的机会可寻。

又或者，我们不选巴黎，也不选耶路撒冷，而是选择走在首尔市中心的仁寺洞（见图 5-5）。首尔大部分地区是高层钢铁玻璃建筑，看起来与曼谷、达拉斯等现代大城市没什么区别。然而，仁寺洞是独特的。小商业楼和小排屋一栋紧挨一栋，有些建筑的立面悬挂着五颜六色的灯光招牌或竖幅广告，显示着店铺的类别（计算机维修店、服装店、古董店……），广告牌们淹没了建筑的特色。仁寺洞是首尔城市规划师为了保留些许亚洲老街的凌乱感，而规划的一条大街，周末不通汽车。首尔居民把仁寺洞当作每天必去的步行街，所以我们跟随他们的脚步东游西逛，欣赏街旁的招牌广告和建筑的雕花门窗、体块的进退。

街角有栋较新的百货大楼，比周围建筑都大，是一个有着木板条平面、网格式混凝土棱柱、窗户带，并且带有纹理的突出立方体。走过几栋楼房，我们来到一个整体的商业综合体：底层是一排小店，小店屋檐上长着草，上面高高竖着一个带有纹理的砖棱柱，棱柱上有个反光，像两个倒 Y 的 logo，logo 上方是很难发音的拉丁字母“Ssamziegil”（见图 5-6）。建筑师 Moongyu Choi 把入口开在综合体正中间，正好通向一个庭院。看台般的宽台阶邀请我们上去（见图 5-7）。

和在耶路撒冷旧城闹哄哄的露天市场闲逛时不同的是，在这里我们兴致高涨。较陡的阶梯通向一个坡度不大的坡道，坡道中央是一个开放式内庭院。沿路是很小的精品店和宁静的餐厅（见图 5-8）。每次我们进入一家具有艺术气息的小店，店主都会亲切地微笑；这样亲切，加上店里没有其他客人，身体又离得这么近，我们不予理会好像就是不礼貌。我们开始交谈。我们了解到，一位店主正在首尔女子大学攻读艺术与时尚学位；她有点儿害羞地承认，衣架上挂的每件衣服都是她自己设计的。一是为了对一个新秀艺术家表示支持，二是为了消磨时间，三是因为我们就是被这一切迷住了，所以我们为朋友买了一样礼物，然后闲逛着走出 Ssamziegil 商业综合体。走

图5-5
韩国首尔，仁寺洞

图5-6
首尔仁寺洞Ssamziegil
（Moongyu Choi + Ga.A
建筑事务所）

左，图5-7
Ssamziegil入口

右，图5-8
Ssamziegil坡道旁边的小店

了不到 15 分钟，我们到了附近历史悠久的北村，那里窄窄的街道两旁，排着大量经过修复的韩屋，这是韩国的传统四合院。

每座韩屋的正面都经过了精心的修复：纹理清晰，镶嵌着色带拼成的几何图案，呈现出实体与虚体交错的模式（见图 5-9）。白水泥砂浆黏合着斑驳的砖石块，以及深红色和炭灰色的釉瓷砖。往上是凹进去的木方框窗户，再往上是突出来的托梁，最上方是双层赤陶瓦。在一首优雅的有重复和变化的协奏曲的引导下，我们走向北村很多茶室中的一家（见图 5-10）。进去之后，我们发现一个比例精美的院子，院子四周是木板房。墙上装有工作照明灯和书架，房间里摆满了大桌子和软垫长凳：正是这一场景让我们决定留下来。我们坐在一群城市精

上，图5-9
首尔北村韩屋正面的纹理、图案、材料

下，图5-10
北村一家经过翻新的韩屋里的茶室

英中间，点了一壶茶，准备看看书、写写信，宁静地度过这个下午。

社会世界是人的活动背景

三个城市，同一季节，同一时间，相同的活动，都是在一个方便步行、历史悠久的片区漫步。而且同一个人！但是，我们度过了多么不同的下午。不同之处包括我们的内部认知和体验，以及我们与周围人的关系。即使做着同样的事情，购着物，那个下午也存在区别。在耶路撒冷旧城，我们不断地这里瞅瞅、那里逛逛，寻找刚刚擦肩而过的陌生人的身影，拒绝商贩的盛情招揽。我们不可能保持沉默，也不可能保持距离。每个人都在与另一人说话、推挤、递着眼神、比着手势。在首尔仁寺洞逛街，由于店主很少主动推销，店内没有其他顾客，我们会觉得太过安静，于是主动与店主说话。相比于耶路撒冷旧城和首尔仁寺洞，巴黎拉丁区是空的。我们听到的唯一对话是自己脑海里的对话。在先贤祠，我们也觉得与他人存在某种联系，但是这种联系很抽象——我们感到了与全人类而非具体某个人有共通之处。之所以有共通感，是因为我们体验到了建筑的宏伟：记住，敬畏可以降低唯我性，促进亲社会行为，提高人类共性意识。

仅仅是处于按一定模式布置的环境（例如巴黎拉丁区宽阔的人行道，耶路撒冷旧城不规则的街道和通道，首尔斜坡购物中心甚至韩屋村庄），就会让我们的想法、感受、行为发生变化。我们遇到的每个地方都有这样的影响力。整齐的传统式花园、拱顶教堂、露天市场、中间庭院四周是高档精品店的购物中心，每个地方都会鼓励我们进行某些活动、生出某些想法；每个地方都不鼓励甚至容不得我们进行另外一些活动、生出另外一些想法。事实上，正如卡尔·奥维·克瑙斯高在本章题词里描绘的那样，建成环境对我们的行为、感受、互动方式影响如此之大，以至于如果把目前在巴黎卢森堡花园、耶路撒冷旧城露天市场或首尔北村的人全部换掉，换上的一批新人，总体上还是会与换下的那批人有一样的行为、感受、互动方式。

建筑和室内、街景和景观都是活动背景，塑造人们的所作所为、所思所想，塑造人们与他人的互动方式。每一活动背景都由前面介绍过的功能可供点组成，功能可供点指提供活动机会的空间或物体（例如，客厅是活动背景，里面的沙发就是一个功能可供点，因为沙发能提供坐的机会——既暗示又实际，也方便人们去坐）。活动背景（比如片区或服装店）里面的物体和空间会按一定模式布置。这种模式化的布置提供的信息线索，对我们在人群里的生活来说至关重要，促使我们按符合社会规范的模式化方式行事。

活动背景的概念借鉴了罗杰·巴克（Roger Barker）的工作成果，他是被人遗忘的环境心理学创始人之一。[1] 20 世纪 50 年代，巴克发起了对行为心理学的全面批判，认为斯金纳（B. F. Skinner）等行为主义者因把心理学研究局限于实验室而在无意间忽视了人类体验的整整一个维度，一个深刻塑造人类行为的维度：环境。巴克连同堪萨斯大学的同事们，于 1947 年建立美国中西部心理学田野研究站（Midwest Psychological Field Station），对人的现场行为展开了长达 30 年的研究。在某个研究中，研究人员带着纸和笔，对孩子们进行全天候跟踪观察，从家到早预备室、到课堂、到餐厅、到操场、到教室、到汽水店，然后回到家。

不出所料，孩子们在不同的时间有着不同的行为。但有点儿意外的是，巴克及其同事发现，有个因素在很大程度上决定了孩子们的行为模式，那就是地点，即处于什么场所，这个场所是怎么配置的。不出所料，杰西卡和萨布丽娜在教室的行为方式不同于在会场的行为方式，亚当和亚伦在家里的行为内容不同于在棋社的行为内容。这也许其实没有什么好奇怪的，但是巴克及其同事还发现：与个性心理特征相比，孩子们在给定时刻的所处环境和活动背景，能更好地预测他们在这一时刻的行为。巴克写道："不同孩子在同一背景、同一时间的行为差异，小于同一孩子在一整天不同时间段的行为差异。"[2] 正如杰西卡和亚当的行为随环境而变化一样，他们的有意识思维和决定、无意识认知和情绪肯定也随环境而变化。在人类行为研究中，活动背景一直是个关键的隐藏变量。

在对建成环境的体验中，活动背景构成了我们的社会世界。中西部心理学田野研究站研究的行为之所以依情境而变化，是因为孩子们在活动背景中做了几乎所有人都会做的事情：遵循几条成文规则和远远更多的不成文规范。[3] 这些规范和规则都是由机构建立并保持的，它们设计、选择、布置建成环境和其中的物体。进入一个建成环境，我们会立即进行勘查，把握特点，弄清或者说通常是一目了然地知道可以做什么、应该做什么，看出它给人设定的一切行为规范。

通过把心理学研究从实验室搬到生活的世界中，巴克及其同事有力地证明了：如果我们不仅想要了解人们的集体行为，还想要了解人们的内心世界，那就必须深入分析人们的活动背景——人类的栖身之处。我们在巴黎、耶路撒冷、首尔度过的下午说明了活动背景（传统上称为地方）对我们所思、所感、所为（包括与他人的互动）的多重影响。无论我们是在欧洲时尚大都会的宽广人行道上悠闲漫步，还是在中东古城摩肩接踵的游人中艰难穿行，还是在亚洲的高效率超大城市具有人文气息的地方东游西逛，我们的想法、行动、选择、互动都会有所不同。最重要的是，这种不同具有一定的模式。

所以，中西部心理学田野研究站和巴克的发现揭示了建成环境的根本社会性：在聚居点的永久性建筑物里栖息，构成了人性的一部分。因为我们的孩子得花这么长时间才能长大成人，需要这么多照料和训练才能真正成熟起来（做父母的都知道），因为我们这么大的大脑需要各种各样的营养，而这些营养只能来自煮好的食物，所以我们终生都需要依赖彼此。孩子需要有人照顾，火需要有人生起来然后一直看着，每个人睡觉时都需要有人守护。做人意味着做一个社会存在。人们如此从根本上渴望他人的存在和陪伴，以致被单独隔离几天就会出现精神病症状，隔离时间越长，症状越严重——不管是心理健康的大学生，还是身处监狱的重罪犯。我们固有的社会性在进化过程中得到进一步的强化：社会关系越密集，就会越健康、越长寿。

有了建成的聚居点，我们的祖先得以生活在稳定的群体中；随着这些群体变得越来越大、越来越复杂，人类活动也变得越来越丰富、越来越复杂。经济增长鼓励社会分工，有的人做裁缝，有的人做面包师，有的人做士兵。繁杂的经济活动，加上不断演变的社会和政治制度，使建成环境越来越复杂、越来越多样化。因此，人类聚居点最初只有住房、圣地、市场，一段时间过后有了生产的地方、聚会的地方、教育的地方，继而有了运动场、会场、礼堂、法庭等。然后形成了城市，而城市也在不断发展变化，直到今天依然在发展变化。这些地方的活动背景，体现了这些地方的宗教、政治、经济、文化制度和传统。在这一过程中，它们推进和延续了亲社会行为和规范。就这样，人们的社会群体成员感和社会群体忠诚度永久地留存了下来。可以说，建设环境本身促进和支撑社会生活，有助于维持社会秩序。

为什么家是最好的避风港

当人们认领一块土地，在上面建造东西，将其空间布置、塑造成活动背景，这块土地就不再仅仅是地图上一个抽象的地理位置。过去仅仅是一块土地，现成成了一个场所，意味着它获得了社会意义。[4] 人们越依恋场所，幸福感就越强，社区联系就越紧密，就越有能力超越个人利益换位思考。城市集合了多个场所，每个场所伴随一定的机构、活动背景和人际互动模式。

我们每个人如何把某个场所体验为这个活动，而非那个活动的背景？建成环境如何将人置于社交情境中？回答这些问题，可以首先看一类建成环境——家。在家里，我们每个人很容易把四样东西串联起来：我们个人的内在体验、一个社会群体、一个物理构成和一组模式化的活动。如果我们的建成环境体验处于我们的具身自我中，而我们的具身自我处于自然世界的物理原理和生态系统中，那么我们当然也处于社会世界中。在人类社会世界，家锚定了社会最小、最基本的机构。家保护我们免受恶劣天气和不速之客的侵害，其中的不速之客，有的有生命（人、动物），有的无生命（噪声、不想要的光）。除非遭遇巨大不幸（比如像美国 55 万多无家可归者那样的遭遇），否则人们一般都住在家里——至少某些时候会住在家里。[5] 在美国，住在家里的人的数目超过了 3.2 亿。

家的功能远远不止遮风挡雨。家把我们和家人聚在一起，身体上和心理上都是：经过漫长的一天或漫长的旅程，我们最终回到家里。丽贝卡·索尔尼（Rebecca Solnit）写道，家是一个这样的地方：你是“穿过所有星星画出的所有线条的交汇点”。[6] 如果说因为我们的祖先长期在野外生活的经历，我们天生就有“瞭望”倾向，那么同样因为这一点，我们天生就爱寻求“庇护”（如果不是在现实中，那么肯定在想象中）——而家是最好的避风港。作为活动背景，家能提供休憩、社交机会，保证整洁、自由和隐私。相比于其他任何地方，我们在家里享有更多自主权，对环境更有控制力。我们可以自由地塑造和装饰环境，制定规矩，也能打破规矩，只做我们自己，或独自一人或与人共处。正如我们看到的那样，这种自主感对健康和幸福来说至关重要。[7] 家如果不能提供或保证所述一切，那么住在家里的人，特别是孩子，就会感到痛苦。无论发育、认知还是心理都会受到不良影响，其中有些影响是暂时的，有些影响是持久的。

家代表了很多东西：一块土地上的一个场所、一个建筑、一个心理学概念、一个容器（容纳着一个明确的社会小群体）。家会促进一些体验，抑制一些体验。正因为家代表这么多东西，所以随着时间的推移，人们会对家这个地方形成深深的依恋（通常是积极的，但有时是消极的），更常见的是人们会对常去的场所、熟悉的场所形成深深的依恋。这个现象就是心理学家和地理学家所说的“场所依恋”，指我们对世界上的场所和空间形成的情感联结。“场所依恋”很有可能是一种基本需求，就像我们的动物性需求会圈地盘一样。与一个场所的接触密集程度和情感联结强度，决定了我们对这个场所的依恋质量。

场所依恋是身份形成的核心所在。孩提时代，我们大部分时间都在家里度过，10 个月大的时候，我们就能轻易地把熟悉的地方与陌生的地方区分开。[8] 我们的人生叙事从家里开始，记录着我们到过世界上的什么场所、空间和建筑，我们见了什么、做了什么、成了什么。[9]

整个住宅建筑史表明，家有多种多样的风格、材料和空间排布，从中会表现出多种多样的物理、社会和心理属性。像所有其他活动背景一样，家也是一种典型活动背景，有一些恒定的基本特征。全世界孩子画的“家”都是四面墙加屋顶，这表明在人们的概念里，家作为活动背景，起码要能遮风挡雨：家容纳并保护我们。当代建筑师用很多好玩的方式考察了人们有关家的图式：藤本壮介（Sou Fujimoto）把数个体素堆在一起，做成了日本东京小公寓（见图 5-11）；Herzog & de Meuron 建筑事务所用类似思路做了一个高档家居装饰店——德国的维特拉家居展销店（Vitra Retail Building，见图 5-12）。[10] 人们有关家的内部图式当然存在更大差异，但往往包含较大的、开放的公共区域（促进社会交往）和较小的、封闭的睡眠区域。[11]

对一个场所及其容纳和代表的机构的归属感，不管我们是否正确理解其特性，都可以通过设计来培养或鼓励，也可以通过设计来压制甚至扼杀。[12] 就拿罗伯·麦克道尔（Rob McDowell）的经历来说吧。麦克道尔是一位外交官，住在温哥华，根据查尔斯·蒙哥马利（Charles Montgomery）在《幸福之城》（*The Happy City*）中的讲述，麦克道尔在一栋高层住宅综合体的 29 楼买了一套公寓，这个综合体的底层也有较大的排屋。麦克道尔之所以被公寓吸引，是因为那里看得到该市壮丽的海洋和山脉。但是在那里生活了 9 个月后，他发现那

Toky Apartment

左，图5-11
有关家的图式：日本东京，小公寓（藤本壮介）

右，图5-12
有关家的图式：德国莱茵河畔，威尔城（Weil-am-Rhein）维特拉展销厅（Herzog & de Meuron建筑事务所）

里很不利于社交：从公寓走到走廊的公共空间并进入电梯，让他很少有机会了解邻居。于是，他搬到了这个综合体的一栋排屋里。在排屋区，每家前门都通向一个可以俯瞰公共花园的门廊。

塔楼里的空间，要么是私人的（自己的公寓），要么是公共的（走廊和大厅）。这样的排布意味着，与邻居社交，麦克道尔面临着风险——打扰某个只想在自己家里独自清静的邻居，从而违反社会规范。对比之下，排屋外部的设计和景观造出的半私人区域更有利于社交。排屋门廊提供的空间，浅到足以鼓励麦克道尔与陌生人交谈，因为他和那些人都知道自己可以轻松退出而无须解释什么。搬到同一住宅综合体的另一套外观设计略有不同的房子，麦克道尔的生活就发生了变化。不到 10 年，排屋区 22 个邻居中有一半成了他最亲密的朋友。

活动背景助推行为

孩提时代建构的“家”图式，让我们把家这个场所与三类东西联系起来。第一，家促进及容纳的一组模式化活动，比如睡觉、吃饭、聊天、放松。第二，对在家进行的活动起指导作用的一套社会规范。第三，我们的个人体验。通过这三个联系，家成为典型的活动背景，其他活动背景或者说其他场所，都通过它来定义。关于家的图式告诉我们，与家人住在家里，不同于在学校学习，学校这种活动背景有利于群体集会和纪律意识。家、学校又不同于办公室，办公室这种活动背景伴随着绩效压力或成就感。所有这些都不同于在时髦的仁寺洞的张力感和超凡的先贤祠的肃穆感。正如我们对小时候的家形成了深深的情感联结一样，随着在成长过程中探索、体验世界，每个人都依据我们生活的场所和活动背景，建立起个人的依恋 - 归属库。

我们对家的依恋所适用的规则，同样适用于对社会其他许多机构、城区、风景的依恋。我们是否与一个场所感应、以何种方式与之感应，取决于三个因素：这个地方的设计如何促进人们的活动，以及这些活动之间的协调性，空间中物体的模式化布置，以及这些物体的形态引发的联想。因此活动背景包括一些心理和物理框架，我们会利用这些框架来决定如何与环境以及与环境中的他人互动。对社会的健康和结构而言，以上所述的一切都有着深刻的含义。游览巴黎先贤祠，使我们思索人类共性；逃离耶路撒冷旧城露天市场，拒绝商贩盛情招揽，使我们摆脱了对物质主义的胡乱颂扬。设计可以增强也可以减弱我们与活动背景所暗示的社会群体的联结：借用行为经济学术语说就是，活动背景“助推”而非逼迫人们进行某些活动。活动背景促进了巴克所说的“情境规范性”行为。[13]

大多数活动背景提供了多种与之感应的机会和方式。最成功的活动背景所含的功能可供点能够明显地支持可识别的活动模式，有着可识别的边界和视觉和谐的布置可用来表现地方的性格。这些都不一定显而易见或直白明了，正如挪威 Snøhetta 建筑事务所在挪威奥斯陆设计的国家歌剧和芭蕾舞剧院（National Opera and Ballet，见图 5-13）表明的那样。虽然这个大型建筑是作为夜间场馆建造的，但是 Snøhetta 通过以下方式将其变成了一个公共广场：使其屋顶往两个方向倾斜，直至其边缘成为城市与海岸线相接的地方；将其外部变成可随意进入的户外舞台。类似的例子是，北村的茶室可以是吃饭的地方、与朋友聚会的地方、读书的地方，或享受独处时光的地方。在某些情况下，活动背景提供的活动范围可能相互矛盾。正如篝火既能温暖人又具毁灭性一样，学校餐厅不仅是热闹嘈杂的用餐之地，而且可以用来召开井然有序的班会。

因为我们的认知、我们的具身心理、我们处于活动背景中的身体天生容易受活动背景的暗示，所以我们对建成环境的体验过程是：在社会世界施加的限制和提供的机会下，有意无意地不断对自己进行定位。需要澄清的是，这从根本上不同于民间认知模型那个具有误

图5-13
活动背景提供多种用途：挪威奥斯陆，国家歌剧和芭蕾舞剧院（Snøhetta建筑事务所）

导性的观念：在世界上行走，我们所做的选择大部分是有意识的。在现实中，尽管人们没有意识到建成环境及当中物体会不断地对人们进行信息轰炸，但是这些信息会引发人们的非自主思维、非自主情绪，最多的是半意识的选择，也就是从一组模式化社会行为中选一个。

活动背景的概念有助于将个人内在的、貌似私下的建成环境体验，与人们作为某些社会群体成员的环境体验串联起来。回想一下，正如我们在引言中讨论过的那样，大多数有关人们如何体验建成环境的现有文献，焦点要么集中在人们对环境的内在体验（环境心理学或现象学研究）上，要么集中在人们作为一个群体或多个相互重叠群体的成员的社会行为模式（城市主义、社会学、生态心理学研究）上。但活动背景的概念不进行那种人为划分，而认为人对建成环境的内在体验从根本上讲就具有社会性。以有着软垫长凳、推拉窗户的北村茶室为例。当窗户落在我们的近体空间内，我们的运动前神经元就会放电；但茶室内部的模式化布置、茶室客人的模式化社会行为告诉我们，在这里打开窗户是不合适的。将建成环境界定为嵌套在活动背景内、由功能可供点组成的生活生态学（living ecology），就彻底击败了基于笛卡儿理论的民间认知模型。这个界定表明，从对环境的实际体验来看，人们只做有意识选择的观念大错特错。我们利用场所及当中物体来界定一组组活动，从中选择一组来建构

我们的体验，将其注入我们生活故事的河流之中。

图5-14
马萨诸塞州剑桥市，哈佛大学主立面冈德楼（约翰·安德鲁斯）

教学活动背景中的行为：哈佛大学设计研究生院

为了说明活动背景及其体现的社会世界如何影响着我们对环境的体验，让我们来看看每个读者都熟悉的场景：去上学。哈佛大学设计研究生院（The Graduate School of Design，GSD）的不同寻常之处在于，它主要为设计方向的研究生服务。即使如此，GSD 也非常适合在这里用作案例讲一讲，因为建筑师约翰·安德鲁斯（John Andrews）设计冈德楼（Gund Hall，见图 5-14）时，非常清楚设计学院应该如何运行它的机构、教育、社会功能。而且冈德楼恰好是我非常了解的地方，我在那里执教了十年。

1972 年竣工的冈德楼，是哈佛大学宽广校园中央西北方向的一群风格各异的建筑当中最显眼也是最年轻的一栋。昆西街对面是喧闹的维多利亚全盛时期的哥特式纪念堂（High Victorian Gothic Memorial Hall），这是一座时而威严时而狂欢的巨大装饰砖和赤土陶材质的建筑，里面有学生餐厅和大演讲厅。与纪念堂隔街对望的是四栋建筑：①一座小小的新哥特式石教堂；②威廉·詹姆斯楼（William James Hall），这是一座 15 层的白色混凝土塔楼，20 世纪 60 年代由米诺儒·雅马萨奇（Minoru Yamasaki）设计［惨遭撞毁的世界贸易中心（World Trade Center towers）的设计师也是雅马萨奇］；③阿道夫·布希楼（Adolphus Busch Hall）是一大片低矮的用拉毛粉刷法粉刷的灰色日耳曼式建筑；④整齐威严的希腊复兴火花屋（Greek Revival Sparks House）是一座曾经被涂成浓郁的水仙黄色和同样刺眼的白色的木建筑。庄严雄伟的 5 层楼高的冈德楼的前面，正对着像教堂半圆形后殿那样的纪念堂的后面，两者形成了鲜明对比。冈德楼让人想起三样东西（排名不分先后）：20 世纪初，密歇根由阿尔伯特·卡恩（Albert Kahn）设计的巨大汽车生产工厂；20 世纪 30 年代的简约新古典主义建筑，例如罗马城外 EUR 综合体（EUR Complex）里的国会宫（Palazzo dei Congressi）；勒·柯布西耶的钢筋混凝土工业风格抽象作品，比如法国南部的拉图雷特修道院（Convent of La Tourette）。

我在那里走过的几百次，多数时候都全神贯注在自己的近期目标上：琢磨正在写的一篇文章或一本书，担忧还没备好的下一堂课，考虑

即将举行的委员会会议，在心里默默回顾当周的日程安排。只有现在，当我结合在做研究和写本书的过程中学到的东西，以及在那里的体验时，我才意识到冈德楼和哈佛大学校园这部分的设计塑造了我对以下这些的思考：哈佛作为一所大学，GSD 作为哈佛里面的一个机构，建筑学这个竞争激烈的专业的教育，其教学以及其意义，等等。

冈德楼处在风格各异的建筑中间，容易让人想到一艘近乎傲慢的大船处在一群稍微有些任性、固执地各行其道的小船中间。从中可以看出哈佛大学的管理理念：用哈佛大学管理层的话说就是，“每艘船自己把握航向”。在我看来，冈德楼周围建筑风格各异，表明哈佛大学像一群半自治的小岛。在这个学术群岛内，GSD 就是一艘远洋客轮——勒·柯布西耶所钟爱的、现在过时了的工业技术的象征。一旦上船，途中就很难下船。它会成为你的世界。

冈德楼的主立面，下面互相错开的三层凹陷一些，上面裹着混凝土的两层突出一些，每一层都有一排黑洞洞的窗户。这种排布方式创造出一个带遮檐的门廊，门廊由高高细细的柱子支撑着，里面有各种各样玻璃外壳的办公室和图书馆突出来的边边角角。从另一头走近，冈德楼就像由清水混凝土和钢管做成的玻璃温室，立在一个非常陡峭的锯齿形斜坡上，这个斜坡从冈德楼一层背部立面（见图 5-15），一直延伸到五层的主入口立面，主入口立面朝着纪念堂。一群风格各异的建筑中间有一个规模如此之大、构造如此特别的建筑，其容纳的必定是个有些独特的机构。但那是什么机构呢？里面是什么活动背景呢？要想得到答案，最可靠的办法是向这里的相关人员打听。只要稍微了解建筑学及其历史的人，都会知道冈德楼的构造一定有深层的寓意，讨论的主要是里面机构的性质、功能、

图5-15
冈德楼后立面（左边倾斜天窗里面是GSD人俗称的“托盘”）

自我定位、在西方文化中的地位。冈德楼的主立面，类似于从帕特农神庙（Parthenon）到美国最高法院（United States Supreme Court）的那种古典主义和新古典主义门廊，展现出一个对称的、有节奏的构造——由办公室的可分可合部分以及更大的通高空间组成：正是这一构造的规律性暗示里面是个目标明确、历史悠久的重要机构。尽管冈德楼构造的规律性暗示了机构的悠久历史，但是冈德楼表面的选材彰显了机构的现代气息：钢铁、大玻璃板、钢筋混凝土都是 20 世纪建筑师为了体现现代气息而选用的材料。

图5-16
冈德楼的大堂

在构造细节上，冈德楼门廊的设计也与之前的新古典主义门廊非常不同。局部非对称元素打断了主立面的整体对称性，揭示了里面的活动背景。传统的新古典主义建筑从外部构造几乎看不出内部功能；相比之下，冈德楼的主立面却展现了内部空间，提示了内部功能。底层的大型玻璃空间一定是图书馆，楼上是大大小小的办公室。

通过快速识别要点，我们注意到冈德楼的门廊整体构造暗示了它的古典主义风格，而它的材料、比例、局部的非对称性、无附加装饰，则表明它绝对是现代风格的。换句话说，那些元素让我们认为 GSD 以及里面的机构既坚持了优良的建筑传统，又决心为现代世界重新界定建筑传统。安德鲁斯的设计完美地反映了 GSD 的自我定位。

同时，冈德楼的材料、施工细节、无附加装饰和入门序列容易让人觉得 GSD 充满正能量但几乎并不温和：这个地方诚然是重要的、独特的、目标明确的、充满活力的、富有创造性的，但不是特别好客的，人在它面前很难感到自在。相对于人的身体，冈德楼客观上可以说很大，而且由于是垂直比例，所以使它看起来更大。毫无疑问，我们已经到了一个大即重要的地方。冰冷坚硬的表面（大大的烟色玻璃板、光滑的灰色清水混凝土板、黑漆金属板），巨型阶梯式天窗的锯齿状边缘，以及外部坡度很大的大片斜面，容易让人产生不易察觉到的微妙压力反应。来到冈德楼，我当然会有这样的压力反应。

冈德楼的大规模和大尺寸鼓励我们把它与它容纳的机构看成是一体的；它传达了一种强烈的紧迫感，说明所有进入这里的人都是重大创新使命的见证人或参与者。通过上述一切，冈德楼的设计证明了一个地方如何以微妙或明显的方式塑造人们的认知和情感。作为 GSD 的容器，冈德楼的独特美学以言词之外的所有方式表明，所有进入这里的人都在进入一个名为“设计”的世界。

在沿着门廊长轴走到 GSD 主入口的路上，我一般会遇到几个正在聊天的学生。他们几乎没有什么邀请让我逗留的意思。从道路到内部大厅的过渡，给人的使命感多过欢迎感。原因是：前门口里里外外都找不到可以坐着或聚起来的长凳或护栏。GSD 的大堂，空间形状模糊，天花板低，没有好看的景致，没有家具，这一切都表明：欢迎光临，但不可久留（见图 5-16）。墙上有些吸引些许目光的展品，但哪儿都没有那种鼓励小群体聚会的空间旋涡（spatial eddies）。所以，大多数 GSD 人把这个入口解释为过渡空间：学生经由这里前往工作室，教授和行政人员经由这里前往办公室或讲演厅。

我进入 GSD 门厅的许多次，十有八九是在其提供的各种活动背景和社交机会里纠结：是直接去办公室（这样我可以有一些独处时光），还是向左急转进入有玻璃外壳的图书馆（这样可以为正在写的文章查找参考文献），又或是走向斜对角闹哄哄的咖啡馆（这里通向一

左，图5-17
冈德楼“托盘”

右，图5-18
少有聚集之地：教授在冈德楼“托盘”指导学生

个容纳着设计工作室、挤满了学生的Loft空间）。纠结意味着我在想象自己与他人一起在图书馆、咖啡馆、办公室、工作室等地方做着在各个地方会做的事情，不做在各个地方不会做的事情。

在咖啡馆，可以看到一个个熙熙攘攘、充满生气、填满内容的Loft空间。这些Loft空间被GSD人称为“托盘”（见图5-17），指横贯建筑的五段开放式楼板，上面有个纵向悬吊的“开放式教室”，教室里有许多设计工作室。这些工作室的设计，把开放式教室的概念引申到了另一受到颂扬的类似概念：开放式学院。从托盘的任何地方看去，冈德楼都像一个开着天窗的巨大厂房。托盘制造出一排排工场，工场上挤满了学生、教授、绘图桌、凳子、台式计算机、笔记本式计算机、笔记本，以及锁起来的带轮文件柜。工场隔墙上面，用别针固定着数不清的绘图纸、照片、明信片、便利贴、数字设计计算机打印件。学生通常坐在绘图桌前，独自工作或最多进行两人一组的讨论。老师宣布事情或展示材料时，就会有一小群人聚到一起（见图 5-18）。

作为活动背景，冈德楼工作室空间（或托盘）的设计直接塑造了 GSD 学生的学习和社交活动。托盘的这种设计，既有好处，又有不够理想的地方。因为每个学生的项目都在其他学生的视野范围内，而这些项目分处不同阶段，涵盖各个阶段，所以托盘实际上可以确保学生们看到建筑、景观或城市设计方案的制作过程。学生们不断修改自己的项目，或者至少看起来是这样。而且因为托盘将所有工作室都放在一个开阔空间，每个学生都能看到其他所有学生，所以这个地方看起来热火朝天，促成了一个充满活力的大社区，社区里的每个人互相竞争又志同道合，他们的共同目标就是打造更好的建成环境。安德鲁斯把设计工作室划分成多层空间，让这个地方显得小了一些：如果所有工作室都放在单层的 Loft 空间里，那么这个地方就会变得很大，大得让人有压力感。

但冈德楼的设计也存在一个问题，即社会外部性（social externality，大概是这么个叫法）。安德鲁斯把学院设计成开放式的，并没有想到会带来这个问题。GSD 的竞争氛围是出了名的。学生们很勤奋，连续通宵熬夜很常见。野心好像要从托盘漫出来一样，太多学生想要或期望成为下一个雷姆·库哈斯或比亚克·因格尔斯（Bjarke Ingels）。许多学生有着明确的目标：赢得教授以及到学院访问或担任评委的设计师、建筑师的青睐。赢得这些人的青睐，毕业后就很好找工作——学生们的这一看法没错。无论强不强调，或者强调多少次，设计是需要协作的事业，老师评价学生时还是看学生的个人成绩，而且评价结果经常变得人尽皆知。托盘的物理配置的特点之一，就是让每个人的工作总能被其他每个人看见，营造并强化了这种每个学生各自为营的氛围。

托盘的物理配置以及其他两个特点加剧了这个问题。托盘的垂直堆叠式排布，通过彰显物理上的层级结构，强化了心理上的层级制度：每升一个年级，就沿着托盘上升一个层级，把低年级的学生踩在脚下。除最低那层的托盘外，所有托盘上的绘图桌都被排成长长、窄窄的几排，能提供的小群体非正式聚会机会远远少于较传统的工作空间的排布模式。长长的线型空间，暗示学生要沿着直线走动，别乱窜、少闲聊，这样刚好是不利于社区的形成的。

幸运的是，在托盘可以看见咖啡馆近乎正方形的空间，而在咖啡馆可以看见后面围起来的工场不断变幻的景象，算是对前面所说问题的一种缓解吧。咖啡馆里面，食品台和收银台排在周围，中央全是可移动的桌子和金属椅子。这是一个立即可识别的模式化布置，表明这个地方可以闲聊、吃饭、闲逛。根据以往身处这种和无数其他活动背景的经验，我们知道在这里可以做什么、不可以做什么。我们“凭直觉”知道，在长排的书桌那里要保持安静，而在配有吱嘎作响的椅子的长排餐桌那里可以说话。只是瞥到甚至只是想到一类活动背景，就足以激活这些图式。

正如我们在GSD的体验说明的那样，建成环境是我们作为个人理解、体验、参与、想象、灌输、保留社会世界的规范、惯例、意义、可能性的主要途径之一。设计师管理功能可供点、创建活动背景、表现场所特性的方式，影响我们对人、对场所的依恋类型和质量。过去几十年，零零散散但越来越多的建筑师、理论家、心理学家已经开始深入研究建成环境体验的认知维度，但很少有人深入研究社会世界（social world）对个人具身体验有何影响。仅仅通过记在我们骨子里的共有世界的各种空间，我们就能建立一个庞大的图式库，将建成空间与社团和社交活动联系起来，而且正是在这种背景下，我们不断形成、努力实现（或偏离）我们的目标，所以应该对我们栖息的地方进行相应的设计。最后，因为我们不由自主地、有意无意地赋予场所和事物以意义，所以我们的建成世界的组件，应该能够引发恰当的情绪和认知联想。

建成环境塑造了社会关系

设计是一种社会工具。建成环境塑造着社会关系。我们生活的每个场所，我们去的每个地方，都是如此。因此，人们的建成环境体验，既是私下的、个人的、处于自己身体和自然世界中的，又是公开的、处于社会世界中的。最终，我们有了一个概念框架，通过这个框架，对个人心理、身体、所处社会环境之间的递归，以及不断交互的关系有了全面了解。

仍然有待探索的是，个人心理和身体在社会机构内设计和建造的空间和场所，如何能打造成更健康、更有生气、更鼓舞人心的社区和社会。什么设计原则、什么社会理想会构成我们评价今天和明天建成环境的标准呢？现在，我们终于可以开始解释答案。

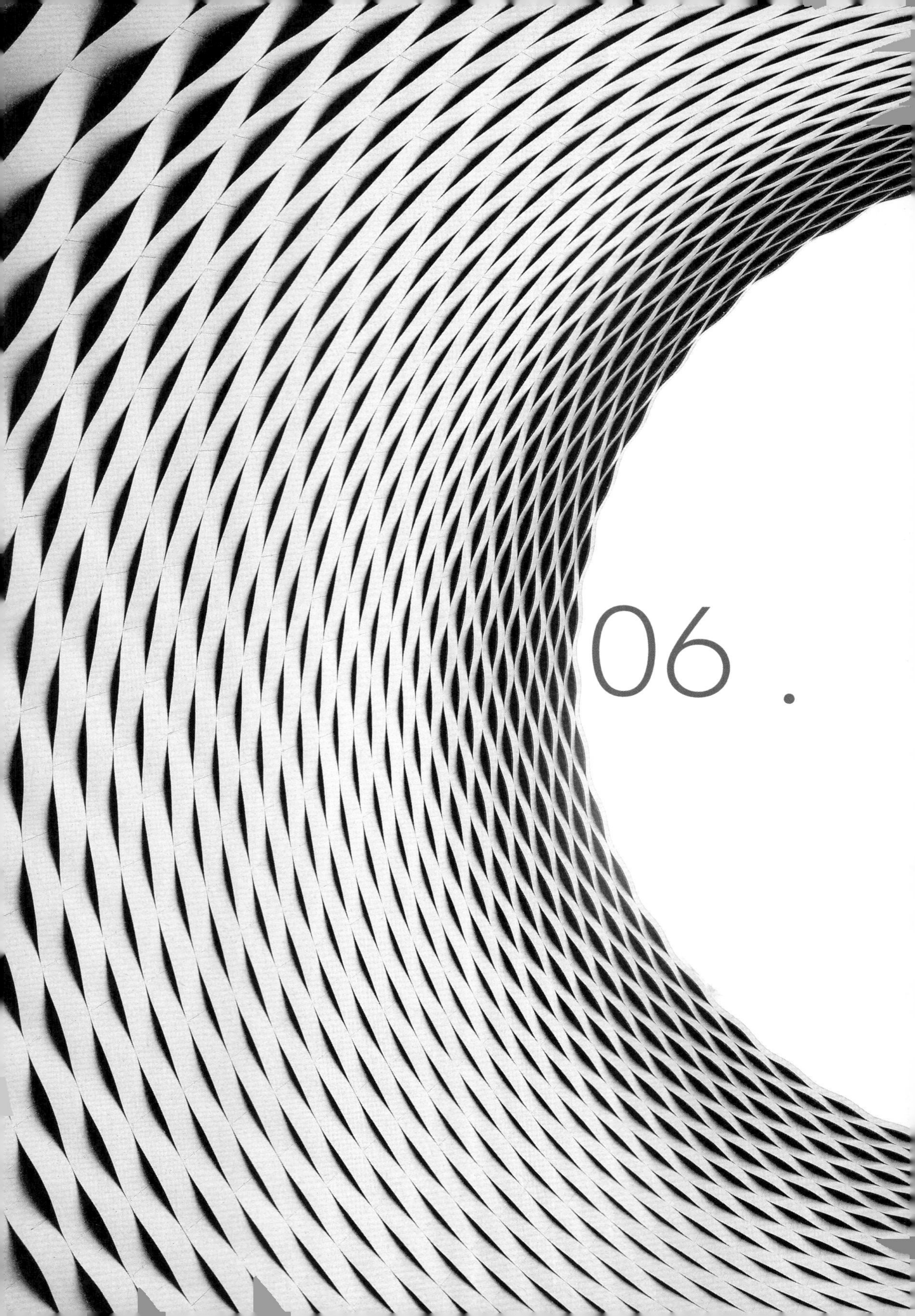
06 .

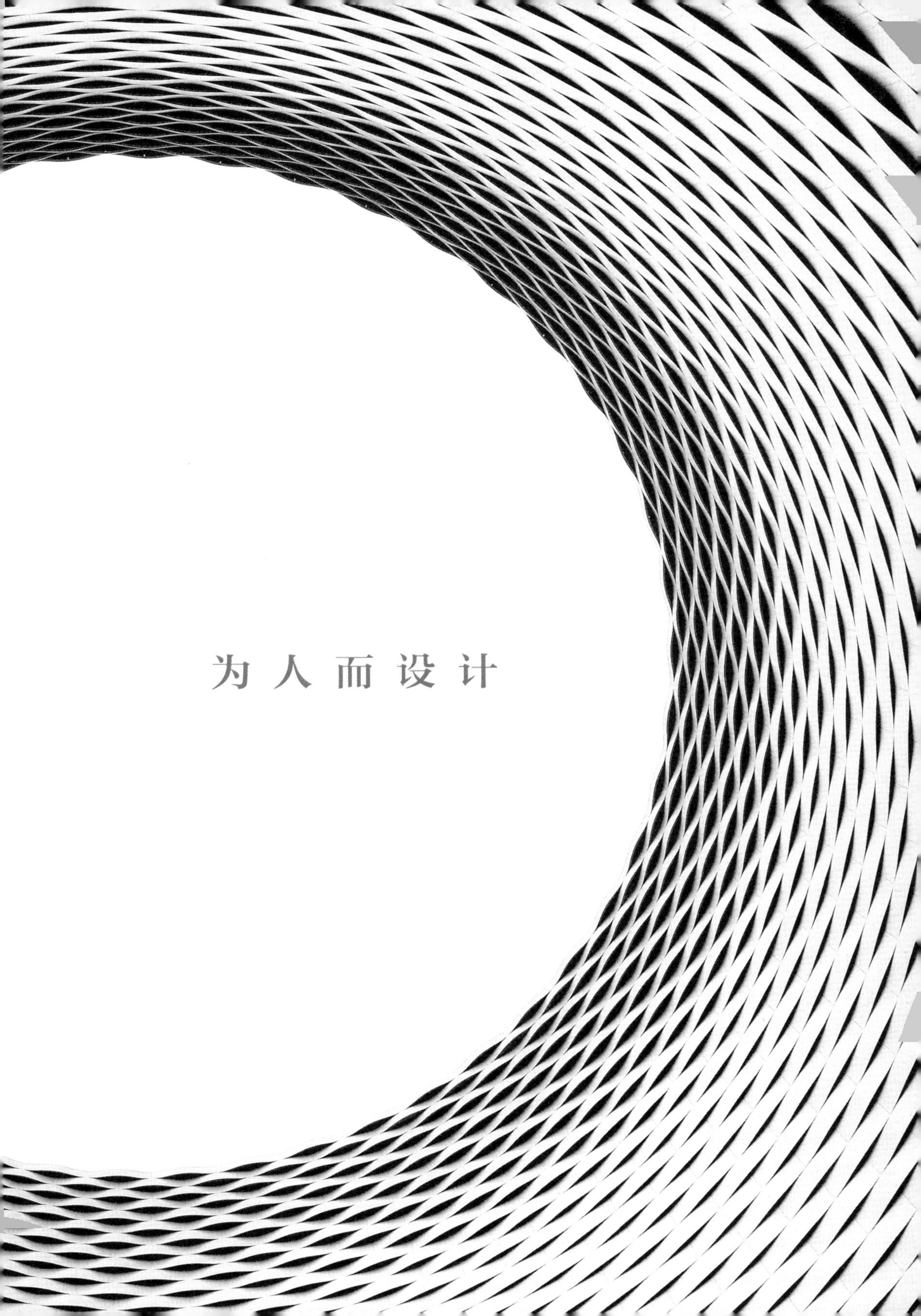

为 人 而 设 计

第6章
为人而设计

建筑及其拥有的空间应该有助于我们保持活力，应该容许我们被身边的事物影响……帮助事件变得有可能与直接制造事件之间有区别吗？

——安妮·迈克尔斯（Anne Michaels），
《冬日墓穴》（*The Winter Vault*）

我们现在有关自然环境和社会环境如何影响人们的知识表明，景观、城区、建筑的设计，如果遵循一些指导方针，就可以防止那些可以轻易避免的错误，更好地满足人们的需求，促进人类的幸福。人类大脑超级复杂，具有很强的可塑性，人类体验超级丰富，具有很大的文化地理差异性，因此设计如果遵循体验导向的审美原则，就永远不会过度公式化。体验导向的审美原则将解放设计师，允许他们探索大量可能的构造，同时保持以人为中心的重点——这也是体验式设计的核心所在。

人类具身本身就引出了初步的设计原则，其中大部分针对我们的无意识自我。场所的尺寸应匹配人体的尺寸，但是既要考虑自我中心身体，又要考虑异我中心身体。我们通过想象和建构来理解环境，所以环境应该设计成能与我们心理合作，引发一系列恰当联想的样子。我们还通过所有感官能力的相互协作、所有感官能力与运动系统的相互配合，来体验建成环境。所以，设计也必须考虑这一点。

我们倾向于通过快速扫描来提取要点，所以我们渴望清晰易辨的整体形态，特别是对较大的建构物（constructions）而言，像弗兰克·盖里（Frank Gehry）设计的毕尔巴鄂古根海姆博物馆（Guggenheim Museum Bilbao）的灵动形态，或佛罗伦萨主教座堂广场棱角分明的棱柱形状，以及那里洗礼堂、钟楼、教堂的立面和圆顶。但是，我们对清晰易辨的渴望必须与对认知刺激的渴望相平衡，而易辨的构建（constructs）不一定是简单的构建。萨克学院和赫尔辛基国家养老金协会大楼教给我们，无论项目的整体配置如何，项目的表面（包括温度、韧度、颜色、密度等）、材料、纹理，项目的听觉品质等，都会大大影响我们的感觉、认知，特别是我们对它们的情绪反应，并在这样的过程中塑造我们对它们的体验。除了选好材料外，好的设计还应想好和做好施工细节。这些有助于通过激发我们的感觉运动去想象和促进我们与栖息之地以及其中物体的认知感应，并以此来营造尺度感，增加视觉（有时是概念化的）深度。亚眠大教堂、溪流博物馆等项目表明，听觉、触觉、本体感觉、嗅觉等非视觉线索也大大影响我们对地方的整体体验。自然光、绿色植物、气候等自然的馈赠在设计中永远是重要考虑因素，而且设计师可以从自然中得到无数启示，模拟或抽取自然形态，在设计中管理自然气候、地形、材料特性。这些是最基本的；体验式设计还有另外一些维度，需要讲得详细一些。

有序模式

人们有赖于通过模式把地方或结构与周边环境区分开来，而这种模式可以提高可辨性、制造连贯性。人类永远在寻找迭代模式，因为感觉认知系统机制（例如我们快速识别要点的倾向，我们知觉的目标导向性，我们对启动物的敏感性）要求我们首先迅速从背景解析前景，然后赋予所遇之物以意义。辨认和识别某些模式，我们会产生愉快感。[1]

无论我们是听一段音乐、看一幅画，还是穿过一个建筑或景观，当这段音乐、这幅画、这个建筑或景观慢慢地显示出秩序，与“喜欢”有关的脑区都会分泌一点点阿片样物。这个奖励制度的功能大概起源于我们的以下进化需要：迅速将自己置于环境和社会群体中。[2]

清晰易辨的环境对人类的强大吸引力表现在，我们总会避开复杂得无法提取要点的环境。20 世纪 90 年代有一段不长的时间，欧美一批设计从业者受到法国后现代主义的影响，这一思潮源自米歇尔·福柯（Michel Foucault）和雅克·德里达（Jacques Derrida）的著作，认为有序系统的基础是随机、不合逻辑、按制度行使权力。欧美的少数建筑师开始信奉“解构”（这是一个源自文学和哲学批判的概念），他们拥护“解构”作为启发式分析技术兼艺术手法的地位。随后，建筑界围绕表面无序的建筑开展了许多实验，其中一个是奥地利 Coop Himmelb（l）au 建筑事务所（事务所的名称中，有 l 的意思是“蓝天工作室”，没有 l 的意思“天造工作室”）的雷哈克之家（Rehak House，见图 6-1）实验。顺便说一句，Coop Himmelb（l）au 的首席建筑师沃尔夫·普瑞克斯（Wolf Prix）曾经告诉一位听众，他的一个项目的设计灵感来自他做过的一个梦。但是这样的设计有违我们的知觉本能，让我们无法依靠它给自己定位定向。我们想知道：这个物体有什么目的？与我或任何人的生活有关吗？我要从哪里进入？我觉得它让人烦躁、迷惑、沮丧，还是愉快？毫不奇怪的是，雷哈克之家没建成，Coop Himmelb（l）au 早期设计的几个与之相当的项目大多也没建成，因为太过混乱的构造违反了人们的体验需求。由此可知，模式是任何建成项目的必要组成部分。

纵观历史，设计师一直依靠数学体系和物理原理来为其建造的环境

图 6-1
无模式、无秩序：雷哈克之家［Coop Himmelb（l）au 建筑事务所］，没建成

建立视觉框架和结构框架。通常，特别是在前现代社会，构造的模式是由其材料的结构属性驱动甚至决定的。例如，古埃及人建造雄伟的哈特谢普苏特女王神庙（Mortuary Temple of Hatshepsut），柱林就排得比较密集。因为结构决定形态：石头抗压缩能力强、抗拉伸能力弱（拉伸时，石头会过于“紧绷”），所以埃及石匠知道，他们用于制造内部空间的石头过梁的跨度是有限的。

然而，单单材料物理一般还不足以决定整个构造的模式化结构。[3] 起决定作用的还有其他基于数学的图式，其中最常见的是简单的对称和欧几里得体（后者与我们的庞大内部基元库呼应，见图 6-2）。简单的欧几里得体随处可见，从萨克学院的北立面和南立面，到本地某个

图6-2
建筑中的基元

银行的体块组合模式。对称也是可简单可复杂的。萨克学院中央广场的两边对称算是简单的，最有名的复杂几何形状是分形（fractal）：明显不规则的迭代构造，有着在多个尺寸上重复的分支结构。我们可以看到自然界的分形，比如海岸线、蕨类植物、花椰菜的结构；文化界的分形，比如哥特式大教堂的分形布局、印度教寺庙更综合的分形布局。在印度克久拉霍市有着千年历史的肯达利亚·玛哈戴瓦神庙（Kandariya Mahadeva Temple），分形是建筑表面逐级升高的表达的主导，主导着建筑每个形状与另一形状的关系（因此主导着建筑的建筑平面图），主导着确立建筑比例的视觉和空间层级（见图 6-3）。有些人认为，因为在自然界不仅可以看到分形而且可以看到对称和欧几里得几何形状，所以我们在数千年的进化中会本能地从这样遵循数学原理的构造和比例关系中寻找并找到乐趣。

具身数学和具身物理对我们依赖的有序模式有何启示，提供了什么样的体验？为了回答这些问题，我们可以看看雅典卫城的著名建筑。雅典卫城是在公元前 5 世纪伯里克利（Pericles）主持的一场建设运动中建造的。站在卫城前门（Propylaea），我们立即注意到这个山顶神庙建筑群的有序模式，即使它处于废墟状态。卫城前门的多立克柱，有凹槽、无基座，确立了将该大门结构与该场地其他主要建筑统一起来的视觉主题。卫城前门的立面，是成对的两组柱子，每组三根，间隔均等，中间空出一个宽敞的虚空间，穿过这个虚空间就可以继续朝前走。另外，在卫城前门内走动时，透过柱子与柱子之间的空隙可以看到整个西方建筑史上最著名的建筑之一：雄伟的帕特农神庙，它在我们右侧对角方向高高耸立，在我们上方呈现出 3/4 角度的侧视图（见图 6-4、图 6-5）。在我们左侧较远处，立着庄严的伊瑞克提翁神庙（Erectheion），这是一个复杂的多棱柱非对称建筑，最前面那排竖着四根雕有优雅女性形象的柱子（女像柱），

图6-3
建筑里的分形：印度克久拉霍市，肯达利亚・玛哈戴瓦神庙

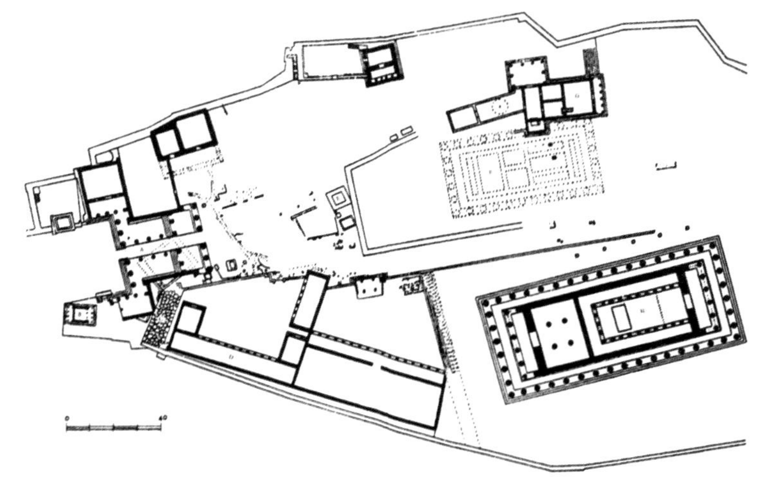

上，图6-4
希腊雅典卫城前门，帕特农神庙遥遥在望

下，图6-5
雅典卫城场地总平面图再现：卫城前门是左边的柱状结构，帕特农神庙在右下方

很明显轻松地支撑着门廊的三角门楣（见图 6-6）。

雅典卫城间隔规律的柱子满足了人类的对模式的寻求本能。多立克柱廊的简单节律（实体、虚体、实体、虚体、实体、虚体、实体）让我们看出了建筑群的连贯性，开始从整体上理解建筑群。同时，柱子表面的变化，也就是带有雕纹的凹槽，夸大了柱子的垂直度，隐藏了每个砖石块和下一砖石块之间的接缝；从底部到顶部富有动感的逐渐变细，表达了重力通过柱子压下来的意象；到了伊瑞克提翁神庙，柱子换成了女像柱——让柱子模式复杂得足以跳出我们的视觉背景或概念背景。从卫城前门到帕特农神庙，再到伊瑞克提翁神庙，柱子的设计、尺寸、间隔都在变化，让这些建筑既各不相同又有共同主题。

从卫城前门看帕特农神庙，我们看到的是一个长方体，

左，图6-6
女像柱的支撑功能：雅典卫城，伊瑞克提翁神庙

右，图6-7
走近雅典卫城帕
特农神庙

它沿对角线方向矗立着。透视图中长方体在场地上的放置，实际上在坚持邀请我们走近长方体。为什么？如果这不是一片废墟而是完好无损的建筑，那么我们会很快看出通往帕特农神庙室内空间（也就是内殿）的门，就在长方体短边终点处。古雅典人应该知道，只有神父可以进入内殿；即使如此，这个孔洞的存在（以及帕特农神庙早就消失的三角门楣雕塑所暗示的），也在我们最初看到的神庙对角视图和这个入口暗示的神庙正立面视图之间造成了一种紧张感。要消除这种紧张感，就要采取行动：我们必须移动身体，直到到达近似前端的位置（见图 6-7）。

帕特农神庙的威严，部分在于其井然秩序，部分在于其严格对称。两边对称对人有强大的吸引力，至少独栋建筑之类物体的两边对称是这样。这可能与我们知觉的目标导向性和快速识别要点的倾向有关：对称的迭代性，即物体的两边互成镜像，容易预测，方便导航。也有可能我们习惯了对称，是因为对称在自然界和建成环境中都普遍存在。还可能是，根据我们对人类认知发展的了解，人类之所以被物体的对称吸引，可能是因为自己的身体也是对称的。

对人而言，世界上最重要的一类事物是他人，而人的身体和面孔的整体形状沿纵轴对称。我们对两边对称的好感似乎是天生的：连很小的婴儿注视对称物体的时间也长于非对称物体，而且这个现象具有跨文化普遍性。神经科学家埃里克·坎德尔（Eric Kandel）写道：“越对称，表明基因越好。”而且他可能还说了，表明身体越好。[4] 人类在长期的进化中认识到（即使不是有意识地认识到，也是无意识地认识到），几乎每个健康的生物都是对称的，要么是整体对称（蝴蝶的形态），要么是局部对称（蝴蝶翅膀上的图案），或者整体局部都对称。用

图6-8
朝鲜平壤，万寿台议事堂

拉马钱德兰（V. S. Ramachandran）的话说，对称预示着“生物界的物体是猎物、天敌、同类或伴侣”。虽然建成环境里的物体（包括建筑）没有生命，但是它们的对称也对我们有吸引力，因为它们的对称暗示着人的存在。

人们，在他们的身体里，有可能一直无意识地觉察到重力的存在。我们还认为对称的构造是“平衡的”构造，就像“站如松”一样。这里，视觉对称补充了知觉图式，也就是我们根据有关重力和物理属性的具身知识而建立的知觉图式。

在人们的体验里，建成环境里的两边对称有好有坏。城市设计师和建筑师按两边对称模式排布大型建筑或建筑群（如此之大，以至于我们倾向于把它们看成场景而非物体），不一定能引起人们的积极反应。比如，朝鲜平壤的万寿台议事堂（Mansudae Assembly Hall，见图6-8），给人明显的静态感，它的重复和两边对称让人觉得有些刻板；对比之下，从卫城前门到帕特农神庙，再到伊瑞克提翁神庙，雅典卫城给人动态感。

雅典卫城的建筑大多给人对称的印象，虽然卫城前门和伊瑞克提翁神庙本身都不是严格对称的，而且雅典卫城全部建筑的整体排布其实也不是对称的。它们的排布避开了简单数学原理，遵循了具身物理原理。也就是说，我们在雅典卫城丘陵场地静止时所处的位置、走动时经过的地形，这些都遵守了先前祭坛的布阵要求，这个布阵要求在一定程度上解释了非凡的伊瑞克提翁神庙的错综复杂的布局。探索雅典卫城的建筑和空间，四处走动体验场地时，我们有明显的良性紧张感，这种紧张感来自以下有序系统之间的冲突：一个个建筑本身的构造是对称的，遵循数学原理，但是所有建筑在场地上的排布是非对称的，主要根据地形排布，并遵循物理原理。

从卫城前门走近帕特农神庙，看到的是它的正立面加侧立面，这要求我们把它想象成三维空间里的一个物体。这样想象之后，我们觉得它更沉重了。这些建筑毕竟是用今天仍然散布在现场的大块砖石建造而成的。因为我们生活在身体里，且十有八九在某个时刻体验过石块的重量，所以我们无意识地就知道这些砖石块一定非常重。而且时间的侵蚀和人类的摧残并没完全毁掉这些古老的建筑，它们不断恶化的状态促使我们思考建造它们的人，思考那些人是如何克服重重困难建造出它们的。根据我们在身体里与重力做斗争的经验，可以看出这个建筑群充分代表了人类对死亡的大声抗议和对不朽的坚定追求：负责建造它的人把它建得如此牢固，以至于拆除起来远比仅仅留给时间去处置要难得多。帕特农神庙的巨大和对称，以及雅典卫城的节律和变化，在这个崎岖的、坚固的场地，象征着人类技艺战胜了自然变迁。

具身数学与具身物理的复杂交互作用，让人觉得帕特农神庙部署得很得当。它既与周围环境协调又主导周围环境，背后的部分原因可能在于它的一个额外属性，虽然这个属性人们不能立即看出来，但可能会无意识地觉察到：视差矫正。帕特农神庙貌似都是直边，其实不然。它的柱子不仅从底部到顶部逐渐变细（表现重力的下拉和石块的增重），而且在中段略微凸起（这个细微改良名叫柱微凸线），伸向过梁的那端还略微向内倾斜。另外，它的台基其实没那么平，更像一个枕头（见图 6-9）。

这些视差矫正的设计一定有充分的理由，因为它们让原本就不容易的施工更难了。也许帕特农神庙的建筑师伊克蒂诺（Ictinus）和卡利克拉特（Callicrates）凭直觉知道，人们对曲面的反应比对平面的反应更积极。也许他们明白，在这么大的尺寸上重复直线和平面，会让建筑显得是静止的、惰性的，进而让人觉得压抑。伊克蒂诺和卡利克拉特很可能利用了视差矫正来进一步赋予建筑明显的动感：他们以微妙方式，让帕特农神庙看起来像是在自己的巨大体积和重量的作用下一起一伏。

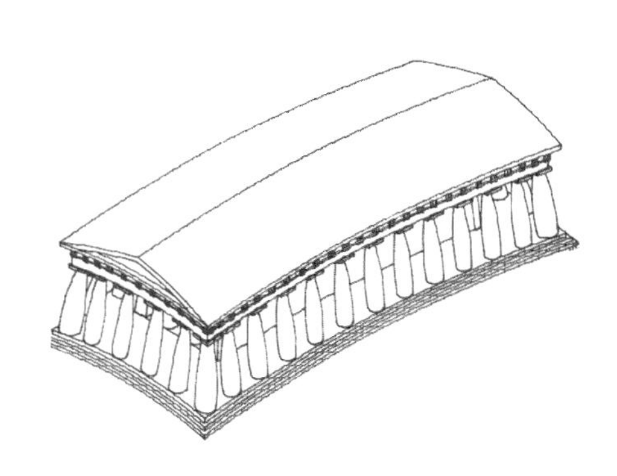

图6-9
夸张显示帕特农神庙视差矫正的插图

建造帕特农神庙，是为了颂扬古代世界著名领袖伯里克利，供奉古希腊重要的女神雅典娜（Athena），其设计要引起具体的情绪反应——敬畏和鼓舞，还要引起具体的认知，也就是认识到其建造者的政治理想和社会理想是正确的，认识到他建立的体制会万古长存。雅典卫城里的帕特农神庙及其周围建筑都是为了使这些理想看起来既来自自然，又超越的自然变迁。这个目的达到了，而达到这个目的的手段是设计。通过具身数学和具身物理确立的模式，帕特农神庙及其周围建筑的入门序列，神庙在场地上的位置，神庙的大小、材料、设计，都通过与我们的感觉系统和运动系统合作来管理我们的体验，以吸引并保持我们的注意力，并将自己印到我们的想象上。

模式化复杂性

完全没有复杂性的模式，会令人想要逃离。看看开发商建造的典型住宅区，就足以知道相同和重复会让人觉得沉闷。正因如此，所以几代人在书或文章中说，德国建筑师路德维希·希尔伯斯默的现代城市提议（于 1944 年）十分可怕。[5]最近，丹麦城市规划师扬·盖尔发现，人们走在城市，每隔大约 5 秒就能发现一些新奇有趣东西的状态，是最幸福的。也正因为如此，所以希尔伯斯默的同事（早期的现代主义者们）所提倡的彻底简化形态在世界各地都受到了奚落。[6]因而在设计中，模式必须辅以复杂的元素。若以建成环境里的一种常见模式为例说明一下，那么这个常见模式就是像网格或古典柱廊那样的简单重复。在较小规模上简单重复，比如雅典卫城中小小的雅典娜胜利神庙（Temple of Athena Nike，见图 6-10）里的“光 - 影 - 光 - 影”重复，使爱奥尼柱廊显得非常可爱。但是在很大规模上进行的貌似没

图6-10
雅典卫城，雅典娜胜利神庙

图6-11

图6-12
按功能和结构分块：加利福尼亚州布伦特伍德，施纳贝尔之家（弗兰克·盖里）

完没了的简单重复，比如位于华盛顿特区的美国财政部大楼（US Treasury，见图 6-11），则会让建筑变得无聊甚至死板。这是因为我们在心理上渴望去感知一些刺激，就像我们在身体上渴望氧气一样。

所以，人们除了需要建成环境能呈现一定的模式外，还需要建成环境偶尔打破那个主导模式。换种说法就是，人们需要建成环境展现出模式化复杂性（patterned complexity），这条结构化原则源自有机形态。[7] 展现出模式化复杂性的建成环境可以提供趣味盎然的景观，让我们一看再看，百看不厌。

作为一个基本原则，模式化复杂性让设计师有巨大发挥空间，因为根据这一原则进行设计，不仅可以采用多种多样的手法，而且可以利用多种多样的元素，包括体块，空间序列和视图，材料，声、热、触感等属性，以及所建之物与场地和自然世界的关系。如果场所能展现出模式化复杂性的构造，就可以提供多种多样的体验。有些宁静雅致，让我们放飞思绪，为我们补充注意力等心理资源；有些迫使我们积极解决问题，磨砺我们的认知能力。悠闲的探索和积极的问题解决都能提供恰当的认知刺激，是人们每天都需要进行的有益活动。

最原始的模式化复杂性涉及了空间切割分块，空间切割分块的依据要么是建筑材料的结构可能性，要么是建筑里面的各种活动背景，或者两者兼而有之。在两者都依据的情况下，空间分块可以迅速揭示项目潜在的结构布局和功能布局，而且为了弄清空间分块的意义，我们会立即调用“类别为容器”的图式，去识别各块空间里的活动背景，例如这里是厨房，那里是卧室，等等。分块经常见于古代建筑，比如哈特谢普苏特女王神殿和雅典卫城，那时的可用技术和可用材料有限，导致空间大小有限。分块也偶尔见于当代项目，比如弗兰克·盖里在洛杉矶的施纳贝尔之家（Schnabel House，见图 6-12），它的客厅、厨房、卧室分别装在不同的容器里。

由于我们需要既有序又复杂的认知刺激，所以最成功的模式一般是那种引入清晰主题然后逐渐变化的模式，像乐曲的韵律一样。在哈佛大学冈德楼的大门廊立面，简约古典主义柱廊由两排间隔不同的柱子构成。这本身就制造出了复杂的韵律，窗墙还在上面添加了对位变化。主题与变化的构造同样可见于非古典主义设计，比如戴维·阿德迦耶(David Adjaye)在美国华盛顿特区设计的弗朗西斯·格

上，图6-13
华盛顿特区，弗朗西斯·格雷戈里社区图书馆（戴维·阿德迦耶）

下，图 6-14
弗朗西斯·格雷戈里社区图书馆内部的模式化复杂性

雷戈里社区图书馆（Francis A. Gregory Neighborhood Library，见图 6-13），就是在十分有限的预算下建造的一座小型公共图书馆。弗朗西斯 · 格雷戈里社区图书馆在结构和功能上只不过是个带有外墙的大矩形棚，上面布满简单的菱形网格。在菱形网格形成的模式里，阿德迦耶通过三种方式引入了复杂性（见图 6-14）。他把网格这样“拉拉”、那样“扯扯”，以改变不同立面的窗户形状。有些地方的窗户是粗胖的菱形，有些地方的窗户是细长的菱形。他还把菱形网格立面弄得像“镜面的拼布床单”，让它映照周围的景象，随着天气而变化。到了建筑里面，原本闪亮的、平平的菱形变成了亚光的、厚实的立方体。相邻的立方体以这种那种方式重叠，形成了架子，有些地方甚至形成了读书角，让人可以舒服地窝在里面。弗朗西斯 · 格雷戈里社区图书馆在表面、材料等方面引入模式化复杂性，让一个简单结构给人以强大冲击力。这个小图书馆有力地说明：即使是预算相对紧张的项目，也有办法创造性地利用纹理、材料、颜色、施工细节等表面线索，引发人们深刻的情绪和认知体验。

“模式化复杂性”可能让人想到装饰华丽、雕纹精巧的表面，但是简单的拼接、微妙的变化也可以制造出模式化复杂性，让建筑焕发迷人的魅力。索布鲁赫 · 胡顿（Sauerbruch Hutton）设计的柏林 GSW 总部办公楼，是个普普通通的金属框架玻璃幕墙建筑，但是遮光帘的色调变化（有橙色、米黄色、粉红色、玫瑰红色）让它从周围建筑中脱颖而出，让那里的工作人员能够通过外面的颜色辨认里面的办公室，这有助于他们形成强烈的场所感（见图 6-15）。

在美国阿肯色州斯普林代尔市小小的圣尼古拉斯东正教教堂（St. Nicholas Orthodox Christian Church），马龙 · 布莱克威尔（Marlon

GSW

左，图6-15
德国柏林GSW总部（索布鲁赫·胡顿）

右上，图6-16
阿肯色州斯普林代尔，圣尼古拉斯东正教教堂

右下，图6-17
圣尼古拉斯东正教教堂门厅

图6-18
圣尼古拉斯东正教教堂大厅

Blackwell）利用表面元素将一个常见的三车位铝板车库变成了一座洗涤灵魂的圣殿（见图6-16）。由于预算非常有限，布莱克威尔选择保留车库及其箱形肋拱金属壁板的整体形态。然后，他在前入口处加了一个突出来的门廊来抵消外部的重复竖纹，在左边缘、右边缘和门道上挖了三个大小不一、高度不同的凹进去的窗洞。他还在建筑周围挖了一条槽，用光滑、触感好、手掌大小的黑色石头填满，从而让这个棚子从周围建筑中脱颖而出：从远处看，它好像轻轻悬在地面上方。

巧妙地运用颜色，可以让入门序列充满活力。新装的“塔”（即顶上那个突出部分）中，十字形窗户的有色玻璃将浓郁的红白色相间的墙壁染上红光；入口对面，一个水仙花色的混凝土楼梯散发出明亮的黄光。流动空间里生机勃勃的色调让这座东墙洒满了阳光的白色教堂显得宁静了很多（见图6-17）。天花板正中央嵌入了一个浅浅的圆顶，这是布莱克威尔用废弃的圆盘式卫星电视接收器做的。祭坛附近，一个金属脚手架上摆着一排圣像；中间是一幅壁画，画的是加冕的耶稣，他举着双手，像是在赐福给所有进来的人（见图 6-18）。

弗朗西斯・格雷戈里社区图书馆和圣尼古拉斯东正教教堂说明，即使是非常普通的小型建筑也能通过模式化复杂性引起人们强烈的视觉和情绪体验。作为设计工具，模式化复杂性还可以用得更灵活，因为设计师可以通过非视觉手段打破项目的主导模式。这一点也体现在了圣尼古拉斯东正教教堂上。这个建筑外表平庸，美国人看着十分眼熟，随便一看就能生出一连串联想：车库、临时建筑、廉价和冰冷。不过，这个建筑很美，有干净的线条，认真执行的施工细节，精心规划和管理的空间序列，色彩饱和的表面。这个建筑之所以会引发我们的情绪反应，不仅因为其表面呈现出了模式化复杂性，而且因为其施工细节违反了我们的内在期望——对有关这种建筑所含活动背景的设想。布莱克威尔达到这一效果的手段是去熟悉化，也就是让熟悉的东西显示出奇特的地方，以此激发人的想象力。[8]

在建成环境中融入变化

习惯化是打造丰富建成环境的最大障碍。一动不动、没有威胁、比较熟悉的东西，不会引起我们注意。再美的东西，看久了也会审美疲劳。但是这些可以通过设计来克服或减轻，方法就是利用自然的变化和人们在活动背景里的变化。

自然界的工具

像安迪・高兹沃斯（Andy Goldsworthy）说的“日升时，棍子这样摆，就由暗转亮；日落时，棍子那样摆，就由亮转暗”一样（见图6-19），场所可以设计得积极响应环境变化（光线、天气、温度、声音），达到即使没变化也显得在变化的效果。这一点可以从 Allied Works Architecture建筑事务所的布拉德·克洛普菲尔（Brad Cloepfil）在丹佛设计的奇妙的克莱福德·斯蒂尔博物馆（Clyfford Still Museum，以下简称 CSM）中看见。CSM是个两层的清水混凝土棱柱体，证明了“彻底简化的形态”。但是，CSM 墙面有着貌似用耙子弄出来的“灯芯绒”纹理，这必然会引起我们在感觉运动层面与之感应——否则我们的目光不会在上面停留。它们全天都随着日照而变化，而日照又随着天气、时辰而变化（见图6-20）。外部灯芯绒一样的混凝土整块墙面，以及印有木纹纹理的更平坦一些的通道，有的凹陷，有的突出。内部的墙面是灯芯绒纹理，地面是木纹纹理，而有一部分天花板是一排排带有深色斑点的木板条。结果如何？ CSM 成为强有力的展示盒，表面在重复和变化之间转换，到了二楼主展厅突然变成了明亮的滤光。在这里，与清晰的竖条纹理墙面形成对比的是，深色斑点木板条部分的天花板上开了一个个椭圆形天窗，而另一部分天花板是沿对角线排列的、刻得很深的网格（见图6-21）。在 CSM 形态彻底简化的形体背景下，这种纹理变化容易吸引我们与建筑建立具身关系。CSM 的条纹表面随着日照的变化而显示出不同的色调，Allied Works 建筑事务所就这样成功地既强化了建筑的静态感，又

图6-19
光照下的材料：安迪·高兹沃斯的“棍子这样摆、那样摆”（现场细节图），在一天之中不同时辰拍摄

上，图6-20
光照下的材料和纹理：科罗拉多州丹佛，克莱福德·斯蒂尔博物馆（布拉德·克洛普菲尔）

下，图6-21
材料、光线、几何、纹理：克莱福德·斯蒂尔博物馆内部

凸显了环境的变化。这样的地方有助于我们意识到环境每时每刻的变化。它拒绝做安静的背景，通过刺激我们的所有感官，坚持要抓住我们的注意力。

把变化设计进建成环境，不仅可以用自然光来凸显纹理变幻和时光流逝的方式，而且可以把场地（特别是具有特色的场地）的绿植、气候、地形纳入，作为景观特征的方式。[9] 与建筑的静态不同，这些自然特征随着时间而变化，有的甚至每时每刻都在变化：草木荣枯、朝晴暮雨、潮涨潮落。连土地的场地地形也随着岁月变迁而拱起塌陷。因此，彰显自然元素存在的项目会存在变化——随着天气变化，随着时间变化。

海洋牧场（Sea Ranch）是旧金山以北 100 英里外加利福尼亚州太平洋海岸一处 4000 英亩的度假村（见图 6-22），证明了利用自然界植物和矿物变化进行设计，带来的积极体验。1965 年，一个由建筑师、景观设计师、房地产开发商、地质学家组成的团队设计了这个建筑群。直到现在，这个建筑群依然由规范协议所管理（regulated by covenant）。建成 50 周年之际，海洋牧场仍然是美国智能设计评审常常提及的范例。海洋牧场简单的、大多为中等大小的斜屋顶房屋，包了一层未上漆的花旗松或红木（见图 6-23）。这些房子沿太平洋海岸线排布，前面有一条公共的散步小路，小路再过去几步就是悬崖峭壁。这样的场地规划可以确保海洋牧场的主景观是崎岖不平、海水侵蚀、风吹日晒的海岸，上面有着不断变化的紫色、黄色、麦色野草，以及沿着草地蔓延上 10 英里的多肉植物和贴地灌木。尽管海洋牧场的建筑即将超过设计使用年限，但是它仍能吸引我们的注意力，舒缓我们的感官，一次又一次地让我们折服在其魅力之下。

图6-22
气候变化激活场地：加利福尼亚州海洋牧场，从海洋上看去

左，图6-23
海洋牧场的典型房屋

右，图6-24
葡萄牙波尔图市，莱卡游泳池（阿尔瓦罗·西扎）

自然，自然的变化，人必须遵守自然规律。当人们栖息在地球上时，这三者共同造就了海洋牧场不可抗拒的美。随着太阳在云朵里穿行，乌云时而笼罩大地，阴影填满又离开门廊、山墙、零星的角楼。早晨的刺眼阳光侵蚀建筑的边缘，将其刻入绵延的景观，而傍晚的柔和阳光给一切蒙上了淡淡的光辉。在自然力长年累月的侵蚀下，这些按一定模式散布的房子，虽然定期精心维护，但仍然呈现出风化迹象。这说明，人类的建筑行为从“人定胜天”的顽强声明，变成了“顺应自然”的和平宣言。

不管有没有以海洋牧场为榜样，越来越多当代设计师都开始利用不断变化的自然元素来增强项目的魅力。阿尔瓦罗·西扎（Alvaro Siza）在葡萄牙波尔图市郊区，以崎岖不平、布满岩石的壮观场地为主要景观，打造了一个露天游泳池——莱卡游泳池（Leça Swimming Pool，见图 6-24）。Vo Trong Nghia 建筑事务所设计了越南经济适用房原型 S 住宅系列（S House Series），指出结构框架一定要用钢筋混凝土的或钢的，但外部包层可因地制宜地灵活选材。例如，由于湄公河三角洲（Mekong River Delta）有大量竹子、聂帕棕榈叶等，因此选用这些材料既可节省运输施工成本，又可让房子融入场地。

活动背景和人

设计师给建成环境添加活力、预防人的审美疲劳的第二个有效方式是，利用活动背景和人，也就是让人的存在和活动给建成环境注入活力。这方面的著名例子有弗兰克·劳埃德·赖特设计的纽约古根海姆博物馆(Guggenheim Museum in New York，见图 6-25)和弗兰克·盖里设计的毕尔巴鄂古根海姆博物馆。纽约古根海姆博物馆内部的螺旋上升，可以使游客透过中庭看到其他艺术品和其他游客，这些游客本身也在投入地看艺术、看人。在赖特之前，法国 19 世纪建筑师查尔斯·加尼叶（Charles Garnier）设计的巴黎卡尼尔歌剧院（Palais Garnier Opera House），也将门厅活动背景数目增加几倍、范围扩大许多。加尼叶重新界定了巴黎夜生活，将歌剧院的入口、走廊、楼梯改造成了某种意义上的第二舞台：在上面可以大方地展示自我，作为默默观看戏剧表演的前奏（见图 6-26）。进入歌剧院，我们面对的是由红色和绿色大理石做成的、刻有奢华雕饰的、弯弯的、宽宽的、浅浅的台阶。台阶往上分成左右两支弧形楼梯，通往贵族楼层

上，图6-25
赖特把纽约古根海姆博物馆设想成这样的地方：人们聚到一起看艺术、看彼此，孩子们自己玩自己的

下，图6-26
法国巴黎，卡尼尔歌剧院的门厅，有多个楼梯和平台，成了看人和让人看的第二舞台（查尔斯·加尼叶）

（即主楼层）的周围门厅。就这样，一个简单的过渡空间变成了一个生动的前厅，以供歌剧观众在歌剧开场之前整理妆容、示意寒暄，在第二舞台扮演自我设定的角色。

人的存在和活动也能给较小建筑的内部空间注入活力，比如雷姆·库哈斯早期的出色作品：巴黎近郊的艾瓦别墅（Villa dall’Ava，见图6-27）和鹿特丹的康索现代艺术中心。在艾瓦别墅，窗户成了屏幕，上演着精彩剧情，简直像电影《后窗》（*Rear Window*）[①]一样：绕着房屋和场地散步，可以透过楼上房间的大玻璃窗看到女儿独自一人时的样子。在康索现代艺术中心，站在下层画廊欣赏艺术时，可以透过将上下展厅隔开的半透明天花板（也就是楼板），突然瞥看到其他游客因透视而大大缩短了的身体。栖息在这样的地方，就会成为别人眼中的风景。库哈斯这种把人作为设计元素来增强项目活力和趣味的手法，影响了之后的许多项目，包括 James Corner Field Operations 建筑事务所与 Diller Scofidio + Renfro 建筑事务所设计的纽约市高线公园（High Line Park），这是一座用废弃高架铁路支架做成的公园。公园长 1.5 英里，这头在中城西，那头在肉库区，中间曲曲折折地穿过了切尔西区。沿着高线公园走，我们要绕过，有时穿过曼哈顿西区较老的仓库和较新的住宅楼。看见哈德逊河时，我们停下来休息，从许多躺椅当中就近选一个靠着，或和其他人一起歇在某个露天剧场般的休息区。这是一个引人入胜的地方，把处于身体中的我们转变成搁在基座上的雕像，截取出一个个小社会群体，在风

① 《后窗》是一部悬疑片，讲述了摄影记者杰弗瑞为了消磨时间，于是监视自己的邻居并且偷窥他们每天的生活，并由此识破一起杀妻分尸案的故事。——译者注

图6-27
法国巴黎，艾瓦别墅（雷姆·库哈斯/Office for Metropolitan建筑事务所）

图6-28
纽约市高线公园，长凳把人变成别人眼中的风景（James Corner Field Operations建筑事务所和Diller Scofidio + Renfro建筑事务所）

景如画的场景中把它们呈现给城市居民（见图 6-28）。世界上的许多建筑、景观，包括一些颇有名气的博物馆，往往给人一种沉闷感。其实，它们的设计者可以像加尼叶、库哈斯、James Corner Field Operations 建筑事务所一样，通过人的存在和活动给它们注入活力，让它们成为不断变化、生机勃勃、有趣迷人的地方。

赋予建筑性格

凡是引人入胜、令人流连的场所，都有性格。性格好像是个模糊的概念，但在这种背景下含义相当明确。一个场所，如果呈现的形态与暗含的活动背景之间存在同构关系，那就有了性格。场所获得性格的方式可以是通过设计，也可以是通过操纵人类天生的、直接的生物学反应，比如趋向柔和曲面而回避锋利表面，凭直觉知道在重力作用下物体有何表现等。场所获得性格的方式还可以是通过具身图式及其引发的隐喻，这些隐喻可以表达或支撑场所的功能乃至气质。隐喻之所以赋予场所以性格，是因为人们理解隐喻的方式是在心理上模拟隐喻的喻体，而这一过程伴随着有关的情绪和活动。举个简单的例子，在一个私人住宅研究中，建筑师纳德·特拉尼（Nader Tehrani）把胶合板书挡雕刻得像打开的书。书挡本身让人想到书架上的书，也许还让人想到书架和书页的原材料——木头。这样的联想，给一个不过是用来设定书本搁置范围的东西，增加了语义密度。

隐喻给场所添加性格，但只限于选得好的隐喻。隐喻太过抽象，人们可能理解不了。隐喻太过形象，人们可能很快理解又很快忘掉。挑选隐喻是项非常不好把握尺度的工作，有约恩·乌松（Jørn Utzon）的悉尼歌剧院（Sydney Opera House）为证。悉尼歌剧院的耀眼拱顶让人联想到沙滩上一半埋在沙里、一半露在外面的贝壳，或三角龙等巨型史前生物化石，抑或从停泊的大船上升起的“风帆”，在悉尼港口显眼位置迎着微风扬起（见图 6-29）。悉尼歌剧院的多重语义，有助于打造丰富的体验。它可以引发各种各样的隐喻式联想，比如海滩、水、风、运动、翱翔等，赋予这个港口城市以鲜明特色，展现这个歌剧院的活动背景：听音乐，听海风。

当代建筑的设计尤其依赖具身隐喻，具身隐喻已经成为使公共场所给人丰富体验、引发情感共鸣的主要手段。Herzog & de Meuron 建筑事务所在北京设计的国家体育场（National Stadium），看起来像鸟巢（这个体育场的昵称就是“鸟巢”，见图 6-30），让人联想到鸟的娇小可爱。不过，这个“鸟巢”采用的是钢结构，比真正的鸟巢大了无数倍、结实了很多，成了举行重大赛事和活动的场地。弗兰克·盖里设计的云杉街 8 号（8 Spruce Street）是一座 76 层金属贴面的住宅楼，像闪着微光的柔软窗帘，从天空悬下，飘在纽约市金融区的众多塔楼中间。尤根·迈耶（Jurgen Mayer H.）设计的都市阳伞（Metropol Parasol，见图 6-31）是一棵用木头拼成的仿

左上，图6-29
风帆、贝壳、翱翔：澳大利亚悉尼，悉尼歌剧院（约恩·乌松）的隐喻

左下，图6-30
中国北京，国家体育场·鸟巢（Herzog & de Meuron 建筑事务所）

右，图6-31
都市阳伞：西班牙塞维利亚市中心恩卡纳西翁广场上遮天蔽日的大树或巨型蘑菇（尤根·迈耶）

生格子大树（或巨型蘑菇，塞维利亚人更喜欢这么称呼），竖立在塞维利亚历史悠久的市中心，遮盖着恩卡纳西翁广场（Encarnación Plaza）。

精心构思、巧妙部署的隐喻可以引发人的重重联想，进而给建成环境添加活力，预防人的审美疲劳。它们引人流连，会不断引发新的认知和情绪体验，因为喻体（扬起的风帆、巨大的鸟巢、飘动的窗帘、遮天的大树）与本体（贴着瓷砖的混凝土拱顶、纵横交错的巨大混凝土墩台、此凸彼凹的不锈钢、曲曲折折的木格子）始终存在差异。这些始终存在的差异，永远不会被人遗忘。人们知道，悉尼歌剧院的混凝土拱顶永远不会变成贝壳或帆布，都市阳伞的遮天树冠永远不会长出叶子或结出果实。

好的隐喻会让建成环境从背景里面走出来，在我们的体验里，从场景变成事件。它们之所以让我们在这么短的时间产生这么多遐想，是因为我们的无意识期望被推翻了。[10] 就悉尼歌剧院而言，被推翻的无意识期望有很多：建筑大多是方方正正的；看起来像帆船的东西一般就是帆船；建筑的外观和功能绝不可能像帆船，因为建筑需要牢牢固定在地面。于是，悉尼海滨这个粗看像巨型帆船、一点儿也不方正的建筑，在我们眼中就是一个谜题。

遇到这样的谜题，我们会产生愉快的认知投入感。解谜需要创造力和注意力，因为答案绝不是明摆着的，我们需要一直解、一直解。悉尼港口这些层层叠叠的巨大拱顶是怎么回事？阿肯色州那个教堂为什么乍看起来像且让人首先想到工棚或车库？想出答案，也就是“豁然开朗”的一刹那，海马旁回会释放一些内啡肽，让我们感到愉快。那种愉快感，以及与建成环境的认知感应，会构成我们对建成环境体验的一部分，存储在我们的记忆里。而且，这样的建成环境更有可能“常驻”我们的记忆中，成为我们不断演变的人生故事的内心叙事的一部分。

原则与自由：苏格兰议会综合体

Enric Miralles and Benedetta Tagliabue（EMBT） 建筑事务所在爱丁堡设计的苏格兰议会综合体（Scottish Parliament），占地广、造价高，体现了上述所有体验式设计原则，确凿地证明了遵循这些原则，就会得到多姿多彩、充满活力、富于变化的建成环境（见图 6-32）。

图6-32
苏格兰爱丁堡，苏格兰议会综合体（安瑞克·米拉利斯/EMBT建筑事务所）

苏格兰议会综合体非常独特，表达了它所代表的人民“激烈的”独立行为——通常就是这么说的。圣尼古拉斯东正教教堂有多小、多低调，苏格兰议会综合体就有多大、多奢华。壮丽的苏格兰议会综合体把上述所有为人设计的原则运用到了一个综合了城市设计、建筑设计和景观设计的建成环境的设计中。从用户的角度来看，苏格兰议会综合体确凿地证明建成环境是一个总体目录，所有设计师都应该掌握且渴望用于设计的三合一概念。

这个有着独特美的建筑，象征且促进了苏格兰人民渴望自治的民主理想；同时它与周边环境协调一致，从而体现了尊重个性的苏格兰民族精神。它把自己并入街景和景观里，你几乎看不出它的巨大。苏格兰议会综合体位于皇家英里大道较低的一端，对面就是英国女王在苏格兰的行宫荷里路德宫（Holyrood Palace）。从远处看，苏格兰议会综合体融入了这个地区的丘陵地形中，貌似正好挖到了索尔兹伯里峭壁的壁脚，一片片蓝灰色阴影下是一条条小路，一个个水涡，一丛丛石南、薄草和10英尺高的蓟（野生植物，苏格兰的象征）。公共入口的立面上，一段青草覆盖的阶梯式路堤掩藏着公共服务设施和地下多层车库，在亚瑟王座山脚拐了个弯，止于锯齿状的反思池，反思池是以前的公共入口。这些景观像萨克学院渠道喷泉一样，起到了引路作用，它们与我们的空间导航和感觉运动系统合作，引导我们来到并进入入口。

入口门厅是个长而低的筒形拱（见图6-33），从顶上的天窗和下面的天井采光［顺便说一句，这处设计让人想起路易斯·康的另一个建筑，位于沃思堡的肯贝尔艺术博物馆（Kimbell Art Museum）］。这个长而低的筒形拱后面，聚集了一系列多层叶形结构物，包围着议会

图6-33
苏格兰议会综合体的花瓣大厅

大厅和委员会厅，容纳了辩论厅入口和苏格兰议会议员的聚会空间。这些结构物沿着一根脊排布得像一根树枝上的数片叶子，修饰着前述各种厅的边缘。前述的各种厅遥望着索尔兹伯里峭壁，以独特的方式采入和刻画着日光，让日光与人体尺度匹配得很好。前面提过的“脊”是一个单层 Loft 空间，它继续以独特的方式串起户内户外的房间，里面的混凝土-木雕支撑件开出巨大的叶形天窗，天窗在水平方向上把宽广的空间分成一个个较小部分。光线充足的门厅和旁边景色秀丽的户外花园提供了很多充满人性化的空间旋涡和休息区，议会议员可以在这里举办内部聚会或召开媒体发布会。

这个门厅的对面、场地挨着城市的那侧，耸立着综合体的最高楼，里面是议员及其工作人员的办公室。在这个富含多重语义的综合体

左，图6-34
苏格兰议会综合体突出在外的读书角

右，图6-35
各议员办公室的读书角

中，这栋办公楼的外立面体现了模式化复杂性的视觉感染力和体验趣味性：从立面往外突出一块，形成一个读书角，此处也可用于私下会谈（见图 6-34）；读书角一面是阶梯架，一面是沙发椅，中间是窗户，其中一边的窗户外面有栅栏，栅栏像由随意撒开的一把棍子构成的，阳光从棍子之间的缝隙穿透进来（见图 6-35）。

办公楼里里外外的设计都在颂扬集体内每个个体的独特之处。但是当我们折回去，穿过花瓣大厅（Petal Chamber，见图 6-33），爬上宽宽的楼梯，在楼梯的引导下，进入令人惊叹的议会大厅（见图 6-36），一路上又能体会到设计师在以不同寻常的方式颂扬群体集会。议会大厅长达百英尺，像一个自由跨度结构的露天剧场，充

图6-36
苏格兰议会综合体议会大厅

满了日光，几乎看不到外面壮丽的景观，让人把注意力集中于手头的重要事务——治理一个民族。与伦敦议会大厦长凳对立、对峙而排（这也是丘吉尔选择的排布模式）不同的是，这里的椅子被排成了扁半圆，这种排布象征着，且实际上也允许苏格兰政党之间进行富有成效的交流与合作。阳光通过船形大厅两面墙上的高高窗户倾泻下来。这种结构之所以能开出这些窗户，是因为强劲有力、富有动感的天花板由以下两大部分构成：上面的跨梁，跨梁弯度与中间点所承载的负荷——形成的曲线相符合；下面的木梁的边缘，在富有动感地逐渐变细。天花板的木外壳好像在其承受的重力下微微起伏。议会大厅的设计充满巧妙的诗意，有两个灵感来源：苏格兰城堡大会议厅的木屋顶；建筑师 Miralles 和 Tagliabue 在苏格兰海岸发现的倒扣船壳。议会大厅让人产生敬畏感，这种敬畏感不同于我们在亚眠大教堂体验到的敬畏感，而是能够提升个体精神，促进亲社会行为，提高人类共性意识的敬畏感。

苏格兰议会综合体以温和的强大体现了理想的欢快，以及负责民主理想的严肃；这个集城市景观和建筑群于一体的综合体还表明，体验式设计有很大的灵活发挥空间。这个综合体没有丝毫的公式化气息，它是 Miralles 和 Tagliabue 这两位建筑师进行下述活动的产物：与合作伙伴和客户合作，通过打造新颖独特、富于变化、适合当地地理和文化的形态，来诗意地诠释和塑造一个政治机构的身份。建筑、景观和城市设计展现出模式化复杂性，放慢了我们的脚步。它们一次又一次邀请我们用所有的感官去感受其模式化的表面，感受其自然光，感受其清晰、有力的施工细节，感受其纹理丰富的材料，包括混凝土、苏格兰片麻岩、花岗岩、橡木梁，和薄薄的、发光的梧桐木板。苏格兰议会综合体从整体设计理念到制作细节，将人体尺寸与城市规模和壮丽场地整合到了一起。苏格兰议会综合体从空间布局到局部细节都表明，在这个高度分化、极其复杂的世界，你可以既作为个体自主地生活，又作为群体成员与人密切地合作。历史、景观、民主、个性、合作主题和隐喻贯穿整个设计（不仅是立面、外壳），塑造着空间，为使用者提供全面深入的建成环境体验——这种体验会让使用者在许多时间、许多方面受到鼓舞，从而变得高尚。

07 .

领悟：丰富环境，改善人生

第7章
领悟：丰富环境，改善人生

伦理与美学是一体的。

——路德维希·维特根斯坦（Ludwig Wittgenstein），
《逻辑哲学论》（*Tractatus Logico-Philosophicus*）

任何建筑，几乎都消耗了大量的各类资源，即使是规模不大的基础设施、大厦、公园或游乐场，也必须经过设计、筹划、融资、取得许可证，之后才能开工。这个过程需要投入几十人或几百人的劳动力，几十万或几百万美元的资金，有时还远远不止这个数，具体取决于项目规模。城区、公园或建筑一旦完工，可能会比设计、筹划、建造它的每个人都活得久，也会比因它而申请许可证所适用的法规的立法人和执法人活得久，会在它的委托人和付款人去世很久后仍在使用。

正因如此，建成环境的设计一定不能被短期利益或狭隘利益劫持，建成环境也一定因为一些东西而被不当地塑造。目前这些东西有很多，包括人们的无知，对变化的冷漠或反射性反感，腐败或贪婪。上一章我们考察了一些设计原则，参与塑造建成环境的每个人都应该把这些原则视作不可违反的硬性规定。这一章我们会进一步考察哪些运作、社会、伦理的原则应该指导我们建设今天和明天的环境。社会和机构需要华丽的建筑、景观、市容，而且有幸在某时某地如愿以偿。但我们已经看到，建得好未必意味着建得奢华，即使过去有很多例子证明，为一流的设计而花费甚多肯定是值得的，而且将来随着城市化进程，一流的设计也会更受重视、更加值钱。

区分 architecture（建筑）与 building（房子）、区分美学导向设计（或建筑）和“功能”导向设计（或建设），是误国误民、冥顽不灵的做法。每个地方的每个人都需要各种各样更好的、实际可能只能说是好的（因为现状并不好）景观、市容、建筑。实现这一目标的唯一方法是，不断盘点我们已经和正在获得的有关建成环境如何塑造和影响人类体验的知识。这与认真分析我们可以如何利用所说的知识去促进人们的身体健康，支持人们的认知发展，培养人们的积极情绪有很大关联。由于这一不断增长的知识体系，我们能够更精确地设定恰当的期望和标准，要求全体人员落实下去。其中的全体人员包括房地产开发商和融资人、承包商和建筑商、立法者和执法者、城市规划师设计师、用户和客户。也就是说，包括我们所有人。

几乎任何一个人参与建设的任何一个东西，都有可能影响许多人，继而影响几代人的生活。所以，至少民众和政策制定者应该主张（甚至要求）每处市容、景观、建筑做到：第一，要经过设计；第二，要由受过训练的专业人员设计；第三，这些专业人员要全面深入地学习不断更新的环境美学和体验式设计知识。为扩充这方面的知识，实践者、研究者、学者应该继续提出研究课题，支持有关研究；应该以各自所在机构为基地开展相关研究，不管所在机构是公共实体、非营利组织、智囊团、学术机构还是私营部门（比如住宅和健康建筑领域的）。为传播这方面的知识，有关人士应该制订、资助、推行相关宣传教育计划。每个人都应该努力确保把能够丰富用户体验的设计和环境美学整合到建材生产中，整合到施工做法中，整合到分区规范建筑法规中，甚至整合到市、区、联邦审查和监督机制中。

这些广泛的变化会一步步地发生。虽然变化的速度可能有快有慢，但每一步变化都是现实的，也可实现。举个简单的例子就够了。中国很多地方的建筑法规规定，新建的每套公寓每天至少要有三个小时阳光直射，即使是在一年当中白昼最短的一天，也就是冬至日。想想吧，光是这条法律在全球颁布实施，就有多少人的家居环境能得到改善？

建成环境的决策者，从房地产开发商、公司实体，到私人客户、公共机构、政府，都应该全心全意地拥护一个现实的目标：打造能够丰富用户体验的环境。无论是像纽约市高线公园那样的公园，还是像芝加哥云门那样的广场雕塑，或是像爱丁堡苏格兰议会综合体那样三合一的建成环境，独特的项目的确对人有吸引力。但是不管项目大小，好的设计都是促进人类健康、发展、幸福的重要因素。它可以成就好的企业，提高员工的满意度和生产率，让商场更能吸引顾客。它可以成就好的社会政策，增强社区感，促进人们对片区或场所的情感投入。它甚至可以成就好的政治观点，因为它有潜力去提升公民的参与度。简而言之，做好的设计就是做对的事情。

推广和倡导好的设计是每个人的责任，因为即使大部分归私人所有，也由私人建造，建成环境也与水、能源、数字通信一样，从根本上讲是造福大众的。然而正如我们已经看到的那样，大多数政体、社会、个人并没把它当回事。大多数人的安身之地是可悲的，因为远远低于合理居住标准。世界大部分地区，公共监督即使有也很少，大多数建设项目是被甚至不懂“以人为中心进行设计”这样的基础知识的人“设计”出来的，即使由“专家”设计，也可能违反人类体验原则，因为今天提供设计专业学位的学术机构，大多没有系统地传授有关人们如何去体验主要栖息地（建筑、景观、城市）、如何与之互动、怎样受其影响的知识。普通大众，以及建设项目的委托人和决策者，都坚持一个错误的理念：设计是奢侈品而不是必需品，是品味问题而不是紧迫民生问题。结果如何？建成环境的自我延续一直赤贫下去。

社会对栖息地设计的期望值普遍偏低，认为达到功能主义的标准就够了，这就像认为一个人有点儿吃的喝的、不中毒不受伤就是过得好。但是，大量自然科学和社会科学研究日益表明，人类在身体上、生理上、心理上彻底且深刻地嵌入了栖息、依赖的环境中；相应地，建筑、景观、城区、基础设施等每个元素都应该设计得有助于人类茁壮成长。在这么多研究的启示下，城市规划师、政策制定者、开发商、设计师、普通大众，是时候面对并改变这个既无法逃避又令人烦恼的事实了：虽然城市化速度比以往任何时候都快，但是建成环境的设计和建造标准依然低得没有人情味、不可接受——几乎不管用什么来衡量都是不可接受的。

诚然，不是一切有关人们如何体验建成环境的研究发现都具有跨文化、跨历史的一致性，个体、性别、年龄、文化差异是存在的。随便举两个简单的例子：老年人对同一坡道的评价比年轻人更陡；女性比男性更趋向“庇护”空间。[1]但建成环境体验大多是全人类共通的，因为它是以下过程的结果：一个人从婴儿长成大人，不断适应环境，在环境里发展，赋予环境以意义；同样，整个人类在几十亿岁的地球上生活几十万年，也在不断进化。

即使我们这里主要关心、关注的是当代世界，上述建成环境的体验

图7-1
刻入景观的不平等：印度孟买，贫民窟住宅旁边的现代化公寓

共通性也依然不减分毫。当代世界的三大趋势，全球化、大规模城市化和前所未有的富裕程度伴随日益拉大的收入差距，直接体现在我们栖息和建造的地方（见图 7-1）。贫民窟的极度贫困让人们的身体和精神枯竭。教育资源普遍短缺、医疗资源分配不均，正在变得不仅在道义上不可接受，还在经济上形成危机，在政治上有损形象。

随着人、货物、信息能在很短时间跨洲流动，人们进一步认识到了不同地区在繁荣程度上的差异，但同时有了更强的场所疏离感。由于数字技术革命的开展，人们对周边环境保持控制力的本能需要变得得不到满足。由于全球化，人们担心随着地方传统文化的消失，自己会找不到根——这种担心有时颇有依据。购物区、机场，乃至全新的城市、近郊都没有地方特色，好像放在哪里都可以。学术界

图7-2
一些房子几乎每天都在居住者面前叫嚣，“你们的生活不重要”：纽约东哈莱姆

开始不断有人著书、写文章谴责“没有地方特色”的地方。[2]迫于这些现实，处在社会世界、建成世界的我们，已经改变并且会继续改变我们对自己、对场所的设想。迫于气候变化，很多国家及其人民开始改变施工做法，更审慎地利用资源和场地，彻底重新思考建成世界与自然世界的关系。

所有这一切改变，都可以且应该在未来几十年保持并发扬下去。我们有大量东西要建造，不能再维持现状了。当今，每天全世界都有很多儿童，特别是贫困儿童，被剥夺了个人发展和自我实现的机会。大部分原因在于，他们在对健康有害、让认知迟钝的地方生活，在不利于甚至妨碍集中注意力、增强学习动机、提高学习效率的建筑中上学。[3]每天，全世界有很多人找不到能让他们缓解日常生活压力或与他人轻松相处的舒适宜人、引人入胜、设计得好的街景、建筑、公园、广场。每天，社会最底层的人只能回到凄凉、破旧、让灵魂麻木的家，包括我本人所在片区的许多丑得可怕的“经济适用房”小区。全世界有很多场所用劣质材料和廉价方法建成，几乎违背了现有的如何造就有益、丰富环境的一切知识。这样的地方会让居住者付出惨重的代价，因为它们几乎每天都在居住者面前叫嚣：“你们的生活不重要。”（见图 7-2）今天，进入 21 世纪近 20 年，所有这一切比以往更令人反感，因为现在我们知道，设计在人们的生活当中非常重要，对人们的生活产生了持久、深刻甚至根本的影响。

人的能力仰赖好的设计

人们讨论、评价设计，用词往往十分有限：“好”或“坏”，雅或俗，实用或奢侈。然而过于简单、一分为二的标准毫无意义，我们必须制定一个更大框架来评价建成环境。一个比较好的切入点是哲学家玛莎·努斯鲍姆（Martha Nussbaum）和经济学家阿马蒂亚·森（Amartya Sen）提出的那个已被广泛接受的立场：政府对公民的义务，远远不只是保持政治稳定、维持经济发展。[4]努斯鲍姆和森认为，秩序良好、伦理正当的社会，不仅必须保证消极自由（意思是我们可以不受政治和社会机构妨碍，而满足自己的基本需要，比如穿得暖、吃得饱、让自己和家人接受教育），而且应该积极支持并促进积极自由（意思是我们可以发展个人能力，从而追求充实、成功、有意义的人生）。努斯鲍姆和森提了一个引导性问题：“每个人能做什么、成为什么？”在此基础上，他们列出了一系列政治、社会、文化条件，从而赋予人类发展最全面的正确含义，即确保每个人都可以发展自己特有的身体与心理的协调能力，以及个体精神与社会联系的能力。

图 7-3
积极自由：从“一半之家”开始：智利伊基克，金塔・蒙罗伊住宅楼（亚历杭德罗・阿拉维纳/ELEMENTAL）

努斯鲍姆和森的能力要素法（Capability Approach）既不是学院派的无病呻吟，也不是乌托邦幻想。它大大影响了当代国际范围的人权思想和政策举措。世界银行（World Bank）和联合国开发计划署（United Nations Development Programme）已经采纳了其核心观点并努力付诸实践。事实上，联合国每年更新一次的人类发展指数（Human Development，HDI），世界各地广泛使用的国家和民众健康衡量标准，就是以努斯鲍姆和森的能力要素法为基础的。因此，从努斯鲍姆和森的能力要素法出发，确立当前和未来的建成环境评价标准，也是有道理的。

每个人能做什么、成为什么？努斯鲍姆和森解释说，培养个人能力、

成为对社会有用的人，依赖于一系列条件，这些条件只有具有正确导向的政治和社会机构能够提供。这些条件具体到建成环境中是什么样，也是很容易推断的。每个人应该能够通过合理地预期来确保自己和家人的身体安全和最低水平身心健康都有保障，无论是现在还是可预见的将来。每个孩子能够获得良好的教育，为自我实现这一终身目标打下基础，这样的教育包括：获得积极参与社会所必需的社会规范实用知识，培养作为切合实际地推理和天马行空地想象的根基的批判性思维能力。此外，每个人应该有足够机会通过与所在群体、与所在群体和参照群体所在的机构形成情感联系，来“与他人共处、向他人靠近”（这是努斯鲍姆的话）。

所有这一切，都仰赖好的设计——景观、城市、建筑。其中最容易想到的例子是住房，因为住房是保障身体安全和身心健康的重要因素。设计得当的住房，能够且必须因经济、区域、文化、个人需要而异。怎样才算设计得当？答案是多种多样的，请看南美洲的两个政府扶持项目。亚历杭德罗·阿拉维纳（Alejandro Aravena）所在的 Elemental 事务所用手中少得可怜的预算，在智利北部港口城市伊基克开发了一个低成本住宅项目——金塔·蒙罗伊（Quinta Monroy）项目（见图 7-3）。他们把里面的房子叫作“一半之家”（half a house）：它们是三层高的排屋，完工之后，刚好够住一家人；有的部分留了空未加屋顶，可以用作露台，或者如果房主经济条件改善了，还能以较低成本在上面再盖一个房间。继金塔·蒙罗伊之后，智利圣地亚哥和墨西哥蒙特雷也建了不少这样的项目。

同样是在住房危机非常严重，估计有 900 万人没有房子住的墨西哥，建筑师塔提阿纳·毕尔堡（Tatiana Bilbao）用另一相关，但不同的思路以很低的成本盖出一个样板独户住宅，叫作可持续住宅（Sustainable House，见图 7-4）。当地政府打算为低收入群体建造经济适用房，邀请了毕尔堡做设计。毕尔堡走访当地低收入家庭后发现，对他们来说，房屋的三大特征最能带给他们尊严：宽敞的感觉（即使客观上并不宽敞）、倾斜的屋顶、已经完工的外观（与其他许多发展中国家一样，在墨西哥，人们用钢筋混凝土盖房子，在经济条件允许的范围内盖尽可能多的房子，结果房子经常有钢筋裸露在外，有时要裸露许多年，因为他们总是希望挣到钱后再盖第二层、第三层）。基于走访结果，毕尔堡只用 8000 美元建造出一个基本功能齐全的结实房子——比该国的最低标准 460 英尺要宽敞。毕尔堡降低成本的方式是使用廉价材料，有时使用回收材料，比如

图7-4
墨西哥恰帕斯，模块化可持续住宅（塔提阿纳·毕尔堡工作室）

混凝土块、胶合板、木货盘等。可持续住宅有着居民想要的倾斜屋顶，有着因天花板很高而显得特别宽敞的客厅。天花板高也有利于空气流动，有助于通风和温度控制。可持续住宅看起来已经完工了，但是由于采用了模块化设计，住户可以继续加以改造：以较低成本逐步扩建房子，这里加个房间，那里添个前厅或半封闭阳台，等等。

这样的项目（全世界还有其他许多给人深刻印象的例子，比如前一章讨论的 Vo Trong Ngia 建筑事务所的 S 房）说明，努斯鲍姆和森的能力要素法应该纳入一个要素——设计，即使是低成本住房的设计。然而，因为很多人并不知道那些表明建成环境设计在人们生活当中占核心地位的研究和发现，所以努斯鲍姆讨论建成环境设计对人类能力发展的作用时，没有什么可以叙说。她的开创性著作《创造能力》（*Creating Capabilities*）最全面地介绍了她和森的能力要素法，但很少谈到或者几乎没有谈到建筑、景观、城市的设计。她明确地表示知道它们很重要，但是仅仅写道："要体面、充足的住房可能就够了……整个问题有待进一步研究。"[5]这种不同寻常的简洁，只能说反映了建成环境普遍被边缘化、被忽视的可悲现实，而不足以反映建成环境的客观重要性，当然更不足以反映建成环境对人类能力发展的有用性。

住所和机构设计得越符合人类体验原则，就越能培养和支撑努斯鲍姆、森和许多其他思想家及政策制定者在人类发展领域所捍卫的能力。事实证明，孩子在宽敞、坚固、安静、整洁的家里发展得更好，在设计得好的学校比在构筑得差的学校学习时效率高很多。利用环境心理学和认知科学最新知识设计的设施，最能促进身体健康。根据体验式设计原则设计的休闲场所可以大大减轻人的压力，有助于迅速恢复注意力，还能增强创造力。工作空间采用恰当方式配置，可以增强问题解决能力、人际互动技能、创造力和注意力。有很多设计技巧和决定，可以鼓励那种会增强社区感的亲社会行为。这一切总结起来，必然得到一个大胆的主张：就社会改良甚至社会正义而言，如果建成环境设计得更好，那么公共政策、私人投资、慈善事业的常用工具，比如医疗保健、基础设施、教师培训、小学和中学教育（它们的运行环境可都是建成环境），就会有效得多。

丰富环境可提升人类能力

符合人类体验原则的建成环境，就是我们所说的“丰富环境”（enrich environment），这个术语一方面有着不言自明的含义，另一方面在研究环境与认知关系的科学家的小圈子里，有着特殊的含义。[6] 想象一下，有两种老鼠笼子。一种笼子是标准尺寸，装有跑轮，这是贫乏环境。另一种笼子尺寸稍大，因为跑轮旁边有个玩具游乐场，包括一个小滑梯、一个游泳池、一个梯子和一个迷宫。从老鼠角度来看，在第二种笼子里，有许多有趣的事情可做，有地方可躲藏，有障碍可跳过，有台子可爬上去环顾四周或整理皮毛。换句话说，这是丰富环境。

与住在贫乏环境的老鼠相比，住在丰富环境里的老鼠更茁壮。它们更抗压，空间导航技能更强，视觉系统功能更强，且与运动系统更协调，学习和保存长期记忆更容易，大脑更抗衰老。诚然，人类与鼠类有许许多多的不同。但是，人类与鼠类有一点是相同的：生活在贫乏环境，人类也会出现永久性的能力受损。生活在丰富环境，享受它提供的各种好处，利用它提供的各种机会，我们就会茁壮成长。

当然，丰富环境能够提升人类能力！本书从头至尾介绍了多例按体验式设计原则设计的城区、建筑、风景，比如巴黎卢森堡花园、首尔 Ssamziegil 购物中心。这样的场所全世界还有很多，比如北京 798 艺术区（798 Art District，见图 7-5），它们让我们对体验式设计的实用性和耐用性更有信心了。有些场所允许我们自由自在地探索、无拘无束地想象，进而恢复我们的注意力。有些场所，像亚眠大教堂、巴黎先贤祠、悉尼歌剧院，令我们心生敬畏，进而让

图7-5
丰富环境：中国北京，798艺术区

我们感受到我们与他人的共通之处、我们在神秘自然世界面前的谦卑。有些场所，比如赫尔辛基的国家养老金协会大楼、密歇根的Herman Miller公司的厂房、首尔的北村茶室、华盛顿特区的西德威尔友好学校，帮助我们把注意力集中到手头任务上，进而提高工作和学习效率。还有一些场所，比如芝加哥的云门及其周围的千禧公园、安特卫普的溪流博物馆、拉荷亚的萨克学院，通过挑战我们的假设和期望来激发我们的好奇心，迫使我们去解其中的谜题。

这些场所吸引我们与之进行全身心、多感官的感应，进而迷住我们，甚至让我们沉迷。它们创造的环境，可以让我们在解决问题的时候更具创造性、坚韧性、灵活性。它们的整体形态、材料和细节全都符合人类体验原则：我们作为人类，通过联想式、无意识认知来体验世界。它们点缀了一个个启动物，部署了一个个隐喻，会激活一个个图式，获得一层层意义，进而体现出一种性格。它们作为活动背景，显示着所容纳的社会机构的性质，丰富着我们对它们的体验——把它们体验为场所，体验为我们社会生活的实物象征。由于我们在这些场所里形成之后会在余生中回味的记忆，实际上它们提供了一个框架，让我们用于定义、设定我们是谁。无论是有利于集中注意力的还是有利于恢复注意力的，无论是令人敬畏的还是让人好奇的或仅仅是令人舒缓的，丰富的环境永远是最适合人类追求个人-家庭-社区幸福安康、自我实现、成就的栖息地。

了解这点，整个社会就会更加慎重地对待建成环境。这些场所确凿地证明，体验式设计不是可有可无的。我们可以把改善人生的机会设计到我们朝夕所处的建筑、景观、市容中，也就是设计到我们的家园、我们孩子的学校、我们的工作空间、我们的街道、我们的公园、城区、游乐场中。遵循体验式设计原则打造丰富环境，应该作为一个核心要素纳入前面提到的能力要素法中，纳入世界范围内的各种发展指数中，包括世界幸福报告（World Happiness Report）和联合国人类发展指数。以人为中心的体验式设计，原本就该被视为基本人权。

丰富环境可促进有意识认知，有意识认知可增强自主感

这里讨论丰富环境的最后一个方面：我们一般会无意识地采用自我中心视角，而丰富环境能让我们跳出这一视角。如果我们把人类意识界定为一端是无意识的、另一端是有意识的连续体，那么丰富环境可以促使我们沿着连续体滑向有意识的那端。安东尼奥·达马西奥

（Antonio Damasio）写道，在从栖息的环境收集信息的过程中，人类和动物都“形成意图，设定目标，采取行动”，但据我们所知，只有人类“有能力在做这些事情的同时，利用有关自己身体空间和身体周围空间的内部图式来审视自己正在做的事情，思考自己为什么在做这件事情，自己在哪儿或不在哪儿。”[7]这种在思考和行动的同时观察自己思考和行动的能力叫作元认知，人类之所以有元认知，在一定程度上是因为人类既能以第一人视角，又能以第三人视角看自己；或者，不用文学术语而用环境心理学术语说就是，既能从异我中心视角，又能从自我中心视角看自己。我们在大多数情况下是无意识地、心不在焉地理解周边环境；与此不同的是，在有意识的思维期间，我们从假想的异我中心视角把自己体验成正在思考的物理存在，把自己想象成空间里的其他人和其他物体中间的物体。

要打造能够助推甚至猛推我们的认知从无意识端滑向有意识端的建成环境，设计师必须想方设法克服我们对熟悉事物习以为常的天性。身处设计得好的建成环境，我们可以意识到我们与自己的身体、自然世界、社会世界、建成环境本身的互动关系——只有这样，我们才能从多个角度反思自己的体验。为什么如此？因为意识到此时此刻的自己是处在一个特定场所的独立存在，我们就容易感到自己在所在的世界，既可以作为个体自主地生活，又可以作为群体的一员与人密切合作。

每个人能为此做什么，又能成为什么？无论居住在哪里，我们都需要感觉到：我们对自己的命运有一定的掌控力，可以在一定程度上塑造自己的人生轨迹，选择如何度过自己的一生。丰富环境可以让我们生出难忘的体验，进而增强我们的场所感。体验过丰富环境，我们就会更积极地塑造建成世界。每一个新的丰富环境都有助于打破贫乏的建成环境的自我延续循环，有助于启动并推动丰富建成环境的自我延续循环。我们会期望甚至要求所栖息的地方能提供更多东西，进而我们也会付出更大努力来确保所建造的东西达到这些更高的期望。

向前看，往前走

我们当下比以往任何时候都能期待、要求、帮助创造更好的丰富环境。我们对人类体验需求的了解多了几个数量级，而且这一了解每年都在增进。气候变化增强了人们对建成环境与自然环境相互依存的普遍意识，在世界范围内引发了一场有关如何管理地球资源和景观的讨论，而这个讨论还会持续几十年。气候变化的一个恰到好处的结果是，设计师的工作方式改变了。正如我们在苏格兰议会综合体（2004年完工）看到的那样，建筑设计、景观设计、城市设计这三个专业在多多少少各行其道几十年后，已经开始重新融合协作。有了设计和制造方面的新兴数字技术，设计师更有可能以更高的性价比去满足人们比以往任何时候都多种多样的体验需求，即使是设计当今城市所需的超大规模项目。计算机辅助设计提供的一系列强大工具，大大增多了较高性价比的筹划、制造、建造的可能形态。数字建模使得设计师能够在坚持预先规定参数的前提下，不限次数地进行比以往任何时候都复杂的正式迭代。现在，低成本的 3D 打印使得设计师能够迅速把创意转化为模型，而越来越多的工具可以用于对这些模型进行性能测试和其他类型测试。多年以前，计算机就能模拟声音、风和其他条件。由于虚拟现实的技术大有改进，所以神经科学家现在可以实时研究人们对模拟环境的神经和心理反应，就像目前在加州大学圣迭戈分校用 StarCAVE 做的一样。

建筑施工也取得了进展。越来越多的造型可以借助计算机辅助制造实现，其中的计算机辅助制造，指的是运用数控技术进行制造，类似于 3D 打印，但“打印”的是整个建筑部件。因此，设计师在建成环境历史上首次能让建筑元素的大批量生产，摆脱简单重复的魔咒。很多例子都说明，现在大规模定制不规则形态和曲线形态要比以往简单得多、经济得多，其中一个给人深刻印象的例子是 Studio Gang 建筑事务所的建筑师珍妮·甘（Jeanne Gang）在芝加哥设计的水之塔（Aqua Tower，见图 7-6），建造它的开发商愿意尝试新事物，十分令人钦佩。如果曲面对我们更有诱惑力，那么建筑师现在可以比以往更频繁地设计曲面。由于数字技术的发展，水之塔的不规则波纹楼板可以以较低成本在现场制造。这些不规则波纹楼板在“功能”上和“美学”上都能达到多重目的：“扰乱”风的路线，以增强高层的抗风能力；让阳台形状呼应室内布局、窗外风景、向阳情况；营造出一种欧普艺术效果（光效应绘画艺术），从恰当的角度看（包括从远方看，大多数芝加哥人是从远方看），立面显得异常灵动——在芝加哥大得出名的风中，一个静止的物体竟然动了起来，近乎水的波动。

水之塔的设计和施工用到的那些技术创新，让打造能够长时间吸引人们目光、维持人们兴趣的项目，比以往容易多了。建筑的表面和形态可以做得从每个角度看去都充满活力甚至栩栩如生。波士顿 NADAAA 事务所的纳德·特拉尼，与墨尔本 John Wardle Architects 建筑事务所合作，在墨尔本大学设计学院楼（School of Design at the University of Melbourne，以下简称 MSD，见图 7-7）做到了这点。他们把场地的所有气候状况、材料特性、社会氛围与建筑的实际功能、力学功能优雅地融合到一起，让它到处是会令人

图 7-6
伊利诺伊州芝加哥，水之塔（Studio Gang 建筑事务所）

图7-7
澳大利亚墨尔本，墨尔本大学设计学院楼（纳德·特拉尼与John Wardle 建筑事务所）

驻足的新颖和亮眼之处，让它既充当校园两个空间之间充满活力的通道，又充当学院设计圈令人流连的社交聚会场所。

MSD 宽 70 英尺的中庭上方纵跨着一个木梁结构，由用单板层积材做成的一块块形状不规则的厚厚镶板拼成。每块镶板都以一定角度倾斜，以便最有效地分散上方流淌下来的澳大利亚的明媚阳光，同时创造出一种折纸式的结构，来容纳并隐藏通风和照明系统。靠近中庭的其中一侧，这个沉重架构（heavily modeled）的结构从天花板剧烈喷发，成为一个悬挂式穿孔雕塑的形态，并可以从孔洞中看到里面的教室和演示厅。

墨尔本设计学院楼内部之所以让我们驻足，是因为它会激活我们的形态识别、模式检测、轨迹完成图式。像水之塔立面一样，但 MSD 以更巧妙更复杂的方式，一次又一次诱惑我们感知到并不存在的动态。在这里，我们不满足于只是看看，我们会不由得四处走动，探

图7-8
在地质公园玩耍：挪威斯塔万格，地质公园（Helen & Hard 建筑事务所）

索这个不同寻常的空间，试图弄清其构筑的外形、形态轮廓。[8] MSD 还例证了如何借用分形建立和增强规模感，同时证明了如何在整体形态、材料部署、表面特性上引入模式化复杂性。

从水之塔和 MSD 可以略微窥见数字技术的巨大潜力。利用数字技术，设计师可以探索各种高性价比的方式，来更好地满足人类体验需求。再加上各种或传统或新颖的材料和手段，设计师比以往任何时候都能把任何地方打造得折射社会世界的复杂性、场地的特异性、人类身体及其多感官系统的特异性，以及人类体验随时间流逝而显示的特异性（见图 7-8）。

这一切，任重道远。但是，不积跬步无以至千里，不积小流无以成江海。我们可以首先小小改进这栋公寓大楼、那个房子，这个立面、社区中心，大盒子一样的商店、游乐场、城市广场、那栋办公楼、居民楼、文化馆。就像社会由一群人组成一样，建成环境由一群建筑物、结构物、场所和景观组成，其中每一个都可以设计得或给人丰富体验，或让人灵魂麻木。

如果你认为让好设计进行良性循环是不现实的，那么请看看荷兰。几乎不管用什么标准来衡量（设计与美学、材料质量、施工质量），荷兰的建成环境总体上都远远好于美国的。而且不管是华丽的大项目还是乡土小项目，不管是大城市还是小城镇，荷兰总体上都远远好于美国。为什么？第一，荷兰的设计教育有更好的大环境，环境心理学和医疗保健等领域的新知识很受欢迎。第二，大多数市政当局要求新项目都通过美学审查，审查委员会成员由持证的专业设计人员轮流担任。第三，由于这一切，荷兰人习惯了更好的设计：他们接受更好的设计，期待更好的设计，要求更好的设计。因此，即使是普通建筑，其材料标准和施工标准也更高。这并不是说荷兰设计代表好设计的最高水平；它并不是。但是，荷兰人已经习惯了更好的建筑，所以他们愈发能得到更好的建筑。

不论好坏，建筑、市容、景观都塑造并协助建构了我们的人生和我们的自我。根据我们已经和正在获得的有关人类如何体验栖息之地的知识设计并建造的丰富环境，会促进人类能力的发展。就像全球变暖和地球环境会影响千秋万代一样，我们今天建造的一切几乎都会活得比我们长，影响我们的后代，有时是影响世世代代的子孙。所以，我们难道不该给世界留下更好的建成环境吗？

图片索引

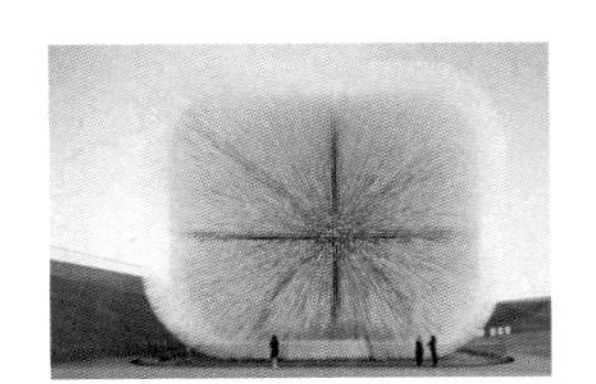

16. 美国新泽西州，特伦顿澡堂（路易斯·康和安妮·格里斯沃尔德·蒂恩）098
17. 德国柏林，柏林大屠杀纪念碑群（彼得·艾森曼）100
18. 挪威斯塔万格，地质公园（Helen & Hard 建筑事务所）120，315
19. 中国上海，保利大剧院（安藤忠雄）123（如上图）
20. 瑞士苏姆维特格，圣本尼迪克教堂（彼得·卒姆托）125
21. 法国朗香，山顶圣母礼拜堂（勒·柯布西耶）127
22. 美国芝加哥，千禧公园云门（安尼施·卡普尔）129（如上图）
23. 巴西巴西利亚，伊塔马拉蒂宫（奥斯卡·尼迈耶）134
24. 美国托莱多，托莱多艺术博物馆（妹岛和世/SANAA 建筑事务所）137
25. 美国纽约，长岛长寿之家（荒川修作）137
26. 比利时安特卫普，溪流博物馆（纽特林和李迪克）139、140
27. 法国亚眠，亚眠大教堂 145、146、148、149
28. 印度德里，洛迪公园的穆罕默德·沙·赛义德的陵墓 157（见上图）
29. 美国纽约，Via Verde 住宅楼（Grimshaw 建筑事务所和 Dattner 建筑事务所）162
30. 美国芝加哥，鲁利儿童医院的皇冠空中花园（Mikyoung Kim Design 建筑事务所）165

致谢和
照片说明

本书的诞生要从三个方面说起。

遇见不久，我的丈夫丹尼（Danny）给我看了乔治·莱考夫（George Lakoff）和马克·约翰逊的书《我们赖以生存的隐喻》（*Metaphors We Live By*）。我在这本书里找到了一个思考人类思维和体验的有效方法，这个方法在当时，甚至到现在，依然与后现代人类的认知范式完全不符合，但这一范式依然受到学术界许多人文主义者的拥护。后现代理论家坚持认为人类思维和体验完全是社会建构的，但莱考夫和约翰逊概述了另一取向，这个取向叫作具身认知，是以人类心理学为基础的。这呼应且阐明了，一段时间以来我一直努力想用自己的话阐述出来的想法。

几年后，应斯坦福·安德森（Stanford Anderson）的邀请，我写了一篇关于伟大的现代主义建筑师阿尔瓦·阿尔托如何运用隐喻的文章。我写的那篇文章借鉴了莱考夫和约翰逊的想法，因为我发现阿尔托在潜心钻研人类知觉和心理学方面的科学研究。斯坦福及其合作编辑戴维·菲莱克勒（David Fixler）和盖尔·芬斯克（Gail Fenske）耐心等我写完那篇文章，收入《阿尔托与美国》（*Aalto and America*）一书中出版了。斯坦福·安德森在2016年1月时去世。遗憾的是，我无法直接把这本书交给他，并感谢他一早就支持我的那些想法。

写有关阿尔托的文章期间，我收到了一封电子邮件，发件人我从未听说过也从未见到过：克里斯·帕里斯–拉姆（Chris Parris-Lamb），现在是我的代理人。他解释说，他读过且喜欢我为《新共和》写的评论文章以及我的第一本书《路易斯·康的情境现代主义》（*Louis Kahn's Situated Modernism*），想知道我是否考虑过针对一般受众写一本书。那时我已经认识到，我在具身认知乃至心理学和心智科学中找到了一个方法，来尽可能有力地说明建成环境的重要性远远超过人们目前的认识。读了克里斯的电子邮件，我几乎立即点击了“回复”按钮，写道：是的。我们来谈谈吧。

那是2009年。为了说明建成环境的设计对人们的生活来说多么重要，我需要钻研那时仅仅粗略了解过的心智科学和心理学研究领域。在随后几年开展研究并写作本书的过程中，我得到了很多陌生人和朋友，以及成为朋友的陌生人的善待和陪伴。我感谢一路上读过本书草稿并提出意见的人，包括建筑师及与建筑有关的人——路易丝·布拉弗曼（Louise Braverman）、罗莎莉·吉内委诺（Rosalee Genevro）、纳德·特拉尼；工作也涉及具身认知和人类认知科学研究的人——哈里·弗朗西斯·马尔格雷夫（Harry Francis Mallgrave）和芭芭拉·特沃斯基（Barbara Tversky）；我亲爱的家人，我在很多事情上寻求建议的人，我很珍视彼此之间友谊的人——金闵英（Mikyoung Kim，音译）、丽兹·雷曼·克莱姆（Lizzie Leiman Kraiem），以及我的姐姐琼·威廉姆斯（Joan Williams）。

由于我没有为本书找到足够的案例，因此开展研究和写作本书有时让我觉得很难，有时让我觉得孤独，经常灰心丧气。这些朋友和我的家人，以及马修·利兹（Matthew Leeds）、乌帕里·南达（Upali Nanda）、彼得·麦凯斯（Peter MacKeith）、泰瑞斯·森乔斯基（Terrence Senjowski），他们在这个漫长过程的关键时刻给了我宝贵的支持，我至今仍感激不尽。马修·艾伦（Matthew Allen，现在在哈佛大学设计研究生院）邀请我到他在多伦多大学建筑学院主办的“建筑，从大脑开始”（Architecture, Beginning with the Brain）大会报告我的那些想法。有机会见到志同道合的人并实时检验一些想法，对我很有帮助。于是第二年，我又到由建筑神经科学学会发起、在拉荷亚市萨克学院举办的大会上报告了那些想法。

许多学者、科学家、作者乐于向我介绍他们的工作，与我分享他们的想法，最著名的是琳达·史密斯（Linda B. Smith）、约瑟夫·比德曼（Joseph Biederman）、史蒂芬·凯勒特（Stephen Kellert）、布鲁克·穆勒（Brook Muller）、芭芭拉·特沃斯基、雷切尔·卡普兰和斯蒂芬·卡普兰。堪萨斯大学的罗伯特·康迪亚（Robert Condia）和凯文·鲁尼（Kevin Rooney）慷慨地与我分享了他们的研究发现和想法。我在《纽约时报》（*New York Times*）发表了一篇特写稿以作试探后，南佛罗里达大学神经人类学家丹尼尔·伦德（Daniel Lende）联系到我，我们谈了很多，颇有收获。在宝马古根海姆实验室（BMW Guggenheim Lab）主办的纽约展会上见到《幸福之城》的作者查尔斯·蒙哥马利后，他向我转发了他收集起来准备自己写书用的一大堆研究。在这个陌生人一般会激烈竞争而非相互帮助的学术圈，蒙哥马利的这一做法真的非常慷慨，我永远铭记在心。

给书配插图需要很多钱，我在哈珀·柯林斯出版社的出版人和编辑乔纳森·伯纳姆（Jonathan Burnham）及盖尔·温斯顿（Gail Winston）仗义地启动了这项工作，格莱厄姆艺术高等研究基金会（Graham Foun-dation for Advanced Studies in the Fine Arts）慷慨地拨款帮助购买照片和刊登许可，凡艾伦协会（Van Alen Institute）的安妮·吉尼（Anne Guiney）、露丝·科尔（Ruth Cole）、戴维·范德勒（David van der Leer）提供了支持。

每个出书的人都离不开幕后人员的支持，而我的幕后人员是最棒的。我的代理人克里斯·帕里斯－拉姆和编辑盖尔·温斯顿就我的各次书稿提出意见，解答了我就本书内容和制作提出的几十个问题，每次都不厌其烦，给出的意见和答案充满智慧、讲求实际、令人振奋。170 多张照片大多是托比·格林伯格（Toby Greenberg）搞定的，她就费用问题进行谈判，就许可和复制权办理繁杂的手续。我一点儿也不了解这些事务，偶尔还表现得不耐烦，但她每次都回以优雅、幽默。哈珀·柯林斯出版社的索菲娅·格鲁普曼（Sofia Groopman）负责管理本书的制作过程，她的工作热情很有感染力。

有个人值得我致以最深的谢意：我亲爱的丈夫丹尼，本致谢从他开始，也以他收尾。他出色的分析能力，他的机智，以及他对“这一探究和项目是正确的”强烈而坚定的信念，贯穿于本书的每个段落、每个概念、每个章节。这里的大部分想法最初是我与他的对话主题，这些对话发生在我们观看建筑、游览城市的过程中，在可以亲近自然的散步过程中，在餐厅吃饭的过程中，或在客厅安坐的过程中，先在马萨诸塞州牛顿市，然后在纽约市东哈莱姆。我们大多数人都看到过不幸的婚姻和幸福的婚姻，而有些人不幸又有幸地两种婚姻都经历过了。我真的非常幸运，有丈夫做我最亲爱的朋友，与我进行严肃的探讨，给我提出犀利的意见，提供给我坚定的支持。请原谅我厚颜地说，我们的爱是最伟大的爱、独一无二的爱。本书献给丹尼尔·戈德哈根（Daniel Goldhagen）。我们希望我们的孩子，乃至所有的孩子都能有更美好、更公正的未来。我们在各自的工作领域以不同方式为之奋斗。

照片说明

在第 1 章，我耗费了很多笔墨说明照片会让建筑、城市、地方失真。但是由于很显然的原因，本书放了大量照片。这些照片大部分是别人拍摄的，少数是我拍摄的。希望读者不要以为看到这些照片就是看到了实物，我提供这些照片只是为了帮助你理解本书的内容。绝大多数照片的甄选遵循了以下原则：不选在实际上不可能站人或不会站人的地方拍的照片，不要在夜间拍的照片，因为这种照片里的建筑一般经过了美化，并不是建筑物平常的样子；不要修过图的照片，因为现在的数字技术太厉害了，能把照片做得看起来很真实，但与实物相差十万八千里。

图片出处

引　言：下一次环境革命

图 0-1　Zoonar GmbH/Alamy Stock Photo.

图 0-2　Zhang Peng/LightRocket via Getty Images.

图 0-3　(with artist Ai Weiwei).

图 0-4　Ashley Cooper/Specialist Stock RM/AGE Fotos- tock

图 0-5　© Mirrorpix/Bridgeman Images.

图 0-6　Kevin Lynch's Image of the City TK.

图 0-7　The Print Collector/Alamy Stock Photo.

第 1 章　可悲的安身之地

图 1-1　Ruth Fremson/The New York Times.

图 1-2　iStock.com/Delpixart.

图 1-3　iStock.com/ Paulbr.

图 1-4　iStock.com/Purdue9394.

图 1-5　© Albert Vecerka/Esto.

图 1-6　© James Newton/VIEW.

图 1-7　Photo: Iwan Baan.

图 1-8　Kevin Lee/Bloomberg via Getty Images.

图 1-9 AP Photo/Morry Gash.

图 1-10 AP Photo/Mary Altaffer.

图 1-11 AP Photo/John Moore.

图 1-12 Scott Olson/Getty Images.

图 1-13 iofoto/Shutterstock.com.

图 1-14 IP Galanternik D.U./Getty Images.

图 1-15 AP Photo/Elise Amendola.

图 1-16 New York, SPI, dbox via Getty Images.

图 1-17 Magda Biernat/OTTO.

第 2 章 盲视：体验建成环境

图 2-1 iStock.com/4x6.

图 2-2 Photo by View Pictures/UIG via Getty Images.

图 2-3 JLP Photography.

图 2-4 Photo: Maija Holma, Alvar Aalto Museum. 2014.

图 2-5 Cultura RM Exclusive/Philip Lee Harvey/Getty Images.

图 2-6 Peter Aaron/OTTO.

图 2-7 Image Source/Getty Images.

图 2-8 to be scanned and credit TK.

图 2-9 Bauhaus-Archiv Berlin.

图 2-10 © 2016 Artists Rights Society(ARS), New York/VG Bild-Kunst, Bonn.

图 2-11 The Art Institute of Chicago, IL, USA/Gift of George E. Danforth/Bridgeman Images.

图 2-12 © CNAC/MNAM/Dist. RMN-Grand Palais/Art Resource, NY(

图 2-13 Photo by © Ezra Stoller/Esto © 2016 Frank Lloyd Wright Foundation, Scottsdale, AZ/Artists Rights Society(ARS), NY.

图 2-14 John Brandies; redrawn under supervision of Robert McCarter.

图 2-15 © Albert Vecerka/Esto.

图 2-16 Rainer Binder/ullstein bild via Getty Images.

图 2-17 Sarah Williams Goldhagen.

图 2-18 © Hufton + Crow/VIEW.

图 2-19 Photo: Iwan Baan.

图 2-20 Marshall D. Meyers Collection, the architectural Archives, University of Pennsylvania.

图 2-21 ZEITORT/ullstein bild via Getty Images.

图 2-22 Bork/ullstein bild via Getty Images.

图 2-23 Sarah Williams Goldhagen.

第 3 章 认知的身体基础

图 3-1 Erich Lessing/Art Resource, NY.

图 3-2 © The Trustees of the Natural History Museum, London.

图 3-3 © The Trustees of the Natural History Museum, London.

图 3-4 © Ezra Stoller/Esto.

图 3-5 未注明出处

图 3-6 Aalto: Architecture and Furniture(Museum of Modern Art).

图 3-7 Digital Image © The Museum of Modern Art/Licensed by SCALA/Art Resource, NY.

图 3-8 VCG/VCG via Getty Images.

图 3-9 Nicholas Kane/arcaidimages.com.

图 3-10 akg-images/Schütze/Rodemann.

图 3-11 Charles Cook/Lonely Planet Images/Getty Images.

图 3-12 akg-images/picture-alliance.

图 3-13 Ohio. Photo: Iwan Baan.

图 3-14 Eric Striffler/The New York Times/Redux.

图 3-15 © Paul Raftery/AGE Fotostock/VIEW.

图 3-16 © Paul Raftery/ AGE Fotostock/VIEW.

图 3-17 (c) Paul Raftery/AGE Fotostock/VIEW.

图 3-18 © Javier Gil/AGE Fotostock/VIEW.

图 3-19 © Bruce Bi/AGE Fotostock/VIEW.

图 3-20 © Vanni Archive/Art Resource, NY.

图 3-21 McCoy Wynne/Alamy Stock Photo.

第 4 章 身体偏爱自然环境

图 4-1 (c)Tibor Bognar/AGE Fotostock/VIEW.

图 4-2 Chicago architectural Photographing Company, ca. 1950s. CPC_01_C_0265_004, University of Illinois at Chicago Library, Special Collections.

图 4-3 © David Sundberg/Esto.

图 4-4 Photography by Hedrich Blessing/courtesy of Mikyoung Kim Design.

图 4-5 © Peter Cook/VIEW.

图 4-6 Photograph by Elizabeth Felicella.

图 4-7 Louis I. Kahn Collection, University of Pennsylvania and the Pennsylvania Hisorical and Museum Commission.

图 4-8 © Ezra Stoller/Esto.

图 4-9 © Ezra Stoller/Esto.

图 4-10 /John Nicolais Collection, The architectural Archives, University of Pennsylvania. Photo by John Nicolais, March 1979.

图 4-11 未注明出处

图 4-12 © Brian Rose.

图 4-13 Photo: Iwan Baan.

图 4-14 akg-images/L. M. Peter.

图 4-15 未注明出处

图 4-16 Nikolas Koenig/OTTO.

图 4-17 Photo: Iwan Baan.

图 4-18 © Ezra Stoller/Esto.

图 4-19 Photo by Heikki Havas, Alvar Aalto Museum. Circa 1957.

图 4-20 © Anton Grassl/Esto.

图 4-21 Photo by Hekki Havas, Alvar Aalto Museum, 1957.

图 4-22 Sarah Williams Goldhagen.

图 4-23 Photo: Maija Holma, Alvar Aalto Museum. 1997.

图 4-24 Photo: Richard Peters, Alvar Aalto Museum. 1970s.

图 4-25 Photo: Maija Holma, Alvar Aalto Museum. 1997.

图 4-26 © Grant Smith/VIEW.

图 4-27 Photography(c)Davide Piras/Courtesy of Boeri Studio.

图 4-28 Photography by Patrick Bingham-Hall.

图 4-29 Photography by Tim Franco and courtesy Safdie architects.

第 5 章 人嵌入社会世界

图 5-1 © Honzahruby/Dreamstime.com.

图 5-2 © Dennis Dolkens/Dreamstime.com.

图 5-3 Library of Congress, Prints and Photographs DivisionLC-DIG-ppmsca-02688.

图 5-4 Neil Farrin/AWL Images/Getty Images.

图 5-5 Sarah Williams Goldhagen.

图 5-6 Sarah Williams Goldhagen.

图 5-7　Sarah Williams Goldhagen.

图 5-8　Sarah Williams Goldhagen.

图 5-9　©Paul Brown/AGE Fotostock/VIEW.

图 5-10　Sarah Williams Goldhagen.

图 5-11　© Edmund Sumner/VIEW.

图 5-12　akg-images/VIEW Pictures.

图 5-13　Ferry Vermeer/Moment/Getty Images.

图 5-14　Photo courtesy Harvard University Graduate School of Design.

图 5-15　Photo courtesy Harvard University Graduate School of Design.

图 5-16　Photo courtesy Harvard University Graduate School of Design.

图 5-17　Photo courtesy Harvard University Graduate School of Design.

图 5-18　Photo courtesy Harvard University Graduate School of Design.

第6章　为人而设计

图 6-1　© Tom Bonner.

图 6-2　© Edmund Sumner/VIEW.

图 6-3　Yvan Travert/akg-images.

图 6-4　akg-images/De Agostini/Archivio J. Lange.

图 6-5　The Granger Collection, New York.

图 6-6　haris vithoulkas/Alamy Stock Photo.

图 6-7　akg-images/De Agostini/A. Vergani

图 6-8　Roman Harak.

图 6-9　Wikipedia.

图 6-10　Rob Crandall/Alamy Stock Photo

图 6-11　DEA/G. DAGLI ORTI/De Agostini/Getty Images

图 6-12　© 2016 Nick Springett Photography.

图 6-13 © Edmund Sumner/VIEW.

图 6-14 © Edmund Sumner/VIEW.

图 6-15 Arco/Schoening/AGE Fotostock.

图 6-16 Tim Hursley.

图 6-17 Tim Hursley.

图 6-18 Tim Hursley.

图 6-19 /Andy Goldsworthy Courtesy Galerie Lelong, New York.

图 6-20 Raul J Garcia/arcaidimages.com.

图 6-21 Pygmalion Karatzas/arcaidimages.com.

图 6-22 Eros Hoagland/Redux.

图 6-23 Walter Bibikow/AGE footstock/VIEW.

图 6-24 Serrat/Alamy Stock Photo.

图 6-25 The Frank Lloyd Wright Foundation Archives(The Museum of Modern Art|Avery architectural & Fine Arts Library, Columbia University, New York)/© 2016 Frank Lloyd Wright Foundation, Scottsdale, AZ/Artists Rights Society(ARS),NY.

图 6-26 Library of Congress, Prints and Photographs Division, LC-DIG-ppmsc-09977.

图 6-27 Photograph by Hans Werlemann, Courtesy of OMA.

图 6-28 Photo: Iwan Baan.

图 6-29 Michael Weber/imageBROKER/AGE Fotostock.

图 6-30 © Shu He/VIEW.

图 6-31 (Jurgen Mayer H.), Spain. Julian Castle/arcaidimages. com.

图 6-32 © Roland Halbe.

图 6-33 © Peter Cook/VIEW.

图 6-34 © Peter Cook/VIEW.

图 6-35 © Roland Halbe.

图 6-36 © Keith Hunter/arcaidimages.com.

第 7 章 领悟：丰富环境，改善人生

图 7-1 Dinodia Photos/Alamy Stock Photo.

图 7-2 Sarah Williams Goldhagen.

图 7-3 photo: Cristobal Palma/Estudio Palma.

图 7-4 Tatiana Bilbao Estudio.

图 7-5 Sarah Williams Goldhagen.

图 7-6 WilsonsTravels Stock/Alamy Stock Photo.

图 7-7 Photography by John Horner/Melbourne School of Design, John Wardle architects and NADAAA in collaboration.

图 7-8 Photography by Emile Ashley/Courtesy Helen & Hard.

注释

引　言：下一次环境革命

01. 这段所含数据出处如下（引用原始数据或根据原始数据计算而来）：the UnitedStates Census Bureau, Projections of the Size and Composition of the U.S. Population: 2014 to 2060 Population Estimates and Projections Current Population Reports, by Sandra L. Colby and Jennifer M. Ortman (March 2015); census.gov/popclock/; en.wikipedia. org/wiki/List_of_metropolitan_areas_of_the_United_States; Jennifer Seal Cramer and William Browning, "Transforming Building Practices though Biophilic Design," ed. Stephen R. Kellert, Judith Heerwagen, and Martin L. Mador, ed., *Biophilic Design*: *The Theory*, *Science*, *and Practice of Bringing Buildings to Life*(New York: Wiley, 2008), 335-46。
02. Arthur C. Nelson, "Toward a New Metropolis: The Opportunity to Rebuild America," Brookings Institution(2004), brookings.edu/~/media/research/files/reports/2004/12/metropolitanpolicy-nelson/20041213_rebuil-damerica.pdf.
03. United Nations un.org/esa/population/pub lications/sixbillion/sixbilpart1.pdf。想要了解全球超城市化趋势，请见：Shlomo Angel, *Planet of Cities* (Cambridge, MA: Lincoln Institute of Land Policy, 2012)。
04. United Nations, Department of Economic and Social Affairs, Population Division, *World Urbanization Prospects*: *The 2014 Revision*, esa.un.org/unpd/wup/CD-ROM/.

05. “Preparing for China’s Urban Billion,” Global McKinsey Institute (March 2009)；还请见 esa.un.org/wup20 09/unup/index.asp?panel=1（感谢 Christopher Rogacz 协助我做研究）。还有个说法是，中国需要每年建设一座纽约城区那样规模的城市，一直建到 2030 年，http://special.globaltimes.cn.2010-11/597548.html。

06. Stephen Kellert, *Building for Life: Designing and Understanding the Human-Nature connection*(Washington, DC: Island Press, 2005), 90-122；还 请 见 William A. Shutkin, *The Land That Could Be: Environmentalism and Democracy in the 21st Century*（Cambridge, MA: MIT Press, 2000）。

07. “Churchill and the Commons Chamber,” 8 parliament. uk/about/living-heritage/building/palace/architecture.

08. 本段引用了 20 世纪最有影响力的一些城市主义书籍：Jane Jacobs, *The Death and Life of Great American Cities*（New York: Random house, 1961）；Oscar Newman, *Defensible Space: Crime Prevention Through Urban Design*（New York: Macmillan, 1973）； William H. Whyte, *The Social Life of Small urban spaces*（Ann Arbor, MI: Edwards Brothers, 1980）； Jan Gehl, *Cities for People*（Washington, DC: Island Press, 2010）and *Life Between Buildings: Using Public Space*（Washington, DC: Island Press, 2011）。

09. Gaston Bachelard, *The Poetics of Space*(Boston: Beacon Press, 1964); Edward Casey, *Getting Back into Place: Toward a Renewed Understanding of the Place-World*, 2nd ed.（Bloomington, IN: Indiana University Press, 2009）.

10. O’Keefe 发现人类大脑也像老鼠大脑一样有识别位置的神经细胞，而 May-Britt 和 Edvard Moser 确定了便于找路的网格细胞。请见 Marianne Fyhn et al., “Spatial Representation in the Entorhinal Cortex,” *Science* 305, no. 5688（August 27, 2004）: 1258-264; Edvard I. Moser et al., “Grid Cells and Cortical Representation,” *Nature Reviews Neuroscience* 15（2014）: 466-81; Edvard I. Moser et al., “Place Cells, Grid Cells, and the Brain’s Spatial

Representation System," *Annual Review of Neuroscience* 31（2008）: 69-89。

11. John B. Eberhard 的两本书，*Brain Landscape: The Coexistence of Neuro-science and Architecture*（New York: Oxford University Press, 2008）和 *Architecture and the Brain: A New Knowledge Base from Neuroscience*（Atlanta: Greenway, 2007）是 ANFA 会员入门读物（Eberhard 是 ANFA 创始人）。其他包括 Harry Mallgrave, *The architect's Brain: Neuro-science, Creativity, and Architecture*（NewYork: Wiley-Blackwell, 2010）；Harry Mallgrave, *Architecture and Embodiment: The Implications of the New Sciences and Humanities for Design*（New York: Routledge, 2013）；Juhani Pallasmaa, *The Eyes of the Skin*（Hoboken, NJ: Wiley, 2008）；Sarah Robinson and Pallasmaa, eds., *Mind in Architecture: Neuroscience, Embodiment, and the Future of Design*(Cambridge, MA: MIT Press, 2013）。还请见 Ann Sussman and Justin B. Hollander, *Cognitive Architecture: Designing for How We Respond to the Built Environment*（New York: Routledge, 2015）。另外两个优秀研究更广泛地探讨了城市设计：Charles Montgomery, *Happy City: Transforming Our Lives Through Urban Design* (New York: Farrar, Straus, 2013) 和 Colin Ellard, *Places of the Heart: The Psycho geography of Everyday Life*（New York: Bellevue, 2015）。
12. John Dewey, *Art as Experience*（New York: Perigree Books, 1934）: 37；Mark Johnson 有一段关于 Dewey、体验、具身的精彩讨论，请见"The Embodied Meaning of Architecture," ed. Robinson and Pallasmaa, *Mind in Architecture*, 33-50。
13. Eleanor A. Maguire et al., "Navigation-Related Structural Change in the Hhippocampi of Taxi Drivers," *Proceedings of the National Academy of Sciences of the United States of America* 97, no. 8 (2000): 4398-403；Eleanor A. Maguire et al., "Navigation Expertise and the Human Hippocampus: A Structural Brain Imaging Analysis," *Hippocampus* 13 (2003): 208-17.
14. Kahn 的这句话，转引自"Marin City Redevelopment," *Progressive Architecture*

41 (November 1960): 153; Joan Meyers-Levy and Rui Zhu, "The Influence of Ceiling Height: The Effect of Priming on the Type of Processing People Use," *Journal of Consumer Research* 34 (August 2007): 174-86。

第 1 章　可悲的安身之地

01. Goldhagen, "Boring Buildings: Why Is American Architecture So Bad?" *American Prospect*(December 2001).

02. UN Habitat, "Slums of the World: The Face of Urban Poverty in the New Millennium?" (2003); "UN Habitat, The Challenge of Slums: Global Report on Human Settlements" (2003); Daniel Tovrov, "Five Biggest Slums in the World," *International Business Times*(December 2011), ibtimes.com/5-biggest-slums-world-381338; "5 Largest Slums in the World", http://borgenproject.org/5-largest-slums-world/.

03. Andrew Baum et al., "Stress and the Environment," *Journal of Social Issues*(January 1981): 4-35; Andrew Baum and G. E. Davis, "Reducing the Stress of High-Density Living: An Architectural Intervention," *Journal of Personality and Social Psychology* 38, no. 3(1980): 471-81; Robert Gifford, *Environmental Psychology*: *Principles and Practices*, 5th ed.(Optimal Books, 2013), 253-54; Upali Nanda et al., "Lessons from Neuroscience: Form Follows Function, Emotion Follows Form," *Intelligent Buildings International* 5, suppl. 1(2013): 61-78; Esther M. Sternberg and Matthew A. Wilson, "Neuroscience and Architecture: Seeking Common Ground," *Cell* 127, no. 2(2006): 239-42.

04. Peter Barrett, Yufan Zhang, et al., "A Holistic, Multi-Level Analysis Identifying the Impact of Classroom Design on Pupils' Learning," *Building and Environment* 59(2013): 678-79.

05. Gifford, *Environmental Psychology*, 330; C. Kenneth Tanner, "Effects of

School Design on Student Outcomes," *Journal of Educational Administration* 47, no. 3(2009): 381-399; Rotraut Walden, ed., *Schools for the Future: Design Proposals from Architectural Psychology* (New York: Springer, 2015), 1-10: Walden 写道，“不像学习场所而像个性化舒适客厅”的教室最能促进学习。

06. John Zeisel, *Inquiry by Design: Environment/Behavior/Neuroscience in Architecture, Interiors, Landscape and Planning*, rev. ed.(New York: Norton, 2006), 12; Lisa Heschong, "An Investigation into the Relationship between Daylighting and Human Performance: Detailed Report," Heschong Mahone Group for Pacific Gas & Electric Company(1999); Simone Borrelbach, "The Historical Development of School Buildings in Germany," in ed. Walden, *Schools for the Future*, 51-88.
07. Gifford, *Environmental Psychology*, 308-12.
08. Nouvel 的这些话，转引自 theguardian.com/artanddesign/2010/jul/06/jean-nouvel-sepentine-pavilion。
09. Hessan Ghamari et al., "Curved Versus Sharp: An MRIBased Examination of Neural Reactions to Contours in the Built Healthcare Environment," conference paper,2014; Oshin Vartanian et al., "Impact of Contour on Aesthetic Judgments and Approach-Avoidance Decisions in Architecture," *Proceedings of the National Academy of Sciences 110, suppl. 2*(2011): 10446-453。还请见 Christian Rittelmeyer 的研究，转引自 Rotraut Walden, ed., *Schools for the Future*(Springer, 2015), 98-99; Nancy F. Aiken, *The Biological Sources of Art*(Westport, CT: Praeger, 1998), 17。
10. 看见红色怎么变成看见红色的体验？这方面的有趣讨论，请见 Nicholas Humphrey, *Seeing Red: A Study in Consciousness*(Cambridge, MA: Harvard University Press, 2009)。
11. Sally Augustin, *Place Advantage: Applied Psychology for Interior Architecture*

(Hoboken, NJ: Wiley, 2009), 142；Joy Monice Malnar and Frank Vodvarka, *Sensory Design*(Minneapolis: University of Minnesota, 2004), 205-6.

12. Esther M. Sternberg, *Healing Spaces: The Science of Place and Well-Being*(Cambridge, MA: Harvard University, 2009), 35-42.
13. infrastructurereportcard.org/a/#p/grade-sheet/gpa；nytimes.com/2014/01/15/business/international/indiasinfrastructure-projects-stalled-by-red-tape.html?_r = 0.
14. Marianne Fay and Mary Morrison, “infrastructure in Latin America and the Caribbean: Recent Developments and Key Challenges,” The World Bank(Report number 32640, 2005).
15. Roger Ulrich, “Biophilic Theory and Research for Healthcare Design,” in ed. Stephen R. Kellert, Judith Heerwagen, and Martin Mador, *Biophilic Design*(Hoboken, NJ: Wiley, 2008), 87-106；Kellert, “Dimensions, Elements, and Attributes of Biophilic Design,” in *Biophilic Design*, 3-19；Sandra A. Sherman et al., “Post Occupancy Evaluation of Healing Gardens in a Pediatric Center” in ed. Cor Wagenaar, *The Architecture of Hospitals* (Rotterdam: Nai Publishers, 2006), 330-51.
16. Commission for architecture and the Built Environment(UK), *People and Places: Public Attitudes Toward Beauty*(2010).
17. Rachel Kaplan, “The Nature of the View from Home: Psychological Benefits,” *Environment and Behavior* (2001): 507-42；Rachel Kaplan, “Envi-ronmental Appraisal, Human Needs, and a Sustainable Future,” in ed. Tommy Gärling and Reginald G. Golledge, *Behavior and Environment: Psychological and Geographical Approaches* (Amsterdam: Elsevier, 1993): 117-40.
18. worldcitiesculureforum.com/data/of-public-green-spaceparks-and-gardens.
19. 20 世纪 70 年代，美国环境保护局将住宅室外噪声标准设为 55 分贝。1999 年，世界卫生组织建议为 50 分贝；World Health Organization, *Guidelines*

for Community Noise, ed. Birgitta Berglund, Thomas Lindvall, and Dietrich H. Schwela, 1999。纽约市地铁相关信息来自 Lisa Goines and Louis Hagler, "Noise Pollution: A Modern Plague," *Southern Medical Journal* 100, no. 3(2007): 287-94。在许多城市，白天噪声水平在 75 分贝左右，尽管噪声水平高于 60 分贝与中风入院率较高存在关联：Jaana I. Halonen et al., "Long-term Exposure to Traffic Pollution and Hospital Admissions in London," *Environmental Pollution* 208, part A (2016): 48-57。在伦敦，只有城市公园和室内庭院或夜深人静之时，噪声才能降到 50 ～ 55 分贝（其他类似的世界级大城市大概也是如此）；info.acoustiblok.com/blog/bid/70023/Noise-Pollution-Ranking-America-s-Noisiest-Cities；theatlanticcities.com/neighborhoods/2012/05/just-how-bad-noise-pollutionour-health/2008/。

20. Malnar and Vodvarka, *Sensory Design*, 138-39；D. Balogh et al., "Noise in the ICU," *Intensive Care Medicine* 19, no. 6(1993):343-46.
21. Baum et al., "Stress and the Environment," 23-25；Malnar and Vodvarka, *Sensory Design*, 138-39.
22. I. Busch-Vishniac et al., "Noise Levels in Johns Hopkins Hospital," *Journal of the Acoustical Society of America* 118, no. 6 (2005): 3629-645.
23. WHO, *Guidelines for Community Noise*, 47-49.
24. Arline L. Bronzaft, "The Effect of a Noise Abatement Program on Reading Ability," *Journal of Environmental Psychology* 1, no. 3 (1981): 215-22；转引自 Gifford, *Environmental Psychology*, 309。
25. Ellen Dunham-Jones and June Williamson, *Retrofitting Suburbia: Urban Design Solutions for Redesigning Suburbs*(Hoboken, NJ: Wiley, 2009), 17, 235.
26. 有关美国住宅建筑行业营利取向和设计模式的精彩介绍，请见 Anthony Alofsin, *Dream Home: What You Need to Know Before You Buy* (Create-Space Independent Publishing Platform, 2013)。有关美国建筑行业严重非理性和市场效率低下（美国大多数新建项目不思创新、固守成规的一大原因）的精彩介绍，请见 Barry B. LePatner, *Broken Buildings, Busted Budgets: How to Fix America's Trillion-Dollar Construction Industry*(Chicago: University of Chicago, 2008)。

27. 有关美国分区规范的失效和过时，请见 Edward Glaeser, *Triumph of the City: How Our Greatest Invention Makes Us Richer, Smarter, Greener, Healthier, and Happier*（New York: Penguin, 2011）。有关市政建筑法规和分区规范的失效和严重过时，请见 Jonathan Barnett, "How Codes Shaped Development in the United States, and Why They Should Be Changed," in ed. Stephen Marshall, *Urban Coding and Planning*(New York: Routledge, 2011), 200-26。
28. Richard J. Jackson with Stacy Sinclair, *Designing Healthy Communities* (Hoboken, NJ: Wiley, 2012), 10；还请见 Jackson's website: designing-healthycommunities.org/。
29. Michael Mehaffey and Richard J. Jackson, "The Grave Health Risks of Unwalkable Communities," *Atlantic Cities*, citylab.com/design/2012/06/grave-health-risks-unwalkable-communities/2362/.
30. Robert D. Putnam, *Bowling Alone: The Collapse and Revival of American Community* (New York: Simon & Schuster, 2000)；Charles Montgomery, *Happy City*, 146-75.
31. Montgomery, *Happy City*, 227-50.
32. 景观和建筑提供的刺激过少，人会有压力感，这种压力感不利于健康和幸福；有关研究，请见 Henk Staats, "Restorative Environments," in ed. Susan D. Clayton, *Oxford Handbook of Environmental and Conservation Psychology*(New York: Oxford University Press, 2012), 445-58；Colin Ellard, *Places of the Heart*, 107-8；V. S. Ramachandran, *The Tell-Tale Brain: A Neuroscientist's Quest for What Makes Us Human*(New York: Norton, 2011), 218-44；Montgomery, *Happy City*, 91-115；以及最近的一个基础研究综述：Jacoba Urist, "The Psychological Cost of Boring Buildings," *New York*, April

2016: nymag.com/scienceofus/2016/04/the-psychological-cost-of-boring-buildings.html。

33. Donna Tartt, *The Goldfinch*(New York: Little, Brown, 2013), 221-22.

34. 表面线索知觉具有多感官性，请见 TK 页的讨论。一个木材知觉研究发现，被试非常擅长区分真木和仿木：Krista Overvliet and Salvador Soto-Faraco, “I Can’t believe This Isn’t Wood! An Investigation in the perception of Naturalness,” *Acta Psychologica* 136, no. 1(2011): 95-111。

35. Erich Moskowitz, “True Cost of Big Dig Exceeds $24 Billion with Interest, Officials Determine,” *Boston.com*(July 10, 2012), boston.com/metrodesk/2012/07/10/true-cost-big-dig-exceeds-billion-with-interest-officials-determine/AtR5AakwfEyORFSeSpBn1K/story.html.

36. Casey Ross, “Greenway Funds Fall Short as Costs Rise,” *Boston.com*, April 19, 2010; boston.com/business/articles/2010/04/19/ greenway_hit_by_rising_costs_drop_in_state_funds/。还请见 Sarah Williams Goldhagen, “Park Here,” *New Republic*, October 6, 2010。

37 请见 LePatner, *Broken Buildings*; Steven Kieran and James Timberlake, *Refabricating Architecture: How Manufacturing Methodologies Are Poised to Transform Building Construction*(New York: McGraw-Hill, 2003), 23。

38. 有关世贸中心一号楼，请见 Sarah Williams Goldhagen, *Architectural Record*, January 2015。

39. 当代建筑学教育方面的最佳评论文章是 Peter Buchanan 的 *The Big Rethink: Rethinking Architectural Education* 系列，2011 年到 2012 年陆续发表在总部位于伦敦的杂志 *Architectural Review*，可在网上找到。这里提出的建议呼应了 Buchanan 的一些建筑学教育改革建议。另外，D. Kirk Hamilton 和 David H. Watkins 在 *Evidence-based Design for Multiple Building Types*（Hoboken, NJ: Wiley, 2008）提出了合理理由说明建筑师应该改变唯客户和市场是从的设计取向（1-26 页）。该书书名中的循证设计（Evidence-based

Design，EBD），主要用于设计医疗保健机构的建筑（但是 Hamilton 和 Watkins 认为，EDB 应该用于设计更多类型的建筑，比如教学楼、办公楼）。EBD 有着且应该有着严格的标准。这里提出的取向可以包括 EBD 的原则，但可以且应该超越 EBD 相当有限的范围。EBD 取向支持者当中，Christopher Alexander 也许是最早的一个，肯定是最有名的一个（至少对建筑师而言），请见 *A Pattern Language*: *Towns*, *Buildings*, *Construction*（New York: Oxford University Press, 1976），尽管 Alexander 心目中的"证据"不符合当代标准。Alexander 的 *A Pattern Language* 以及后来的几本书，介绍了一些令人困惑的犀利观察结果，提出了一些常识性建议和一些倒退性反现代设计原则。人类知觉和认知有很多非理性的地方，但 Alexander 没有系统地探讨。

40. Buchanan 在"The Big Rethink I," *Architectural Review* （2012）抱怨说，太多大型建筑学院"不求实用只求新颖，不管有多假"；还请见 David Halpern, "An Evidence-based Approach to Building Happiness," in *Building Happiness*: *An Architecture to Make You Smile*, ed. Jane Wernick（London: Black Dog, 2008），160-61。
41. Speck 的话，转引自 Martin C. Pedersen, "Step by Step, Can American Cities Walk Their Way to Healthy Economic Development?," *Metropolis*, October 2012: 30。建筑学院越来越不重视培养学生使用那些能够帮助他们学会准确评估尺寸的基础工具，有关这一现象的感性评价还请见 Tim Culvahouse, "Learning How Big Things Are," at tculvahouse.tumblr.com/post/123316363707/learning-how-big-thingsare。
42. 有关照片是如何让建成环境特别是建筑空间失真的，请见以下文章（作者都是 Claire Zimmerman）："Photography into Building in Postwar Architecture: The Smithsons and James Stirling," *Art History*, April 2012: 270-87；"The Photographic Image from Chicago to Hunstanton," in ed. M. Crinson and C. Zimmerman, *Neo- avant-garde and Postmodern*: *Postwar Architecture in Britain*

and Beyond(New Haven: Yale University Press, 2010), 203-28； "Photographic Modern architecture: Inside 'The New Deep,' " *Journal of Architecture* 9, no. 3(2004): 331-54； "The Monster Magnified: Architectural Photography as Visual Hyperbole," *Perspecta* 40(2008): 132-43。

43. Lawrence Cheek, "On Architecture: How the New Central Library Really Stacks Up," *Seattle Post-Intelligencer*, March 26, 2007.

44. Antonio Damasio 在 *The Feeling of What Happens*: *Body and Emotion in the Making of Consciousness*（New York: Harcourt Brace, 1999）一书中（1-51 页），（继 William James 之后）确定人类情绪的首要特点是以身体为基础。他写道"情绪用身体作剧场"（51 页），解释说情绪是外部体验或外部体验内部表征引起的内部身体环境变化。有几十篇文章强调人类情绪与空间导航和其他方面环境知觉的关系，其中一篇请见 Elizabeth A. Phelps, "Human Emotions and Memory: Interactions of the Amygdala and Hippocampal Complex," *Current Opinion in Neurobiology* 14（2004）: 198-202。

45. Anthony Giddens 在下面这本书中讨论了依赖专业知识作为现代生活的条件和后果之一：*The Consequences of Modernity*（Stanford, CA: Stanford University Press, 1991）。

46. 加工异常信息比加工典型信息需要更多的精力：William R. Hendee and Peter N. T. Wells, *The perception of Visual Information*（New York: Springer, 1997）。Daniel Kahneman 在 *Thinking, Fast and Slow*（New York: Farrar, Straus, 2010）一书中，描述"纯接触效应"时讨论了异常检测动力学过程（66 页），说明它是如何让人倾向于把一样熟悉的东西看作规范的东西（103 页）。有些研究有力地证实了纯接触效应对地方依恋的重要促成作用，有些研究对两者的相关性表示怀疑，而一项汇集了 10 个研究的元分析得出结论，纯接触效应与地方依恋的相关性中等偏弱：Kavi M. Korpela, "Place Attachment," in *Oxford Handbook of Environmental and*

Conservation Psychology, 152。

47. 例如，Steven Pinker 坚持这个传统观点，认为艺术不过是“按下快乐按钮”的装置：*How the Mind Works*（New York: Norton, 1997），539；不过这话当然不是针对建成环境说的，而是针对整个艺术实践说的。更开明的取向，请见 V. S. Ramachandran and W. R. Hirstein, “The Science of Art: A Neurological Theory of aesthetic experience,” *Journal of Consciousness Studies* 6, nos. 6-7 (1999), 15-51；Ramachandran, *The Tell-Tale Brain*, 241-45。

第 2 章 盲视：体验建成环境

01. 盲目是认知神经科学和视知觉研究领域一个众所周知的现象，特别是因为它有助于理解意识。这方面的一个讨论，请见 Güven Güzeldere et al., “The Nature and Function of Consciousness: Lessons from Blindsight,” *The New Cognitive Neurosciences*, 2nd ed., ed. Michael S. Gazzaniga (Cambridge, MA: MIT Press, 2000), 1277-284。左半脑忽视症患者与着火房子的研究，请见 John C. Marshall and Peter W. Halligan, “Blindsight and Insight in Visuo-Spatial Neglect,” *Nature* 336, no. 6201(1988): 766-67。
02. Angela K.-y. Leung et al., “Embodied Metaphors and Creative ‘Acts,’ ” *Psychological Science* 23(2012): 502-9.
03. Michael L. Slepian et al., “Shedding Light on Insight: Priming Bright Ideas,” *Journal of Experimental Social Psychology* 46, no. 4(2010): 696-700；想要了解亮光对情绪的影响，请见 Alison Jing Xu and Aparna A. Labroo, “Turning on the Hot Emotional System with Bright Light,” *Journal of Consumer Psychology* 24, no. 2(2014): 207-16。
04. Oshin Vartanian et al., “Impact of Contour on Aesthetic Judgements and Approach-Avoidance Decisions in Architecture,” *Proceedings of the National Academy of Science 10, suppl. 2*(2013): 10446-453: Ori Amir, Irving Biederman, and Kenneth J. Hayworth, “The Neural Basis for Shape

Preference," *Vision Research* 51, no. 20(2011): 2198-206.

05. 我这里实际上引入了“具身认知”的概念，具身认知有时也叫“扎根认知”或“情境认知”（我更喜欢“情境认知”的叫法）。这些具有内在联系但并非完全重叠的概念一起促生了这个新的认知范式，而认知神经科学为这个新的认知范式提供了越来越多的支持证据。具身认知方面的文献有很多且在不断增多，下面列出我觉得特别有用的：Lawrence W. Barsalou 和 Mark Johnson 的文献。Barsalou: “Grounded Cognition,” *Annual Review of Psychology* 59(2008): 617-45，“Grounded Cognition: Past, Present and Future,” *Topics in Cognitive Science* 2(2010): 716-24，Barsalou et al.,“Social Embodiment,” in ed. Brian H. Ross, *The Psychology of Learning and Motivation: Advances in Research and Theory* 43 (2003):43-92；Mark Johnson, *The Body in the Mind: The Bodily Basis of Meaning, Imagination, and Reason*(Chicago: University of Chicago, 1987)；Johnson, *Meaning of the Body: Aesthetics of Human Understanding*(Chicago: University of Chicago, 2008)；Johnson with George Lakoff, *Philosophy in the Flesh: The Embodied Mind and Its Challenge to Western Thought*(New York: Basic Books, 1999)。最近的心理学和认知神经科学研究为具身心理范式提供了越来越多的支持证据，请见 *The Cambridge Handbook of Situated Cognition*, ed. Philip Robbins and Murat Aydede(New York: Cambridge University Press, 2009)；*The Routledge Handbook of Embodied Cognition*, ed. Lawrence Shapiro(New York: Routledge, 2014)；Raymond W. Gibbs Jr., *Embodiment and Cognitive Science*(New York: Cambridge University Press, 2005)；Evan Thompson, *Mind in Life: Biology, Phenomenology, and the Sciences of the Mind*(Cambridge, MA: Harvard University Press, 2007)。
06. Barsalou 在“Grounded Cognition”第 619、635 页解释了扎根认知与具身认知的关系（plato.stanford.edu/entries/embodied-cognition/#MetCog）并写道，1998 年仍有“许多人怀疑扎根认知”，但是现在接受扎根认知的人多了很

多。还有 Paula M. Niedenthal 和 Barsalou 在“Embodiment in Attitudes, Social perception, and Emotion,” *Personality* and *Social Psychology Review* 9, no. 3: 184-211 第 186 页写道，“扎根认知所有理论的主要思想是：认知表征和操作从根本上扎根于物理环境”。

07. Johnson, *Meaning of the Body*, 25-35.
08. W. Yeh and Barsalou, “The Situated Nature of Concepts,” *American Journal of Psychology* 119, no. 3(2006): 349-84.
09. Antonio Damasio 在很多书中强调了思维的无意识性质和具身性质，包括 *Descartes' Error*: *Emotion*, *Reason*, *and the Human Brain*(New York: G.P. Putnam's, 1994)；*Self Comes to Mind*: *Constructing the Conscious Brain*(New York: Pantheon, 2010)，以及前面引用过的 *The Feeling of What Happens*；还请见 George Engel, “The Need for a New Medical Model: A Challenge for Biomedicine,” *Science* 196, no. 4286(1977): 129-36。
10. Kahneman, *Thinking*, *Fast and Slow*, 24, 200.
11. 具身认知文献以及镜像神经元文献都广泛讨论了心理模拟：Barsalou, “Grounded Cognition,” Barsalou, “Perceptual Symbol Systems,” *Behavioral and Brain Sciences* 22(1999): 577-660；Damasio, *Feeling of What Happens* and *Self Comes to Mind*；Anjan Chatterjee and Oshen Vartanian, “Neuroaesthetics,” in *Trends in Cognitive Science* 18(2014): 370-75；Vittorio Gallese and Corrado Sinigaglia, “What Is So Special about Embodied Simulation?” *Trends in Cognitive Science* 15, no. 11(2011): 512-19；Vittorio Gallese, “Being Like Me: Self-Other Identity, Mirror Neurons, and Empathy,” in ed. Susan Hurley and Nick Chater, *Perspectives on Imitation*: *From Neuroscience to Social Science*, vol. 1(Cambridge, MA: MIT Press, 2005), 108-18。
12. Gabriel Kreiman、Christof Koch 和 Itzhak Fried 发现，实际看到一幕景象时选择性放电的神经元，88% 在心理上想象或模拟这幕景象时也放电：

"Imagery Neurons in the Human Brain," *Nature* 408 (November 16, 2000): 357-361。Bruno Laeng 和 Unni Sulutvedt 发现，人们在心理上模拟看一盏灯的体验时瞳孔会放大，就像实际看那盏灯一样："The Eye Pupil Adjusts to Imaginary Light," *Psychological Science* 25, no. 1(2014): 188-97。有关多感官和跨通道知觉，还请见 Mark L. Johnson, "Embodied Reason," in *Perspectives on Embodiment: The Intersections of Nature and Culture*, ed. Gail Weiss and Honi Fern Haber(New York: Routledge, 1999), 81-102。有关感觉运动认知，请见 Erik Myin and J. Kevin O' Regan, "Situated perception and Sensation in Vision and Other Modalities: A Sensorimotor Approach," *Cambridge Handbook of Situated Cognition*, 185-97。

13. 例如，Barbara Tversky 就人类空间知觉写道，它是"人们对所栖息的空间世界的持久概念，而不是对当前场景的暂时内部意象"："Structures of Mental Spaces: How People Think About Space," *Environment and Behavior* 35, no.1(2003), 66-80。以下文章讨论了模拟的神经学基础：Jean Decety and Julie Grèzes, "The Power of Simulation: Imagining One's Own and Other's Behavior," *Brain Research* 1079, no. 1(2006): 4-14。
14. Johnson, *Meaning of the Body*, cited above.
15. Harry Mallgrave, *The architect's Brain*, 189-206.
16. Philip Merikle and Meredyth Daneman. "Conscious vs. Unconscious perception." *The New Cognitive Neurosciences*, 2nd ed., ed. Michael S. Gazzaniga(Cambridge, MA: MIT Press, 2000), 1295-303。Daniel Kahneman 在 *Thinking, Fast and Slow* 中，用术语"系统一"和"系统二"把无意识思维与有意识思维区分开来，但是说思维通过一种拨动开关在两个系统之间切换，即系统一未能产生符合现实的认知，系统二就启动。正如我将在第 7 章解释的那样，我更喜欢连续体的概念：无意识认知到有意识认知是个渐变过程。想要了解我更喜欢的那个无意识 - 有意识认知模型，请见 Stanislas Dehaene, *The Cognitive Neuroscience of Consciousness*(Cambridge,

MA: MIT Press, 2001)。

17. Barbara Tversky 在“Spatial Cognition,” *Cambridge Handbook*（205 页）介绍了人对环境做出反应的两种方式，一种是从知觉开始，另一种是从记忆开始。
18. Merikle and Daneman, “Conscious vs. Unconscious Perception,” *The New Cognitive Sciences*; J. M. Ackerman, C. C. Nocera, and John A. Bargh, “Incidental Haptic Sensations Influence Social Judgments and Decisions,” *Science* 328, no. 5986(2010): 1712-715.
19. E. S. Cross, A. F. Hamilton, and S. T. Grafton, “Building a Motor Simulation de Novo: Observation of Dance by Dancers,” *NeuroImage* 31, no. 3(2006): 1257-267 发现，舞者观看其他舞者跳不熟悉的舞，那些在舞者本人跳舞时放电的神经元会放电：舞者在心理上模拟身体动作，就像本人在跳舞一样。
20. Lera Boroditsky and Michael Ramscar, “The Roles of Body and Mind in Abstract Thought,” *Psychological Science* 13, no. 2(2002): 185-89; Barbara Tversky, “Spatial Cognition,” *Cambridge Handbook*, and Tversky, “The Structure of Experience,” in ed. T. Shipley and J. M. Zachs, *Understanding Events*(Oxford: Oxford University Press, 2008), 436-64; Catherine L. Reed and Martha J. Farah, “The Psychological Reality of the Body Schema: A Test with Normal Participants,” *Journal of Experimental Psychology: Human perception and Performance* 21, no. 2(1995): 334-43; Catherine L. Reed, “Body Schemas,” in A. Meltzoff and W. Prinz, eds., *The Imitative Mind*(Cambridge: Cambridge University Press, 2002), 233-43.
21. Antonio Damasio, *The Feeling of What Happens*, 1-60.
22. 牙咬铅笔研究：Paula M. Niedenthal, “Embodying Emotion,” *Science* 316, no. 5827(2007): 1002-5。
23. Niedenthal, “Embodying Emotion”; Paula M. Niedenthal, Lawrence Barsalou et al., “Embodiment in Attitudes, Social perception, and

Emotion," *Personality and Social Psychology Review* 9, no. 3(2005): 184-211.

24. Barbara Tversky 介绍了 Sadalla and Staplan 的研究，该研究证实，走在路上，客观上相同的距离，转弯越多，会觉得走过的路越长: Tversky, "Spatial Cognition," *Cambridge Handbook of Situated Cognition*, 207。
25. David Childs，2014 年 12 月写给作者的信。
26. Richard Pommer, *In the Shadow of Mies*: *Ludwig Hilberseimer*: *Architect*, *Educator*, *and Urban Planner*(New York: Rizzoli, 1988).
27. Haussmann 排星星的话，转引自 T. J. Clark, *The Painting of Modern Life*: *Paris and the Art of Manet and His Followers*(New York: Knopf, 1984), 42。有关网格公认的去人性化效果，请见 Alberto Pérez-Gomez 的书，第一本是 *Architecture and the Crisis of Modern Science*。
28. T. Hafting et al., "Microstructure of a Spatial Map in the Entorhinal Cortex," *Nature 436*(2005): 801-6；Niall Burgess, "How Your Brain Tells You Where You Are," TED Talks, ted.com/talks/neil_burgess_ how_your_ brain_tells_you_where_you_are/transcript?language=en。这里讨论的所有有关空间导航的神经学研究，包括确认位置识别细胞和网格细胞的研究，都是用老鼠而非人类做的实验。但是，大家普遍相信，人类空间导航也是一样的机制。
29. Neil Levine, "Frank Lloyd Wright's Diagonal Planning Revisited," in ed. Robert McCarter, *On and By Frank Lloyd Wright*: *A Primer of Architectural Principles* (New York: Phaidon, 2012), 232-63.
30. Stephen Kieran and James Timberlake, *Refabricating Architecture*: *How Manufacturing Methodologies Are Poised to Transform Building Construction*(New York: McGraw-Hill, 2004).
31. Nancy Aiken 在 *Biological Sources* 中称之为非条件反应；Roger Ulrich, "Biophilia, Biophobia, and Natural Landscapes" in ed. Stephen Kellert and Edmund O. Wilson, *The Biophilia Hypothesis* (Washington, DC:

Shearwater, 1993), 78-138。

32. Esther Sternberg, *Healing Spaces*, 51-74.
33. Sally Augustin, *Place Advantage*, 111-34.
34. Ellard, *Places of the Heart*, 107-124；Jacoba Urist, "The Psychological Cost of Boring Buildings," *Science of Us*(April 2016).
35. Judith H. Heerwagen and Bert Gregory, "Biophilia and Sensory Aesthetics" in ed. Stephen R. Kellert, Judith H. Heerwagen, and Martin L. Mador, *Biophilic Design: The Theory, Science, and Practice of Bringing Buildings to Life*(Hoboken, NJ: Wiley, 2008), 227-41.
36. 有关颜色，请见 Brent Berlin and Paul Kay, *Basic Color Terms: Their Universality and Evolution*(Berkeley: University of California Press, 1970)；Henry Sanoff and Rotraut Walden, "School Environments" in *Oxford Handbook of Environmental and Conservation Psychology*, 276-94；Sternberg, *Healing Spaces*, 24-53；Augustin, *Place Advantage*, 48, 142；Adam Alter, *runk Tank Pink: And Other Unexpected Forces That Shape How We Think, Feel, and Behave*(New York: Penguin, 2013), 157-80。
37. Maurice Merleau-Ponty, *Phenomenology of perception*, trans. Colin Smith (New York: Routledge, 1962), 211.
38. 有关隐喻和具体体验，请见 Lawrence W. Barsalou, "Grounded Cognition," 617-45。
39. George Lakoff and Mark Johnson, *Metaphors We Live By*(Chicago: University of Chicago, 1980)；Lera Boroditsky, "Metaphoric Structuring: Understanding Time Through Spatial Metaphors," *Cognition* 75(2000): 1-28；James Geary, *I Is an Other: The Secret Life of Metaphor and How It Shapes the Way We See the World* (New York: Harper, 2011)；有关建筑中的隐喻，请见我的 "Aalto's Embodied Rationalism," in ed. Stanford Anderson, Gail Fenske, and David Fixler, *Aalto and America*(New Haven: Yale University Press,

2012), 13-35，以及 Brook Muller 的“Metaphor, Environmental Receptivity, and Architectural Design”（未出版）。

40. Clifford Geertz 在 *The Interpretation of Cultures* 中写道，隐喻“在一个层面产生 incongruity of sense”（实际上没有哪个建筑像水），以“在另一层面产生 influx of significance”（游泳池让人联想到戏耍、童年、放任、健康、自然……）（New York: Basic Books, 1973），210。Thomas W. Schubert and Gün R. Semin, “Embodiment as a Unifying Perspective for Psychology,” *European Journal of Social Psychology* 39, no. 7（2009）: 1135-141。有关夸张的美学效果，请见 V. S. Ramachandran’s notion of “peakshift,” presented in Ramachandran and Hirstein’s “The Science of Art: A Neurological Theory of aesthetic experience”。

41. 讨论了“重要就大”和其他类似隐喻的书有：Lakoff and Johnson 的 *Metaphors We Live By* 和 *Philosophy in the Flesh*（47-87）。有关垂直 - 势力联想，请见 Thomas W. Schubert, “Your Highness: Vertical Positions as Perceptual Symbols of Power,” *Journal of Personality and Social Psychology* 89, no. 1(2005): 1-21；有关垂直 - 神圣联想，请见 Brian P. Meier et al., “What’s ‘Up’ With God: Vertical Space as a Representation of the Divine,” *Journal of Personality and Social Psychology* 93, no. 5(2007): 699-710。

42. Joshua M. Ackerman, Christopher C. Nocera, and John A. Bargh, “Incidental Haptic Sensations Influence Social Judgments and Decisions,” *Science* 328, no. 5986(2010): 1712-715；Nils B. Jostmann, Daniël Lakens, and Thomas W. Schubert, “Weight as an Embodiment of Importance,” *Psychological Science* 20, no. 9(2009): 1169-174；Hans Ijzerman, Nikos Padiotis, and Sander L. Koole, “Replicability of Social-Cognitive Priming: The Case of Weight as an Embodiment of Importance,” *SSRN Electronic Journal* (April 2013): n.p。一些心理学家重复纸夹笔记板实验但没得到同样的结果，在业界引发恐慌。我的观点是：即使一两个实验的结果没有得到重复验证，但是许多证实隐

喻普遍存在于人们认知模式的研究是令人信服的。

43. Eric R. Kandel, *In Search of Memory*: *The Emergence of a New Science of Mind*(New York: W.W. Norton, 2006).

44. Kahneman 在 *Thinking Fast and Slow* 中讨论了“ 纯背景效应 ”，而 Gifford 在 *Environmental Psychology*: *Principles and Practice*（307 页）称之为“熟悉背景效应”。

45. Eric Kandel, *In Search of Memory*, 281-95；Barbara Maria Stafford, *Echo Objects*: *The Cognitive Work of Images*(Chicago: University of Chicago, 2007), 107-8。有关记忆与情绪的相互关系，请见 Antonio Damasio, *The Feeling of What Happens*，Antonio Damasio, *Self Comes to Mind*: *Constructing the Conscious Brain*(New York: Pantheon, 2010)；Elizabeth A. Phelps,“Human Emotion and Memory: Interactions of the Amygdala and Hippocampal Complex,” *Current Opinion in Neurobiology* 14, no. 2(2004): 198-202。

46. Matthew A. Wilson,“The Neural Correlates of Place and Direction,” in *The New Cognitive Neurosciences*, 2nd ed., ed. Michael S. Gazzaniga (Cambridge, MA: MIT Press, 2000), 589-600。请注意，位置细胞既含有度量（异我中心）信息，又含有背景（异我中心和自我中心）信息。

47. Elena Ferrante 的那不勒斯小说从头至尾以戏剧性手法阐述了这一点：里面的两个主要人物 Elena 和 Lila，经常参照他们长大的贫困片区来定义、定位他们过去、现在和将来的自我。

第 3 章　认知的身体基础

01. 注释部分已经介绍过具身认知，引用了一些基本文献，这里再补充一些：Linda B. Smith,“Cognition as a Dynamic System: Principles from Embodiment,” *Developmental Review* 25(2005): 278-98；Alan Costall and Ivan Leudar,“Situating Action I: Truth in the Situation,” *Ecological*

Psychology 8, no. 2(1996): 101-10；Tim Ingold, “Situating Action VI: A Comment on the Distinction Between the Material and the Social,” *Ecological Psychology* 8, no. 2(1996): 183-87；Tim Ingold, “Situating Action V: The History and Evolution of Bodily Skills,” *Ecological Psychology* 8, no. 2(1996): 171-82。

02. Ramachandran, *Tell-Tale Brain*, 37, 86.

03. Catherine L. Reed, “What Is the Body Schema?,” in ed. Andrew N. Meltzoff, *The Imitative Mind: Development, Evolution, and Brain Bases* (New York: Cambridge University Press, 2002), 233-43；Tversky 在“Spatial Cognition,” *Cambridge Handbook of Situated Cognition*, 201-16，也简明地阐述了基本的身体图式。Linda B. Smith 有关身体图式的研究（上面引用过），强调了通过身体动作形成身体图式。

04. Donald A. Norman, *The Design of Everyday Things*, rev. ed. and Norman, *Emotional Design: Why We Love (or Hate) Everyday Things* (New York: Basic Books, 2003)，讨论了怎么能（怎么不能）把日常物体设计得可以吸引人类无意识认知和异我中心身体。

05. 见 Richard Joseph Neutra, *Survival Through Design*(New York: Oxford University Press, 1954), 58。

06. Alvar Aalto, “Rationalism and Man,” in *Alvar Aalto in His Own Words*, ed. Alvar Aalto and Göran Schildt(New York: Rizzoli, 1998), 89-93.

07. 例如，Peter Calthorpe, *The Next American Metropolis: Ecology, Community, and the American Dream*(New York: Princeton Architectural Press, 1995)，提议建造由公共交通工具连起来的“步行口袋”。

08. Peter Zumthor, *Atmospheres* (Zurich: Birchäuser, 2006), 29.

09. Aalto, in ed. Aalto and Schildt, *In His Own Words*, 269-75.

10. 尺寸数据来自 cityofchicago.org/city/en/depts/dca/supp_info/millennium_park_artarchitecture.html。

11. Upali Nanda 写道，“在街上走着，实际上只能看见建筑底层、路面，以及街上状况”，请见 *Sensthetics: A Crossmodal Approach to Sensory Design*(Berlin: VDM Verlag Dr. Mueller, 2008), 57。
12. Marcello Constantini et al., “When Objects Are Close to Me: Affordances in the Peripersonal Space,” *Psychonomic Bulletin and Review* 18, no. 2(2011): 302-8; Alain Berthoz and Jean-Luc Petit, *The Physiology and Phenomenology of Action*, trans. Christopher Macann(Oxford: Oxford University Press, 2008), 49-57.
13. James J. Gibson, *The Senses Considered as Perceptual Systems*, rev. ed. (New York: Praeger, 1983)；James J. Gibson, *The Ecological Approach to Visual Perception*(New York: Psychology Press, 1986)；Berthoz and Petit, *Physiology and Phenomenology*, 2, 66。Anthony Chemero, “What We Perceive When We Perceive Affordances: A Commentary on Michaels,” *Ecological Psychology* 13, no. 2 (2001): 111-16；Anthony Chemero, “An Outline of a Theory of Affordances,” *Ecological Psychology* 15, no. 2(2003): 181-95；Anthony Chemero, “Radical Empiricism Through the Ages,” review of Harry Heft, *Ecological Psychology in Context: James Gibson, Roger Barker, and the Legacy of William James's Radical Empiricism*, *Contemporary Psychology* 48, no. 1(2003): 18-21；Patrick R. Green, “The Relationship between Perception and Action: What Should Neuroscience Learn from Psychology?” *Ecological Psychology* 13, no. 2 (2001): 117-22；Keith S. Jones, “What Is an Affordance?,” *Ecological Psychology* 15, no. 2(2003): 107-14.
14. “对世界的思考也是一种行动，可以通过注意而改变”，Berthoz and Petit, *Physiology and Phenomenology*, 51。还请见 Green, “The Relation between Perception and Action,” *Ecological Psychology* 13, no. 2 117-122，Boris Kotchoubey, “About Hens and Eggs: Perception and Action, Ecology and

Neuroscience: A Reply to Michaels," *Ecological Psychology* 13, no. 2 (2001): 123-33。

15. Marcello Constantini, "When Objects Are Close to Me," *Psychonomic Bulletin*, 302-8.
16. （我们知觉到的）近体空间的范围就是我们伸开手臂能够达到的范围：Matthew R. Longo and Stella F. Lourenco, "Space Perception and Body Morphology: Extent of Near Space Scales with Arm Length," *Experimental Brain Research* 177, no. 2(2007): 285-90.
17. Fred A. Bernstein, "A House Not for Mere Mortals," *New York Times*, April 2008；nytimes.com/2008/04/03/garden/03destiny. html.
18. Lakoff and Johnson, *Philosophy in the Flesh*, 51.
19. J. Decety and J. Grèzes, "The Power of Simulation: Imagining One's Own and Other's Behavior," *Brain Research* 1079, no. 1 (2006): 4-14；R. H. Desai et al., "The Neural Career of Sensory Motor Metaphors," *Journal of Cognitive Neuroscience* 23, no. 9 (2011): 2376-86；Lakoff and Johnson, *Philosophy in the Flesh*, 20-21.
20. Harry Mallgrave, *The Architect's Brain*, 189- 206.
21. Daniel Levitin, *This Is Your Brain on Music: The Science of a Human Obsession*(New York: Dutton, 2006) 有多处讨论了声音体验对情绪状态的深刻影响；R. Murray Shafer, *The Soundscape*(Merrimack, MA: Destiny Books, 1993)。
22. Jean-François Augoyard and Henri Torgue, *Sonic Experience: A Guide to Everyday Sounds*(Montreal: Queen's-McGill University Press, 2006) 专门讨论了截断效应。Barry Blesser and Linda-Ruth Salter, *Spaces Speak, Are You Listening?*(Cambridge, MA: MIT Press, 2009)。还请见 Augoyard and Torgue, *Sonic Experience*；Mirko Zardini, ed., *Sense of the City: An Alternate Approach to Urbanism*(Montreal: Canadian Centre for Architecture and Lars Müller Publishers, 2005)。

23. Blesser and Salter, *Spaces Speak*, 89.
24. 敬畏体验也影响时间知觉，让时间好像过慢了：Melanie Rudd, Kathleen D. Vohs, and Jennifer Aaker, "Awe Expands People's Perception of Time, Alters Decision Making, and Enhances Well-Being," *Psychological Science* 23, no. 10(2012): 1130-136。有关敬畏如何促进亲社会思想和行为，请见 Anna Mikulak, "All About Awe," *Association for Psychological Science Observer*(April 2015)；psychologicalscience.org/index.php/publications/observer/2015/april-15/all-about-awe.html，Paul K. Piff, "Awe, the Small Self, and Prosocial Behavior," *Journal of Personality and Social Psychology*, 108, no. 8(2015): 883-99。

第 4 章 身体偏爱自然环境

01. 以下观点由 Rachel and Stephen Kaplan 首次提出：由于远古时期在野外生存的历史，人类在生物学上愿意亲近自然，这一亲近自然的天性如此之强，以至于身处自然可以通过补充消耗掉的注意力资源来减轻压力。请见 Kaplan and Kaplan, *The Experience of Nature: A Psychological Perspective*(New York: Cambridge University Press, 1989)，Stephen Kaplan, "The Restorative Benefits of Nature: Toward an Integrative Framework," *Journal of Environmental Psychology* 15, no. 3(1995): 169-82；Stephen Kaplan, "Aesthetics, Affect, and Cognition: Environmental Preference from an Evolutionary Perspective," *Environment and Behavior* 19, no. 1(1987): 3-32。Rachel and Stephen Kaplan 的注意力恢复理论（Attention Restoration Theory，ART），后来得到了好几十个研究的证实。请见 ed. Paul A. Bell et al., *Environmental Psychology*, 5th ed.(New York: Psychology Press, 2005)。
02. "瞭望与庇护"假设由 Jay Appleton 首次提出，请见 *The Experience of Landscape*（Hoboken, NJ: Wiley, 1975）。尽管这个假设的依据是过

时的人类进化观（人类进化仅仅发生在东非的热带和亚热带无树大草原），但是不断有研究证实瞭望与庇护景观基于生物学的强大吸引力。请见 Judith H. Heerwagen and Gordon H. Orians, “Humans, Habitats, and Aesthetics,” 138-72 in ed. Kellert and Wilson, *The Biophilia Hypothes*（有趣的是，作者讨论了瞭望与庇护偏好的性别差异，女性更偏好庇护，男性更偏好瞭望）；还请见 Kellert, “Elements of Biophilic Design” and Ulrich, “Biophilia, Biophobia,” in ed. Kellert, *Building for Life*, 129, 73-137。John Falk and John Balling, “Evolutionary Influence on Human Landscape Preference,” in *Environment and Behavior* 42, no. 4(2010): 479-93。有关当代思想家对人类早期栖息的各种景观（培养了我们的适应性和巨大的认知灵活性）的看法，一个可以查阅的最新介绍请见 Steven R. Quartz and Terrence J. Senjowski, *Liars, Lovers, and Heroes: What the New Brain Science Reveals about How We Become Who We Are*（New York: HarperCollins, 2002）。有关建筑中的瞭望与庇护，还请见 Grant Hildebrand, *The Wright Space: Pattern and Meaning in Frank Lloyd Wright's Houses*(Seattle, WA: University of Washington Press, 1991)。

03. Ulrich, “Biophilia, Biophobia,” in ed. Kellert and Wilson, *The Biophilia Hypothesis*, 96；Colin Ellard, *Places of the Heart*, 29-51；Commission for Architecture and the Built Environment(UK), *People and Places*.

04. Andrea Taylor et al., “Growing Up in the Inner City: Green Spaces as Places to Grow,” *Environment and Behavior* 30, no. 1(1998): 3-27。还请见 Rebekah Levine Coley, William C. Sullivan, and Frances E. Kuo, “Where Does Community Grow? The Social Context Created by Nature in Urban Public Housing,” *Environment and Behavior* 29, no. 4(1997): 488-94。Frances Kuo 的网站有许多关于自然对认知、情绪调节、行为等的影响的研究：lhhl.illinois.edu/all.scientific.articles.htm。

05. Michelle Kondo et al., “Effects of Greening and Community Reuse of Vacant

Lots on Crime," *Urban Studies* (2015): 1-17；Austin Troy, J. Morgan Grove, and Jarlath O' Neil-Dunne, "The Relationship between Tree Canopy and Crime Rates across an Urban-Rural Gradient in the Greater Baltimore Region," *Landscape and Urban Planning* 106, no. 3 (2012): 262-70；Koley, Sullivan and Kuo, "Where Does Community Grow? The Social Context Created by Nature in Urban Public Housing"；Frances E. Kuo and William C. Sullivan, "Environment and Crime in the Inner City: Does Vegetation Reduce Crime?," *Environment and Behavior* 33, no. 3(2001): 343-67.

06. Commission for Architecture and the Built Environment(UK)*People and Places*, 24-42；Suzanne Nalbantian, *Memory in Literature*: *From Rousseau to Neuroscience*(New York: Palgrave Macmillan, 2003), 85-140.

07. Augustin, *Place Advantage*, 187-188；Rachel Kaplan, "The Role of Nature in the Context of the Workplace," *Landscape and Urban Planning* 26(1993): 193-201；Rachel Kaplan, "The Nature of the View from Home: Psychological Benefits," *Environment and Behavior* 33, no. 4(2001): 507-42；Ilknur Turkseven Dogrusoy and Mehmet Tureyen, "A Field Study on Determination of Preferences for Windows in Office Environments," *Building and Environment* 42, no. 10(2007): 3660-668。研究者发现，办公楼的换气率在正常基础上翻倍后，办公楼里的人的认知测验成绩显著提高了：Joseph G. Allen et al., "Associations of Cognitive Function Scores with Carbon Dioxide, Ventilation, and Volatile Organic Compound Exposures in Office Workers: A Controlled Exposure Study of Green and Conventional Office Environments,"*Environmental Health Perspectives* (October 2015)在线。

08. Judith H. Heerwagen and Gordon H. Orians, "Adaptations to Windowlessness: A Study of the Use of Visual Decor in Windowed and Windowless Offices," *Environment and Behavior* 18, no. 5(1986): 623-39；Phil Leather et al., "Windows in the Workplace: Sunlight, View, and Occupational

Stress," *Environment and Behavior* 30, no. 6(1998): 739-62；Anjali Joseph, "The Impact of Light on Outcomes in Healthcare Settings," *Center for Health Design* issue paper #2, August 2006, healthdesign.org/chd/research/impact-light-outcomes-healthcare-settings；John Zeisel and Jacqueline Vischer, *Environment/Behavior/Neuroscience Pre & Post Occupancy of New Offices*(Society for Neuroscience, 2006).

09. Sandra A. Sherman et al., "Post Occupancy Evaluation of Healing Gardens in a Pediatric Center," in Cor Wagenaar, ed., *The Architecture of Hospitals*, 330-51：好几个以健康人为被试的研究表明，即使身处实际或模拟自然环境很短时间，也有显著的心理、生理恢复效果，"最多 3 ～ 5 分钟，最快 20 秒"。
10. 这段所含信息来自 Heschong, "An Investigation," Heschong Mahone Group。还请见 Judith Heerwagen, "Investing in People: The Social Benefits of Sustainable Design," cce.ufl.edu/wpcontent/uploads/2012/08/Heerwagen.pdf；Phil Leather et al., "The Physical Workspace," in ed. Stavroula Leka and Jonathan Houdmont, Occupational Health Psychology (Hoboken, NJ: Wiley-Blackwell, 2010), 225-49；Zeisel and Vischer, Environment/Behavior/Neuroscience；Nanda and Pati, "Lessons from Neuroscience," ANFA presentation 2012。
11. Malnar and Vodvarka, *Sensory Design*, 199-228.
12. Jennifer A. Veitch, "Work Environments," in ed. Susan Clayton, *Oxford Handbook of Environmental and Conservation Psychology*, 248-75.
13. 最近，其他人提出了一个更复杂的情况，依据是：由于不稳定的气候模式，由于人类迁徙，人类栖息地出现了多种变化。请见 Quartz and Sejnowski, *Liars, Lovers, and Heroes*。
14. Upali Nanda, "Art and Mental Health," *Healthcare Design Magazine*, September 21, 2011.
15. Julian Hochberg, "Visual Perception in Architecture," *Via: Architecture and Visual Perception* 6(1983): 27-45.

16. Ellard, *Places of the Heart*, 37-46.

17. Kahn 说："世界上有很多建筑好像会说话，其中名列前茅的有万神庙（Pantheon）。万神庙真的是世界中的世界。" 请见 Louis I. Kahn, ed. Robert Twombley, *Louis I. Kahn*: *Essential Texts*(New York: Norton, 2003), 160；有关认知对情绪的依赖，请见 Damasio, *The Feeling of What Happens*。

18. Kahn 的话，转引自 H. F. S. Cooper, "The Architect Speaks," *Yale Daily News*, November 6, 1953, 2。

19. Semir Zeki, "The Neurology of Ambiguity," *Consciousness and Cognition* 13(2004): 173-96；Damasio, *Descartes' Error*: *Emotion*, *Reason*, *and the Human Brain*(New York: Penguin, 1994), 148- 60；Harry Mallgrave, *Architecture and Embodiment*, 38-45.

20. Pinker, *How the Mind Works*, summarizing David Marr, 213.

21. 形态线索与表面线索的区别，请见 Distinction between form and surface-based cues in Tversky, "Spatial Thought, Social Thought," *Spatial Dimensions*, 20。

22. Irving Biederman, "Recognizing Depth-Rotated Objects: A Review of Recent Research and Theory," *Spatial Vision* 13(2001): 241-53；Biederman, "Recognition-by-Components: A Theory of Human Image Understanding," *Psychological Review* 94, no. 2(1987): 115-47；O. Amir, Irving Biederman, and K. J. Hayworth, "The Neural Basis for Shape Preferences," *Vision Research* 51, no. 20(2011): 2198-206.

23. George Lakoff and Rafael Nuñez, *Where Mathematics Comes From*: *How the Embodied Mind Brings Mathematics into Being*(New York: Basic Books, 2000)；Véronique Izard et al., "Flexible Intuitions of Euclidean Geometry in an Amazonian Indigene Group," *Proceedings of the National Academy of Sciences* 108, no. 24(2011): 9782-787；Elizabeth Spelke, Sang Ah Lee, and Véronique Izard, "Beyond Core Knowledge: Natural Geometry," *Cognitive*

Science 34, no. 5 (2010): 863-84；Berthoz and Petit, *Physiology and Phenomenology*。Giacomo Rizzolatti 写道，在有机体的知觉里，任何三维几何形状都并非仅仅是个抽象形状，而是“体现了物体提供的机会”，请见 Anna Berti and Giacomo Rizzolatti, “Coding Near and Far Space,” in ed. Hans-Otto Karnath, A. David Milner, and Giuseppe Valler, *The Cognitive and Neural Bases of Spatial Neglect*(New York: Oxford University Press, 2003), 119-29。

24. Berthoz and Petit, *Physiology and Phenomenology*, 1-6；换句话说，不存在“不带诠释”的纯感觉（48 页）。
25. 下文分析基于下书所述视觉认知：Melvyn A. Goodale and David Milner, *Sight Unseen: An Exploration of Conscious and Unconscious Vision*(New York: Oxford University Press, 2004)。
26. 有关表面，请见 Jonathan S. Cant and Melvyn A. Goodale, “Attention to Form or Surface Properties Modulates Different Regions of Human Occipitotemporal Cortex,” *Cerebral Cortex* 17, no. 3(2007): 713-31。
27. Neutra, *Survival Through Design*, 25.
28. Malnar and Vodvarka, *Sensory Design*, 129-52.
29. Vittorio Gallese and Alessandro Gattara, “Embodied Simulation, Aesthetics, and Architecture,” in ed. Sarah Robinson and Juhani Pallasmaa, *Mind in Architecture*, 161-79。作者在第 164 页写道：“具身模拟可以解释建筑的美学方面……通过揭示任何创造性行为的亲密主体间性（象征性表达的产物、物理对象），成为创造者与观看者之间主体间关系的中介。”
30. Neutra, *Survival Through Design*, 74.
31. 本段和下面几段当中有关镜像和标准神经元的信息，来自 L. F. Aziz-Zadeh et al., “Lateralization in Motor Facilitation during Action Observation: A TMS Study,” *Experimental Brain Research* 144, no. 1 (2002): 127-31；Damasio, *Self Comes to Mind*, 102-103；Erol Ahin and Selim T. Erdo

An, “Towards Linking Affordances with Mirror/Canonical Neurons” 未出版（pdf）；Vittorio Gallese and Alessandro Gattara, “Embodied Simulation, Aesthetics, and Architecture” (161-80)；Harry Francis Mallgrave, “Know Thyself: Or What Designers Can Learn from the Contemporary Biological Sciences” (9-31)in ed. Robinson and Pallasmaa, *Mind in Architecture*；David Freedberg and Vittorio Gallese, “Motion, Emotion and Empathy in Esthetic Experience,” *Trends in Cognitive Science* 11, no. 5(2007): 197-203；Giacomo Rizzolatti and Maddelena Fabbri Destro, “Mirror Neurons,” *Scholarpedia* 3, no. 1(2008): 2055。还请见 Eric Kandel, *The Age of Insight: The Quest to Understand the Unconscious in Art, Mind, and Brain, from Vienna 1900 to the Present*(New York: Random House, 2012), 418-20。

32. Lawrence E. Williams and John A. Bargh, “Experiencing Physical Warmth Promotes Interpersonal Warmth,”*Science* 322, no. 5901 (2008): 606-7; Brian P. Meier, et al., “Embodiment in Social Psychology,” *Topics in Cognitive Science*(2012): 705-16。有关这些联系背后的具身隐喻，请见 Lakoff and Johnson, *Philosophy in the Flesh*, 45-46。
33. Joshua M. Ackerman, Christopher C. Nocera, and John A. Bargh, “Incidental Haptic Sensations Influence Social Judgments and Decisions,” *Science* 328, no. 5986(2010): 1712-715.
34. Siri Carpenter, “Body of Thought: Fleeting Sensations and Body Movements Hold Sway Over What We Feel and How We Think,” *Scientific American Mind*, January 1, 2011: 38-45, 85.
35. Pinker, *Mind*, 299-362.
36. Johnson, *Meaning of the Body*, 160-61；Tversky, “Spatial Thought, Social Thought,” 17-39.
37. Paul Klee, *Pedagogical Sketches*(New York: Faber and Faber, 1968)；E. S. Cross, A. F. Hamilton, and S. T. Grafton, “Building a Motor Simulation de

Novo: Observation of Dance by Dancers," *NeuroImage* 31, no. 3(2006): 1257-67.

38. Kahn 的话，转引自 H. F. S. Cooper, "The Architect Speaks," *Yale Daily News*, November 6, 1953, 2。

39. 有关 Aalto 将"理性主义"人性化，请见我的"Aalto's Embodied Rationalism"（前面引用过）。

40. 这样的立场可见于：Christopher Alexander, *A Pattern Language*；Alexander, *The Nature of Order*: *An Essay on the Art of Building and the Nature of the Universe*, Books I- IV(Berkeley, CA: Center for Environmental Structure, 2002)；Andreas Duany, Elizabeth Plater-Zyberk, and Jeff Speck, *Suburban Nation*: *The Rise of Sprawl and the Decline of the American Dream*(New York: North Point Press, 2000)。

第 5 章 人嵌入社会世界

01. Roger Barker, *Ecological Psychology*: *Concepts and Methods for Studying the Environment of Human Behavior*(Stanford: Stanford University Press, 1968)。有关 Barker，还请见 Ariel Sabar, *The Outsider*: *The Life and Times of Roger Barker*(Amazon, 2014)；Phil Schoggen, *Behavior Settings*: *A Revision and Extension of Roger G. Barker's "Ecological Psychology"*(Stanford: Stanford University Press, 1989)。由于源自战后初期的行为心理学，Barker 的用词是"行为背景"。由于行为主义暗含机械决定论，所以我更喜欢的用词是"行动背景"，以强调人的自主性，即人可以在所处的环境背景做选择。

02. Barker, *Ecological Psychology*, 4.

03. 有关在聚居点建房子对人类进化的关键促进作用，一个最新的精彩介绍请见神经人类学家 John S. Allen 的著作 *Home*: *How Habitat Made Us Human*(New York: Basic Books, 2015)，特别是 13-116 页。有关单独隔离引起精神病症状，请见 pbs.org/wgbh/pages/frontline/criminal-justice/

locked-up-in-america/what-does-solitaryconfinement-do-to-your-mind/; Mark Binelli, "Inside America's Toughest Federal Prison," *The New York Times Magazine*, March 29, 2015: 26-41, 56, 59。

04. "Place Attachment: How Far Have We Come in the Last 40 Years?" *Journal of Environmental Psychology* 31, no. 3(2011): 218.

05. U.S. Department of Housing and Urban Development, Office of Community Planning and Development, *The 2013 Annual Homeless Assessment Report(AHAR)to Congress.*

06. Rebecca Solnit, *Storming the Gates of Paradise: Landscapes for Politics* (Berkeley: University of California Press, 2008): 167.

07. Lewicka, "Place Attachment," 207-30; Gifford, *Environmental Psychology*, 236-38; Irving Altman and Martin M. Chemers, *Culture and Environment* (Monterey, CA: Brooks/Cole, 1980); Judith Sixsmith, "The Meaning of Home: An Exploratory Study of Environmental Experience," *Journal of Environmental Psychology* 6, no. 4(1986): 281-98; D. G. Hayward, "Home as an Environmental and Psychological Concept," *Landscape* (1975): 2-9; S. G. Smith, "The Essential Qualities of a Home," *Journal of Environmental Psychology* 14, no. 1(1994): 31-46.

08. John Zeisel, *Inquiry by Design*, 356.

09. Kaveli M. Korpela, "Place Attachment," *Oxford Handbook of Environmental and Conservation Psychology*, 148-63; Gifford, *Environmental Psychology*, 271-74; Zeisel, *Inquiry*, 147-150; Setha M. Low, "Cross-Cultural Place Attachment: A Preliminary Typology," in ed. Y. Yoshitake et al., *Current Issues in Environment-Behavior Research*(Tokyo: University of Tokyo, 1990).

10. Rhoda Kellogg, *Analyzing Children's Art* (New York: Mayfield, 1970); Kellogg 收集了世界各地儿童画的 2951 个"家"。

11. Sally Augustin, *Place Advantage*, 69-88.

12. Lewicka, “Place Attachment,” 218-24 写道，“有关地方依恋的形成过程，我们依然了解甚少”，并且正确地指出，环境心理学领域的地方研究过分强调社会过程，大大忽视了物理属性对地方依恋的贡献：“可悲的是，没有理论把人们的情感联结与地方的物理属性联系起来。”与之形成对比的是 Joanne Vining and Melinda S. Merrick, “Environmental Epiphanies: Theoretical Foundations and Practical Applications,” *Oxford Handbook of Environmental and Conservation Psychology*, 485-508。McDowell 的故事，请见 Montgomery, *Happy City*, 106-45。
13. Barker, *Ecological Psychology*, 34-35。功能可供点也是这样：世界地图册可以用于安静的娱乐和学习，但也可以是咖啡桌上的装饰品，或者用来垫着写字或垫咖啡杯，或作门挡。请见 Gibson, *Ecological Approach*, 37-38。

第 6 章 为人而设计

01. Sternberg, *Healing Spaces*, 25-52；Chatterjee and Vartanian, “Neuroaesthetics”，讨论了人类“喜欢”系统与“想要”系统的区别：喜欢与阿片剂和大麻素有关，想要与多巴胺有关。
02. Thomas Albright, “Neuroscience for Architecture,” in ed. Robinson and Palasmaa, *Mind in Architecture*, 197-217.
03. Sternberg, *Healing Spaces*, 25-52。另外，这些数学图形与我们视觉系统之间的呼应仍然很有争议。例如，Colin Ellard, *Places of the Heart*，对人类偏好分形的推测表示怀疑（Ellard 认为，在快速识别要点中，我们的视觉系统对轮廓远远更敏感）。类似地，自然和建筑中黄金比例的普遍性，以及人们对黄金比例的偏好，仍然很有争议。Adrian Bejan 假设，黄金比例吸引人，原因可能不过是，大尺寸的矩形，如果长宽比是黄金比例，那么落在人的视锥上，人觉得最舒服：“The Golden Ratio Predicted: Vision, Cognition, and Locomotion as a Single Design in Nature,” *International Journal of Design and Nature and Ecodynamics* 4, no. 2 (2009): 97-104。

04. Kandel, *Insight*, 379；Ramachandran, *Tell-Tale Brain*, 200, 234-37；有关本段以及下面几段讨论的我们天生喜好对称，请见（包括但不限于）Randy Thornhill and Steven Gangestad, “Facial Attractiveness,” *Trends in Cognitive Science* 3, no. 2(1999): 452-60；Karen Dobkins, “Visual Environments for Infants and Children,” presentation at ANFA Conference 2012, Salk Institute, La Jolla, California。
05. Jan Gehl, Lotte Johansen Kaefer, and Solvejg Reigstad, “Close Encounters with Buildings,” *Urban Design International* 11(2006): 29-47，转引自 Colin Ellard's wonderful chapter, “Boring Places,” *Places of the Heart*, 107-24。
06. 现代主义受到公众的奚落：不是因为它的实践者提出的各种审美标准本身有什么错误，而是因为它的一个版本，技术理性主义，采用得比较广泛，且经常导致构思得很差、执行得更差的设计。想要了解对现代主义更全面更宽容的评价，请见 Sarah Williams Goldhagen, “Something to Talk About: Modernism, Discourse, Style,” *Journal of the Society of Architectural Historians* 64, no. 2 (2005): 144-67。
07. Chatterjee and Vartanian, “Neuroaesthetics,” *Trends in Cognitive Science*; Ramachandran, *Tell-Tale Brain*, 231-33；Semir Zeki, *Inner Vision: An Exploration of Art and the Brain* (New York: Oxford University Press, 2000)；Dzbic, Perdue, and Ellard, “Influence of Visual Perception on Responses in Real-World Environments,” video, Academy of Neuroscience for Architecture conference, 2012.
08. 有关去熟悉化，还请见 Sarah Williams Goldhagen, *Louis Kahn's Situated Modernism*(New Haven: Yale University Press, 2001)199-215。
09. 这些因素有些（但不是完全）类似于 Simon Unwin 所说的建筑“修饰因子”，请见 *Analyzing Architecture*, 3rd ed.（New York: Routledge, 2009）, 43-56。
10. Hans-Georg Gadamer 在 *Truth and Method*（New York: Continuum, 1975）写道，引人入迷的文学作品，首先会用“没有产生任何意义”或违反我们

期望的文字让我们“陡然愣住”（270 页）。多年后，Semir Zeki 在 *Inner Vision: An Exploration of Art and the Brain* 讨论了这个现象的神经学基础，他认为艺术的模糊会激发我们新奇的想象（25-28）。

第 7 章 领悟：丰富环境，改善人生

01. Bargh, “Embodiment in Social Psychology,” 11; Augustin, *Place Advantage*, 10.
02. 例子，请见 Marc Augé, *Non-Places: An Introduction to Supermodernity*（New York: Verso, 2009）。
03. 1994 年，Carnegie Task Force 报告说，与在丰富环境长大的儿童相比，在贫乏环境长大的儿童出现了永久性认知能力受损：转引自 Michael Mehaffy and Nikos Salingaros, “Science for Designers: Intelligence and the Information Environment,” *Metropolis*, February 25, 2012: metropolismag.com/Point-of-View/February-2012/Science-for-Designers-Intelligence-and-the-Information-Environment/。Mehaffy and Salingaros 在 *Metropolis* 的系列文章，涉及很多有趣话题，包括分形和亲生物性。
04. Martha Nussbaum, *Creating Capabilities: The Human Development Approach*(Cambridge, MA: Harvard University Press, 2011).
05. Nussbaum, *Creating Capabilities*, loc. 466 Kindle edition.
06. Gerd Kempermann, H. Georg Kuhn, and Fred Gage, “More Hippocampal Neurons in Adult Mice Living in an Enriched Environment,” *Nature* 386, no. 6624(April 1997): 493- 95; Alessandro Sale et al., “Enriched Environment and Acceleration of Visual System Development,” *Neuro-pharmacology* 47, no. 5(2004): 649-60; Matthew Dooley and Brian Dooley, ANFA lecture, anfarch.org/ activities/Conference2012Videos.shtml; Rusty Gage, ANFA lecture, anfarch.org/activities/Conference2012Videos.shtml; Kevin Barton, ANFA lecture, anfarch.org/activities/Conference2012Videos.shtml。有关童

年早期在贫乏环境长大导致的认知缺陷，请见 James Heckman, Rodrigo Pinto, and Peter Savelyev, "Understanding the Mechanisms Through Which an Influential Early Childhood Program Boosted Adult Outcomes," *American Economic Review* 103, 6 (2013): 2052-86。

07. Antonio Damasio, *Self Comes to Mind*, 67-94.
08. Linda B. Smith, "Action Alters Shape Categories," *Cognitive Science* 29(2005): 665-79；Linda B. Smith, "Cognition as a Dynamic System: Principles from Embodiment," *Developmental Review* 25(2005): 278-98；Linda B. Smith and Esther Thelen, "Development as a Dynamic System," *Trends in Cognitive Science* 7, no. 8(2003): 343-48：所有这些文章都表明，形状知觉是个需要进行实际操纵和模拟运动的动态过程。